高等学校水土保持与荒漠化防治特色专业建设教材

开发建设项目水土保持

朱首军　黄炎和　主编

科学出版社

北　京

内 容 简 介

本书从水土保持方案报告书编制的角度，介绍了开发建设项目水土保持的基本概念、编制开发建设项目水土保持方案的意义和作用、水土保持法律法规体系中关于开发建设项目的有关规定、开发建设项目水土流失的防治特点、水土保持方案报告书编制的基本规定、水土保持工程设计的一般规定、水土流失防治措施体系布设的原则和各项防治措施的典型设计、开发建设项目水土保持工程概(估)算文件的编制方法及标准。

本书可供大中专院校、科研院所、水土保持管理人员、水土保持工程技术人员参考。

图书在版编目(CIP)数据

开发建设项目水土保持/朱首军，黄炎和主编.—北京：科学出版社，2013
高等学校水土保持与荒漠化防治特色专业建设教材

ISBN 978-7-03-037496-7

Ⅰ.①开… Ⅱ.①朱… ②黄… Ⅲ.①基本建设项目-水土保持-高等学校-教材 Ⅳ.①S157

中国版本图书馆 CIP 数据核字(2013)第 103418 号

责任编辑：王玉时 丛 楠/ 责任校对：刘 洋
责任印制：张 伟 / 封面设计：北京华路天然图文设计工作室

科学出版社出版
北京东黄城根北街 16 号
邮政编码：100717
http://www.sciencep.com
北京凌奇印刷有限责任公司 印刷
科学出版社发行 各地新华书店经销
*
2013 年 6 月第 一 版 开本：787×1092 1/16
2023 年 1 月第十次印刷 印张：15 1/2
字数：379 000

定价：59.00 元

(如有印装质量问题，我社负责调换)

高等学校水土保持与荒漠化防治特色专业建设教材
编写指导委员会

总顾问： 唐克丽（国际欧亚科学院院士；中国科学院水利部水土保持研究所，研究员）

顾　问：（按姓氏笔画排序）

王立祥（西北农林科技大学，教授）
王幼民（西北农林科技大学，教授）
朱太芳（陕西省水土保持局，教授级高级工程师）
朱金兆（教育部高等学校环境生态类教学指导委员会主任，教授）
刘秉正（西北农林科技大学，教授）
余新晓（中国水土保持学会教育工作委员会主任，教授）
张广军（西北农林科技大学，教授）
张康健（西北农林科技大学，教授）
陈存及（福建农林大学，教授）

主　任： 吴发启（西北农林科技大学资源环境学院，教授）

副主任： 王进鑫（西北农林科技大学资源环境学院，教授）
刘国彬（中国科学院水利部水土保持研究所，研究员）
张洪江（北京林业大学水土保持学院，教授）
李占斌（国家旱地农业与土壤侵蚀实验室，教授）

委　员：（按姓氏笔画排序）

王　立（甘肃农业大学林学院，教授）
王　健（西北农林科技大学资源环境学院，副教授）
王曰鑫（山西农业大学林学院，教授）
王占礼（中国科学院水利部水土保持研究所，研究员）
王克勤（西南林业大学环境科学与工程学院，教授）
方沛南（浙江省水利水电勘测设计院，高级工程师）
史东梅（西南大学资源环境学院，教授）

《开发建设项目水土保持》编写人员

主　编　朱首军　黄炎和

副主编　周丽丽　王　健

编　委　（按姓氏笔画排序）

王　健（西北农林科技大学）

方沛南（浙江省水利水电勘测设计院）

邓民兴（陕西省水土保持局）

朱首军（西北农林科技大学）

杨文利（南昌工程学院）

张青峰（西北农林科技大学）

张煜明（宁夏回族自治区水利科学研究院）

周丽丽（沈阳农业大学）

郑子成（四川农业大学）

黄炎和（福建农林大学）

戴全厚（贵州大学）

主　审　刘秉正（西北农林科技大学）

序

我国水土保持教学可以追溯到20世纪的40年代，而系统的专业教育则始于20世纪五六十年代。目前在高等教育系统中，开设水土保持与荒漠化防治本科专业的院校已增加到了20所。这无疑对我国水土保持与荒漠化防治事业的发展做出了很大贡献。但由于水土保持既是一门边缘交叉学科，又是一门综合性很强的应用技术学科，因而各院校的教育培养目标、教学方案与课程体系及各门课程的教学内容，都存在着一定的差别。虽然已展现出了百花齐放的局面，但对教学管理和人才规格的衡量等造成了一定的困难。为了解决这一矛盾，并继续保持各院校的教学优势，就得在骨干课程上进行统一与规范。

21世纪初，中华人民共和国教育部启动了进一步提高本科专业教学质量的“质量工程”。西北农林科技大学资源环境学院水土保持系的全体教师有幸获批了“高等学校水土保持与荒漠化防治特色专业建设”的项目。他们结合专业特点与社会需求，在全国开展了较大范围的调查研究，初步确定了本专业的骨干课程，并以其中的专业基础课与专业课为对象，组织了全国百余名教师、研究人员和工程技术人员联合编写《土壤侵蚀学》等10余本教材，这套教材既充分吸纳了水土保持学科已有的成果，又反映了学科发展的现状与趋势；既注重理论教学，又考虑学生动手能力的培养；既注重了课程的内涵，又考虑了课程的系统组合，并减少了课程内容的重叠。可以说，它对实现学生厚基础、宽口径、强能力和高素质的培养很有帮助。

当前，防治水土流失与荒漠化已成为我国的一项基本国策，既是实现生态良性循环的主要内容，又是社会经济可持续发展的重要基础。因此，建设型人才的培养与训练至关重要。希望这套教材能为专业建设型人才的培养和水土保持与荒漠化防治高等教育做出应有的贡献。同时，也衷心祝愿我国水土保持与荒漠化防治的高等教学更为完臻。

国际欧亚科学院院士

中国科学院水利部水土保持研究所研究员

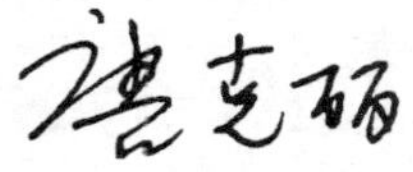

2010年12月10日

前　言

开发建设项目水土保持是“水土保持与荒漠化防治专业”本科教学体系中重要的专业课之一。随着我国经济建设的加快和人们对生态环境改善期望的提升，开发建设过程中的水土保持问题越发明显。为适应形势发展需要，培养急需的专业人才，我们多校联合编写了这部教材。

本书共分8章，包括绪论、基本建设概要、开发建设项目水土保持方案编制的意义和内容、水土保持方案编制的基本规定、水土保持方案管理、水土保持措施设计、水土保持监测和水土保持方案投资概（估）算编制。由西北农林科技大学、福建农林大学、沈阳农业大学、四川农业大学、南昌工程学院、贵州大学、浙江省水利水电勘测设计院、宁夏回族自治区水利科学研究院和陕西省水土保持局共同编写完成。各章分工如下。

第一章，西北农林科技大学朱首军、福建农林大学黄炎和；第二章，西北农林科技大学朱首军、浙江省水利水电勘测设计院方沛南、宁夏回族自治区水利科学研究院张煜明；第三章，四川农业大学郑子成、南昌工程学院杨文利；第四章，西北农林科技大学王健、四川农业大学郑子成；第五章，陕西省水土保持局邓民兴、贵州大学戴全厚；第六章，西北农林科技大学王健、朱首军；第七章，西北农林科技大学朱首军、张青峰；第八章，沈阳农业大学周丽丽、西北农林科技大学朱首军。全书由朱首军统稿，刘秉正教授担任该书主审，西北农林科技大学研究生杨锋、李聪会、颜婷燕、白瑶、杨森浩校稿。

本书可供大中专院校、科研院所、水土保持管理人员、水土保持工程技术人员参考。

值本书完稿之际，特别感谢编写书稿的各位编委、主审书稿的刘秉正教授和参加校稿工作的研究生，文中引用的科技成果、论文、著作和教材的各位作者，以及付出辛勤劳动的科学出版社的同志。

开发建设项目水土保持是一门新兴的学科，创新势头强劲，许多问题有待进一步探讨研究。因此，限于作者的知识水平和实践经验，书中难免有不足之处，恳请各位读者批评指王。

编　者

2013年3月

目　录

第一章 绪 论

第一节 我国开发建设项目与水土流失

开发建设项目泛指工农业生产和国民经济建设中如土地开垦、矿产开采、水利工程建设、交通工程建设、风景资源开发、自然资源开发等一切新建、改建、扩建及技术改造的基本建设项目和生产项目。开发建设项目水土流失，是指在上述开发建设活动中造成的水土流失，即因扰动地表或地下岩土层、排放固体废弃物，或破坏地表植被、土壤结构，或改变地形，使下垫面条件向着有利于土壤侵蚀的方向发展，造成水土资源的破坏和流失，是人为水土流失的一种主要形式。与自然状况下的水土流失相比，开发建设项目水土流失有其自身的特点，其防治方法、途径和措施也不能照搬传统的理论经验，对此应着力研究和探索。近年来，随着我国工业化、城市化步伐的加快，开发建设项目造成的水土流失问题相当突出，已经引起全社会的广泛关注。

水土资源是人类生存和发展的基本条件，是经济社会发展的基础。水土流失与生态安全密切相关，既是全世界共同关注的重大环境问题，也是全面建设小康社会的关键问题。当前我国水土流失的严峻局面主要是由复杂的自然环境变迁和历史上长期滥用自然资源造成的，其中，盲目开垦、陡坡开荒、乱砍滥伐、破坏森林、乱垦滥牧、破坏草原等传统生活和生产活动是其主要的策动因素。而除了传统生活、生产活动的原因，当前的水土流失加剧趋势，更多地在于近年来的大规模经济建设，使人们放松了对自然生态的保护。经济建设的诱惑促使各地加大了对自然资源的开发和利用，各类工矿企业、各项基础设施建设竞相仓促上马，在建设和生产过程中占压、扰动和破坏了大量的土地及植被，造成大量水土流失，开挖和堆垫形成的高陡边坡更是造成水土流失灾害的严重隐患。

一、我国建设项目发展状况

我国自然资源在地域上分布的不平衡、资源开发利用及经济建设发展状况在地域上的不平衡，形成了与资源开发相配套的公路、铁路、输送管道、水利、通信、电网及城镇等基础设施在南方和北方、东部和西部分布不均的格局，出现了如西气东输、西电东送、南水北调、青藏铁路等重点建设项目。近年来，国家积极稳步地推进西部大开发、东北老工业基地改造与振兴、中部崛起战略。西部地区主要加强基础设施建设和生态环境保护，发挥资源优势，发展特色产业；东北地区加快产业结构调整和国有企业改革改组改造，发展现代农业，促进资源枯竭型城市经济转型；中部地区抓好粮食主产区建设，发展有优势的能源和制造业，加强基础设施建设；东部地区加快实现结构优化升级和增长方式转变。例如，在西部大开发战略中，国家长期将建设国债的1/3用于西部地区，新开工的重点项目达60个，投资总规模达8500亿元。目前，我国建设项目总体上呈东、中、西协调发展，沿海、边境地区与内陆地区共同繁荣的发展局面，经济结构调整取得了明显成效。

“十五”期间，我国开发建设项目得到了进一步发展。据水利部、中国科学院、中国工程院联合开展的《中国水土流失与生态安全科学考察》结果，全国（除香港、澳门、台湾外）新建规模以上各类开发建设项目共有 76810 个。其中，西部 12 省开发建设项目总数 29772 个，占全国调查总量的 39%；东部 10 省项目总数 24634 个，占 32%；中部地区 6 省项目总数 13820 个，占 18%；东北地区 3 省项目总数 8584 个，占 11%。

据建设部门估计，我国每年新增建筑面积约 20 亿 m^2，年使用水泥量占全世界的 42%；《国家高速公路网规划》“7981”网，总规模约 8.5 万 km；《中长期铁路网规划》预计到 2020 年全国铁路营业里程达到 10 万 km，完善路网布局和西部开发性新线 1.6 万 km。此外，城市建设也在突飞猛进地发展中。

然而，由于历史原因，我国开发建设项目尽管有了较大的发展，但经济增长方式在很大程度上仍然表现为“四高一低”（高投入、高能耗、高物耗、高污染、低效率）的粗放模式，如矿产及能源开发利用的现代化水平低、管理粗放，加之气候、地形和地貌等自然条件的限制，造成资源的巨大浪费和生态环境的破坏与恶化，具体表现为土地沙漠化、草原退化、森林资源锐减、可利用土地资源减少、地下水位下降、固体废弃物储放量剧增和水土流失加剧等。2003 年，我国成为世界第一的煤炭、钢材消费大国和位列第二的石油、电力消费国，累计消耗了占世界当年消耗总量近 50%的水泥、35%的铁矿石、20%的氧化铝和铜矿石，而创造的 GDP 仅占世界总量的 4%。2005 年初，瑞士达沃斯世界经济论坛公布了最新的“环境可持续指数”，在全球 144 个国家和地区的排序中，中国仅位居倒数第 12 位。

二、建设项目水土流失及特点

从生态学的观点看，大多数开发建设项目是以干扰和破坏地表生态景观为特征的人类活动，不可避免地毁坏和占压原有地表植被，破坏土壤结构，使土体的抗蚀力、抗冲力减弱，施工过后产生大量裸地，人为填挖大量的土石方，形成坡度陡、极易侵蚀的各类土质、石质边坡；生产建设过程中产生大量固体废弃物，有的甚至含有尾矿砂、炉渣、矸石等有毒物质，是面源污染的主要来源。我国是世界上水土流失较为严重的国家之一，水土流失已成为我国的头号环境问题。我国每年有大量的土地被人为开发、建设，改造为公路、铁路、水库、矿山、住房和商业场所以及其他工程。这些局地开发建设造成了大量的水土流失，其土壤侵蚀量通常是开发前的数倍至数百倍。

“八五”期间，我国每年产生废弃土石量达 30 亿 t，有相当多的废弃土石被直接倾倒入江河、河道（约 6 亿 t）；1997 年全国工业固体废弃物产生量 10.6 亿 t，其去向主要有综合利用、储存、处理处置、排放四种，其中综合利用量仅占 38%。陕西省潼关县 1982～1990 年通过治理，减少土壤流失量 29.62 万 t，而因开矿、建设等新增加的土壤流失量达 227.95 万 t，是治理减少土壤流失量的 7.7 倍。陕西省仅 1986 年修的 257km 公路，就造成土壤流失 6788 万 t。同年，山西省有 5246 座煤矿、1 万多处采石场，年增加土壤流失量 7500 万 t。

据中国科学院水利部科考资料，“十五”期间，全国各类生产建设项目 76810 个，扰动土地面积 $5.53\times10^6 hm^2$，弃土和弃渣量 92.1 亿 t，造成的水土流失比自然状态下高出数十倍，甚至上百倍，恢复难度很大，危害十分严重。特别是随着现代化、工业化、城镇化进程的加快，大规模的经济建设活动还可能不断造成新的水土流失。

开发建设项目产生的水土流失，是以人类生产建设活动为主要外营力形成的水土流失类型，是一种典型的人为加速侵蚀。与一般意义上的水土流失相比较，开发建设项目水土流失有其共同的特点。

1. 地域的不完整性

开发建设项目区根据其资源分布和建设需要，生产建设区域一般都不是完整的一条流域或地域，水土流失常以“点”、“线”、“面”的单一或综合形式出现。以“点”为主的开发建设项目，造成的水土流失的特点是影响区域范围相对较小，但破坏强度大，水土流失防治和植被恢复难度大，如矿业生产建设项目；以“线”为主的开发建设项目造成的水土流失特点是类型多，流失严重，如交通工程；而规模大，综合性强的开发建设项目多以“面”的形式表现出来，所造成的水土流失在结构上以“点”、“线”、“面”组合或交织而成。由于地域的不完整性，决定了不能按以往的方式即以完整的自然单元进行整治的做法，而是要因地制宜，采取各种相应的措施进行防治。

2. 水土流失过程的不均衡性

开发建设项目造成的水土流失不像原生侵蚀那样，按自然侵蚀规律发生发展，而是具有突发性，在形成水土流失的过程中，有时强烈、有时轻微，往往是开始建设时期造成十分严重的水土流失，到生产时期却保持一个相对稳定的侵蚀量级。因此，在防治水土流失措施的布局和实施时序上与常规治理不同。

3. 水土流失危害的多异性和潜在性

由于生产企业类型不同，造成的水土流失形式和危害也各不相同，地面生产项目主要是通过对地形、地貌及地表的破坏加剧水土流失；而一些地下生产项目如采油、天然气、煤层气、井采煤等，除部分地面扰动外，更长期的是通过对地层、地下水等的影响，间接地使地面植被退化，地面塌陷，从而加剧了水土流失，因而其危害具有潜在性。在编制水土保持方案过程中就要因害设防，对潜在危害作出预测并采取对策。

4. 侵蚀搬运物质和水土流失物质成分的复杂性

现代化的建设项目，采用高度机械化的挖掘施工工艺和高能量的爆破技术，不仅使表层土壤和植被荡然无存，还将浅表层或深层的岩土物质搬运到地表。因此，开发建设项目侵蚀搬运物质已不是传统意义上的土壤和岩石风化物，而是包括土壤、母岩、基岩、工业固体废弃物、垃圾等物质的混合物。这些搬运物质通常呈非自然固结状态，胶结和稳定性极差，加剧了水蚀、风蚀和重力侵蚀过程。开发建设项目中的工矿企业、公路、铁路、水利电力工程、矿山开采及城镇建设等，在施工和生产运行中会产生大量的废渣，除部分被利用外，尚有许多剩余的弃土、弃石和弃渣。对于开发建设项目的弃渣来说，其物质组成成分除土壤外，还有岩石及碎屑、建筑垃圾与生活垃圾、植物残体等混合物。例如，矿山类弃渣还有煤矸石、尾矿、尾矿渣及其他固体废弃物，火电类项目还有炉渣等。再如，有色金属工业工程，其固体废物就是采矿、选矿、冶炼和加工过程及其环境保护设施中排出的固体或泥状的废弃物，其种类包括采矿废石、选矿尾矿、冶炼弃渣、污泥和工业垃圾等。事实上，有色金属工业在生产过程中还会排放出有害固体废弃物，详见表 1-1。例如，甘肃省金川公司冶炼弃渣年排放量约 70 万 t，建厂以来已至少排放 2000 万 t，而且其弃渣排放温度高达 1300℃，含铁量大于 34%，同时还含有少量镍、钴、铜等有色金属。

表 1-1 有色金属工业排放的有害固体废弃物

来源	有害固体废弃物名称
选矿	含高砷尾矿、含铀尾矿
铜冶炼	湿法炼铜浸出渣、砷铁渣
铅冶炼	含砷烟尘、砷钙渣
锌冶炼	湿法炼锌浸出渣、中和净化渣、砷铁渣
锡冶炼	含砷烟尘、砷铁渣、污泥
锑冶炼	湿法炼锑浸出渣、碱渣
稀有金属冶炼	铍渣
制酸	酸泥、废触媒

正因如此，对于上述弃渣应在指定的场所集中堆放，并修建拦挡、遮盖工程，以避免产生流失、压埋农田、淤积江河湖库、危害村庄及人身安全，以减少对周边环境的严重影响。

5. 水土流失形式的特殊性

开发建设项目在建设和生产过程中，由人为因素造成的特殊侵蚀如非均匀沉降、砂土液化、采空区塌陷等的成因和形式十分复杂，它们与工程设计、施工工艺和生产流程有密切关系。

6. 水土流失的突发性和灾难性

开发建设项目所造成的水土流失，往往在初期阶段呈现突发性，并且具有侵蚀历时短、强度大的特点。

一些大型的开发建设项目对地表进行大范围及深度的开挖、扰动，破坏了原有的地质结构，造成了潜在的危害。随着时间的推移，在生产运行过程中遇到一定外来诱发营力的作用，便会造成大的地质灾害，发生如崩岗、滑塌等地质灾害。例如，山西省太原市郊区因忽视开发建设水土保持工作，1996 年 8 月的一场暴雨使洪水挟带着泥沙涌进市区，淤积厚度达 1m，造成 60 人失踪和死亡，直接经济损失达 2.86 亿元。又如，陕西省铜川市区，近年来对山体的大规模开挖导致大面积的滑坡、崩塌时有发生，仅 1982～1985 年，城区因崩塌、滑坡造成的人身伤亡事故就达 20 多起，死亡 122 人，直接经济损失 1000 多万元。2006 年 3 月 30 日，太旧高速公路 K460＋500 处石太方向路面发生塌陷，最长 150m，宽 12m，深 8.5m，所幸没有发生交通事故，未造成人员伤亡。2004 年 12 月 9 日，207 国道安康至岚皋公路段 K17＋200 处发生大规模山体滑塌，造成交通暂时中断。这些地质灾害的发生，对当地经济发展、社会稳定都产生了一定的负面影响。

基于开发建设项目上述各项特点，其水土保持工程若以传统的水土流失防治方式进行设计、施工，显然不能满足当地居民对环境质量的要求，对这一地区的水土流失防治应以生态、社会效益为主，研究、设计更加美观的水土流失防治工程体系，建立园林式的水土保持工程。

第二节 开发建设项目水土流失防治法规

我国对开发建设项目所造成的水土流失问题十分重视，开展了卓有成效的工作，颁布实施了一系列法律法规、管理制度，制订了完备的技术规范与标准，形成了较为完善的法律、法规、规章制度和技术标准体系。

广义的水土保持法，是指调整人们在开发、利用水土资源，预防和治理水土流失活动中所发生的各种社会关系的法律规范的总称。一方面包括我国宪法、刑法、民法、经济法和其他行政法律法规中有关调整水土保持活动关系的条文；另一方面，包括国务院和水行政主管部门颁布的一系列水土保持法规、规章和地方性法规、规章。从狭义上讲，水土保持法指的就是《中华人民共和国水土保持法》。我国的第一部水土保持法于1991年颁布，该法经过20年的运行，有些条款已经不能适应当前社会经济发展的需要，2010年修订通过新的《中华人民共和国水土保持法》自2011年3月1日起施行。

开发建设项目水土流失防治应遵循广义的水土保持法规，尤其水土保持方案的编制必须符合相关的法律，因为它不仅是一个技术性的文件，同时还是一个具有法律效力的可执行文件。水土保持法律法规体系由以下五个等级组成。

第一等级：法律，如《中华人民共和国水土保持法》。

第二等级：行政法规，如《中华人民共和国水土保持法实施条例》、《开发建设晋陕蒙接壤地区水土保持规定》。

第三等级：地方性法规，如陕西省《实施〈中华人民共和国水土保持法〉办法》。

第四等级：规章，如水利部规章、省级人民政府规章等。

第五等级：规范性文件。

一、法律

法律是指由全国人民代表大会（简称全国人大）及其常务委员会制定并颁布的在全国范围内实施的法律文件。

1987年全国人大法制工作委员会将水土保持法列入立法计划，要求水利部组织起草班子，着手调查研究，开始起草工作。1989年形成送审稿送国务院。之后，国务院法制局又组织力量进行修改，并征求了各地和各有关部门意见，于1990年1月将草案提交全国人大常委会审议。全国人大法制工作委员会即着手进行调研和修改，总共十易其稿，于1991年6月29日七届全国人大第20次常委会审议通过，并于当天颁布实施，成为专门防治水土流失、改善生态环境的首部法律。2010年12月25日中华人民共和国第十一届全国人民代表大会常务委员会第十八次会议修订通过新的《中华人民共和国水土保持法》。

除《中华人民共和国水土保持法》外，相关的法律还有《中华人民共和国水法》（修订）（第九届全国人民代表大会第二十九次会议于2002年8月29日通过）、《中华人民共和国环境保护法》（第七届全国人民代表大会常务委员会第十一次会议于1989年12月26日通过）、《中华人民共和国森林法》（修订）（第九届全国人民代表大会常务委员会第二次会议于1998年4月29日通过）、《中华人民共和国土地管理法》（修订）（第十届全国人民代表大会常务委员会第十一次会议于2004年8月24日通过）、《中华人民共和国草原法》（修订）（第九届全国人民代表大会常务委员会第三十一次会议于2002年12月28日通过）、《中华人民共和国矿产资源法》（修订）（第八届全国人民代表大会常务委员会第二十一次会议于1996年8月29日通过）等有关自然资源保护的法律。这些法律文件（或其中一些条款）都涉及水土流失防治，也适用于开发建设项目的水土流失防治。

二、行政法规

行政法规是国务院根据宪法和法律制定并颁布、在全国范围内实施、为执行法律规定指定的行政法规，以及宪法规定的国务院行政管理职权的规定等。涉及水土流失防治的如下。

(1)《中华人民共和国水土保持法实施条例》（1993.8.1，国务院120号令）。

(2)《建设项目环境保护管理条例》（1998.11.29，国务院253号令）。

(3)《中华人民共和国基本农田保护条例》(1998.12.27，国务院 257 号令)。

(4)《中华人民共和国河道管理条例》(1988.6.10，国务院 3 号令)。

(5)《晋陕蒙接壤地区水土保持规定》(1988.9.1，国务院批准并授权国家计委和水利部联合发布)。

(6) 建设项目所属行业的各部门法规的相关条例等。

三、地方性法规

地方性水土保持法规是指各省（自治区、直辖市）的人民代表大会及其常务委员会，以及省（自治区）的人民政府所在地的市和经国务院审批的较大的市，在不与宪法、法律、行政法规相抵触的前提下，制定和颁布的只能在地方区域内发生法律效力的水土保持法律文件，分别报全国人民代表大会常委会和国务院备案。其中省（自治区）的人民政府所在地的市和较大的市制定的地方性法规，须报经省（自治区）的人民代表大会常委会批准后方可颁布实施，并报送国务院备案。经济特区所在地的市的人民代表大会及其常务委员会也可以制定地方性法规。

目前，各省（自治区、直辖市）人大及其常委会制定的《实施水土保持法办法》，已有 29 个省（自治区、直辖市）出台（西藏、上海、海南除外）。如以下两个地方性法规。

(1) 各省级人民代表大会或常务委员会制定的《实施〈中华人民共和国水土保持法〉办法》。

(2) 广东、福建、云南等省的人大及其常委会根据有关法律和政策规定的原则，按照经济特区的具体情况和实际需要，制定的经济特区各种单项经济法规，如深圳的经济特区水土保持条例。

四、规章

国务院部委、中国人民银行、审计署和具有行政管理职能的直属机构，可以根据法律和国务院的行政法规、决定、命令，在本部门的权限范围内，制定相应的水土保持规章。部门规章规定的事项应当属于执行法律或者国务院的行政法规、决定、命令的事项。此外，省（自治区、直辖市）以及省（自治区）的人民政府所在地市和经国务院批准的较大市的人民政府，可以根据法律、行政法规和本省（自治区、直辖市）的地方性法规，制定行政规章。

由国务院各部委，各省（自治区、直辖市）人民政府颁布的规定、办法，如以下几个。

(1) 水利部、国家计委、国家环保局《开发建设项目水土保持方案管理办法》(水保 [1994] 513 号)。

(2) 水利部《开发建设项目水土保持方案编报审批管理规定》(水利部第 5 号令，1995 年 5 月 30 日发布)。

(3) 水利部《编制开发建设项目水土保持方案资格证书管理办法》(水保 [1995] 155 号)。

(4) 水利部《水土保持方案编制资格证单位考核办法》(水保 [1997] 410 号)。

(5) 地方人民政府制定的规章，如各省（自治区）制定的《水土保持设施补偿费和水土流失防治费征收使用管理规定》。

(6) 其他相关规章，如《建设项目环境管理办法》等。

五、规范性文件

由水利部、省级水行政主管部门、县级人大、县级政府依据以上的法规制定的规范性文件。主要包括以下几方面。

1. 国家政策的要求

(1)《国务院关于加强水土保持工作的通知》(国发[1993]5号)。

(2)《关于印发全国生态环境保护纲要的通知》(国发[2000]38号)。

(3)《国务院关于投资体制改革的决定》(国发[2004]20号)。

(4)《关于加强水土保持方案审批后续工作的通知》(水利部办函[2002]154号)。

(5)《关于印发〈全国水土保持预防监督纲要〉的通知》(水利部水保[2004]332号)。

(6)《关于加强水利工程水土保持方案编审工作的通知》(水利部规划计划司、水土保持司[1996]153号)。

2. 方案管理的要求

(1)《开发建设项目水土保持方案管理办法》(水利部、国家计委、国家环境保护总局水保[1994]513号)。

(2)《关于印发公路建设项目水土保持工作规定的通知》(水利部、交通部水保[2001]12号)、《水利部、国家煤炭工业局关于加强煤炭生产建设项目水土保持工作的通知》(水保[1999]398号)、《关于加强土地开发利用管理搞好水土保持的通知》(国家土地局、水利部[1989]国土[规]字第88号)、《关于贯彻执行〈水土保持法实施条例〉有关规定的通知》(地质矿产部、水利部[1993]227号)等水利部与相关部门的联合发文。

(3)《关于印发规范水土保持方案编报程序、编写格式和内容的补充规定》的通知(水利部司局函,保监[2001]15号)。

(4)《国家发展和改革委员会关于燃煤电站项目规划和建设有关要求的通知》(发改委[2004]864号文)。

(5)《建设项目环境保护分类管理目录》(国家环境保护总局公布的最新版本)。

(6)《企业投资项目核准目录》(国家发展和改革委员会公布的最新版本)。

(7)《湖南省开发建设项目水土保持方案分类登记名录》(湘水保委[2004]4号)等分类管理的地方规定。

3. 方案内容相关的其他内容

(1)《关于印发〈水土保持监测资格证书管理暂行办法〉的通知》(水保[2003]202号)。

(2)《关于加强大、中型开发建设项目水土保持监理工作的通知》(水保[2003]第89号)。

(3)《全国性及中央部门和单位行政事业性收费项目目录》(财政部、国家发展和改革委员会财综[2005]21号或更新版本)。

(4)《关于加强大型开发建设项目水土保持监督检查工作的通知》(水利部办公厅,水保[2004]97号)。

(5)各省(自治区、直辖市)人民政府关于划分水土流失重点防治区的公告及水土保持设施补偿费等的文件。

需要注意的是,以上所列出的相关的法律法规等文件,只是为向读者解释或说明相关的内容,并未全部列出。而且,随着时间的推移、社会经济的不断发展,这些法律法规也在不断地更新变化。所以,在实际工作过程中,需要应用相关文件时应查阅最新的法律法规文件,不应死板地照搬讲义上的内容,要根据实际情况列出。

第三节　水土保持法规中对开发建设项目的有关规定

一、法律法规的基本规定

1. 水土保持工作的方针

根据我国的水土流失发展状况，确定了新的水土保持工作方针，即“预防为主、保护优先、全面规划、综合治理、因地制宜、突出重点、科学管理、注重效益”，把预防保护工作摆在了首位。

2. 权利义务的规定

防治开发建设造成水土流失的总原则是“谁开发谁保护”，“谁造成水土流失谁负责治理”。一切单位和个人都有保护水土资源、防治水土流失的义务，从事可能引起水土流失的生产建设活动的单位和个人，有责任保护水土资源，并负责治理因生产建设活动造成的水土流失。

3. 水土保持纳入国民经济和社会发展计划

明确各级人民政府将水土保持规划纳入国民经济和社会发展计划，安排专项资金，组织实施。开发建设项目造成的水土流失，由建设和生产单位分别在基本建设投资、生产费用中列支水土流失防治费用。各级人民政府要实行水土流失防治目标责任制。

4. 水土流失防治实行分区防治原则

要求县级以上人民政府根据当地水土流失的具体情况，划定水土流失重点防治区，即重点预防保护区、重点监督区、重点治理区，进行分类指导、分区防治。

5. 建立水土保持方案报告制度

凡从事可能引起水土流失的生产建设活动的单位和个人，必须首先编报水土保持方案，经水行政主管部门批准后方可审批环境影响报告，继而才能申请计划部门立项。这是预防水土流失的首要环节。

6. 明确了水土保持机构的监督职能

县级以上地方人民政府水行政主管部门及其水土保持监督管理机构、地方政府设立的水土保持机构，对水土流失的防治实施监督检查，这是贯彻实施水土保持法的重要保证。

二、开发建设项目水土保持有关规定

1. 法律法规规定

《中华人民共和国水土保持法》(2010)（以下简称法律)，《中华人民共和国水土保持法实施条例》(1993)（以下简称条例）对开发建设项目的水土流失防治主要有以下规定。

(1) 法律第一章（总则）第八条：任何单位和个人都有保护水土资源、预防和治理水土流失的义务，并有权对破坏水土资源、造成水土流失的行为进行举报。

(2) 法律第三章（预防）第十七条：地方各级人民政府应当加强对取土、挖砂、采石等活动的管理，预防和减轻水土流失。

禁止在崩塌、滑坡危险区和泥石流易发区从事取土、挖砂、采石等可能造成水土流失的活动。崩塌、滑坡危险区和泥石流易发区的范围，由县级以上地方人民政府划定并公告。崩塌、滑坡危险区和泥石流易发区的划定，应当与地质灾害防治规划确定的地质灾害易发区、重点防治区相衔接。

(3) 法律第三章（预防）第二十四条：生产建设项目选址、选线应当避让水土流失重点预防区和重点治理区；无法避让的，应当提高防治标准，优化施工工艺，减少地表扰动和植被损坏范围，有效控制可能造成的水土流失。

(4) 法律第三章（预防）第二十五条：在山区、丘陵区、风沙区以及水土保持规划确定的容易发生水土流失的其他区域开办可能造成水土流失的生产建设项目，生产建设单位应当编制水土保持方案，报县级以上人民政府水行政主管部门审批，并按照经批准的水土保持方案，采取水土流失预防和治理措施。没有能力编制水土保持方案的，应当委托具备相应技术条件的机构编制。

水土保持方案应当包括水土流失预防和治理的范围、目标、措施和投资等内容。

水土保持方案经批准后，生产建设项目的地点、规模发生重大变化的，应当补充或者修改水土保持方案并报原审批机关批准。水土保持方案实施过程中，水土保持措施需要作出重大变更的，应当经原审批机关批准。

生产建设项目水土保持方案的编制和审批办法，由国务院水行政主管部门制定。

(5) 法律第三章（预防）第二十六条：依法应当编制水土保持方案的生产建设项目，生产建设单位未编制水土保持方案或者水土保持方案未经水行政主管部门批准的，生产建设项目不得开工建设。

(6) 法律第三章（预防）第二十七条：依法应当编制水土保持方案的生产建设项目中的水土保持设施，应当与主体工程同时设计、同时施工、同时投产使用；生产建设项目竣工验收，应当验收水土保持设施；水土保持设施未经验收或者验收不合格的，生产建设项目不得投产使用。

(7) 法律第三章（预防）第二十八条：依法应当编制水土保持方案的生产建设项目，其生产建设活动中排弃的砂、石、土、矸石、尾矿、废渣等应当综合利用；不能综合利用，确需废弃的，应当堆放在水土保持方案确定的专门存放地，并采取措施保证不产生新的危害。

(8) 法律第四章（治理）第三十二条：开办生产建设项目或者从事其他生产建设活动造成水土流失的，应当进行治理。

在山区、丘陵区、风沙区以及水土保持规划确定的容易发生水土流失的其他区域开办生产建设项目或者从事其他生产建设活动，损坏水土保持设施、地貌植被，不能恢复原有水土保持功能的，应当缴纳水土保持补偿费，专项用于水土流失预防和治理。专项水土流失预防和治理由水行政主管部门负责组织实施。水土保持补偿费的收取使用管理办法由国务院财政部门、国务院价格主管部门会同国务院水行政主管部门制定。

生产建设项目在建设过程中和生产过程中发生的水土保持费用，按照国家统一的财务会计制度处理。

(9) 法律第四章（治理）第三十八条：对生产建设活动所占用土地的地表土应当进行分层剥离、保存和利用，做到土石方挖填平衡，减少地表扰动范围；对废弃的砂、石、土、矸石、尾矿、废渣等存放地，应当采取拦挡、坡面防护、防洪排导等措施。生产建设活动结束后，应当及时在取土场、开挖面和存放地的裸露土地上植树种草、恢复植被，对闭库的尾矿库进行复垦。

在干旱缺水地区从事生产建设活动，应当采取防止风力侵蚀措施，设置降水蓄渗设施，充分利用降水资源。

(10) 法律第五章（监测和监督）第四十一条：对可能造成严重水土流失的大中型生产建

设项目，生产建设单位应当自行或者委托具备水土保持监测资质的机构，对生产建设活动造成的水土流失进行监测，并将监测情况定期上报当地水行政主管部门。

从事水土保持监测活动应当遵守国家有关技术标准、规范和规程，保证监测质量。

(11) 法律第六章（法律责任）第四十八条：违反本法规定，在崩塌、滑坡危险区或者泥石流易发区从事取土、挖砂、采石等可能造成水土流失的活动的，由县级以上地方人民政府水行政主管部门责令停止违法行为，没收违法所得，对个人处一千元以上一万元以下的罚款，对单位处二万元以上二十万元以下的罚款。

(12) 法律第六章（法律责任）第五十三条：违反本法规定，有下列行为之一的，由县级以上人民政府水行政主管部门责令停止违法行为，限期补办手续；逾期不补办手续的，处五万元以上五十万元以下的罚款；对生产建设单位直接负责的主管人员和其他直接责任人员依法给予处分。①依法应当编制水土保持方案的生产建设项目，未编制水土保持方案或者编制的水土保持方案未经批准而开工建设的；②生产建设项目的地点、规模发生重大变化，未补充、修改水土保持方案或者补充、修改的水土保持方案未经原审批机关批准的；③水土保持方案实施过程中，未经原审批机关批准，对水土保持措施作出重大变更的。

(13) 法律第六章（法律责任）第五十四条：违反本法规定，水土保持设施未经验收或者验收不合格将生产建设项目投产使用的，由县级以上人民政府水行政主管部门责令停止生产或者使用，直至验收合格，并处五万元以上五十万元以下的罚款。

(14) 法律第六章（法律责任）第五十五条：违反本法规定，在水土保持方案确定的专门存放地以外的区域倾倒砂、石、土、矸石、尾矿、废渣等的，由县级以上地方人民政府水行政主管部门责令停止违法行为，限期清理，按照倾倒数量处每立方米十元以上二十元以下的罚款；逾期仍不清理的，县级以上地方人民政府水行政主管部门可以指定有清理能力的单位代为清理，所需费用由违法行为人承担。

(15) 法律第六章（法律责任）第五十六条：违反本法规定，开办生产建设项目或者从事其他生产建设活动造成水土流失，不进行治理的，由县级以上人民政府水行政主管部门责令限期治理；逾期仍不治理的，县级以上人民政府水行政主管部门可以指定有治理能力的单位代为治理，所需费用由违法行为人承担。

(16) 法律第六章（法律责任）第五十七条：违反本法规定，拒不缴纳水土保持补偿费的，由县级以上人民政府水行政主管部门责令限期缴纳；逾期不缴纳的，自滞纳之日起按日加收滞纳部分万分之五的滞纳金，可以处应缴水土保持补偿费三倍以下的罚款。

(17) 条例第十五条规定：水土保持法施行前已建或者在建并造成水土流失的生产建设项目，生产建设单位必须向县级以上地方人民政府水行政主管部门提出水土流失防治措施。

2. 规章的有关规定

(1) 国务院《关于加强水土保持工作的通知》（国发［1993］5号）。“各级水行政主管部门切实负责地做好归口管理、综合治理、监督、监测和科研教育工作。农业、林业、能源、交通等有关部门和大中型工矿企业要积极支持水行政主管部门的工作，并认真完成本行业、本单位应承担的防治任务。要建立水土保持方案报告制度，凡在山区、丘陵区、风沙区新上的生产建设和资源开发项目，都要有水行政主管部门水土保持机构审批的水土保持方案，各级计划部门在审批项目时要严格把关。”

(2) 国务院《水利产业政策》（国发［1997］35号）。

第三条：“国民经济的总体规划、城市规划及重大建设项目的布局，必须有防洪除涝、供水、水资源保护、水土保持、水污染防治、节约用水等方面的专项规划或论证。”

第十九条：“有关法律、法规和国家有关政策规定的河道工程修建维护管理费、水土流失防治费等行政事业性收费，由各级水行政主管部门在两年内做到足额征收。”

第三十一条：“建立保护水资源、恢复生态环境的经济补偿机制。任何生活、生产活动及建设项目必须防止造成水土流失和水污染。造成水土流失和水污染的单位，要负责治理并承担全部治理费用。”

(3) 国家计委、水利部、国家环保局发布的《开发建设项目水土保持方案管理办法》。1994 年 11 月 22 日，水利部、国家计划委员会、国家环境保护局联合发布了《开发建设项目水土保持方案管理办法》(水保［1994］513 号)。办法中强调了环境保护行政主管部门负责审批建设项目的环境影响报告书，水行政主管部门负责审查建设项目的水土保持方案，规定建设项目环境影响报告书中的水土保持方案必须先经水行政主管部门审查同意，环保主管部门审查批准环境影响报告书后，方可申请计划部门立项。即立项程序为：审批水保方案—审批环评—项目可研。

经过审批的开发建设项目如有较大变动时，项目建设单位应及时修改水土保持方案报告的内容，并报水行政主管部门重新审批。办法还强调了建设项目中的水土保持设施的“三同时”制度，水土保持设施未经验收或者经验收不合格的，建设工程不得投产使用。

(4) 国家土地管理局、水利部《关于加强土地开发利用管理搞好水土保持的通知》。通知中规定，各级土地管理部门要会同水利、水保部门做好监督检查，协调规划，土地开发利用要注重生态效益，审批土地开发利用项目时应征求当地水土保持主管部门的意见，对不符合水土保持有关规定的，土地管理部门不得审批。

(5) 地质矿产部、水利部《关于贯彻执行〈水土保持法实施条例〉有关规定的通知》。通知中规定，开办矿山企业，其环境影响评价中的水土保持方案必须先经水行政主管部门审查同意，未经水行政主管部门审查同意的，不得为其办理采矿登记、颁发采矿许可证。

3. 地方性法规规定

各级地方人民政府对开发建设项目水土流失防治都有具体的法规和规章规定，这里不再一一列举。

第四节 开发建设项目水土流失防治特点与基本要求

一、水土流失防治特点

开发建设项目水土保持的目的，是依据法律规定确定在项目建设单位的防治责任范围内，根据建设的特点与需要，采取有效的防治措施，使建设项目造成的水土流失得到及时有效控制。这是法律规定制止人为水土流失的重大举措。

开发建设项目水土保持方案，与以往的以小流域为单位的水土保持规划设计有明显的不同，包括规划指导思想、规划方法、技术措施布设、经济计算与评价等。开发建设项目水土流失防治特点如下几方面。

1. 防治目标专一

常规的水土保持治理以追求经济、社会、生态三大效益为目标，水土保持措施除要起到减少和控制水土流失的作用外，更要产生一定的经济效益。开发建设项目的水土保持则主要是以控制水土流失为目标，保障项目区工程设施和生产安全，兼顾美化环境、净化空气、维护生态平衡的效能。

2. 防治工程的标准高

常规治理中防治水土流失，往往以拦蓄10年或20年一遇暴雨为防治标准。防治开发建设区水土流失和洪水泥沙对项目、周边地区的危害，其工程的标准往往是以所保护的对象来确定的，通常远远高于一般的小流域治理，因而其投资标准也高。

3. 治理投资按规范计算确定

常规治理中防治水土流失，往往是当地农民受益，其投资属于补助性，一般无硬性标准。开发建设项目的水土保持则是法定治理义务，投资按国家基本建设规定的标准计算。

4. 方案限期实施

以往编制的水保规划实施的早与晚一般不会产生很大的危害或影响，而开发建设项目的防治方案的实施具有严格的期限，不能逾期。实施相差一个月甚至一天就可能时过境迁，方案实施的条件就可能失去，不具有再实施的可能，特别是在项目建设期。如铁路、公路、通信和输电线路等一次性建设项目，由于其发生的水土流失是在建设中，必须在工程开工前完成方案，才能预防和治理施工过程中的水土流失。否则如果建设项目已经竣工，方案才开始编制或刚编制完，水土流失已成事实，危害难以弥补。

5. 与项目工程相互协调

常规的水土流失治理一般独立编制规划和组织实施，而开发建设项目水土保持防治工程布设、实施等要与主体工程相协调，结合项目施工过程和工艺特点，确定防治措施和实施时序。制定防止方案时要因地、因时、因害设防，每一项治理措施都针对某一具体造成水土流失的建设项目，采取的措施与以往小流域治理中形成的措施不同，形成自己的独特体系。

6. 具有强制实施性

常规的水土保持治理大多是政府行为，开发建设项目水土保持治理则为法律强制行为。方案一经水行政主管部门审定和批准，就从法律上具有了强制实施性，未经批准不得擅自停止实施或更改方案。这就要求编制水土保持方案的单位要有强烈的责任心，不但要保证方案的质量，还要便于生产建设单位组织实施，便于当地水行政主管部门实行监督。

二、水土流失防治的基本要求

1. 防治目标

（1）使新增水土流失及土地沙化得到有效控制。

（2）项目区原有的水土流失得到有效治理。

（3）工程设施安全得到保障。

（4）泄入下游的泥沙显著减少。

（5）生态环境明显改善。

2. 防治任务

根据水土保持法的规定，开发建设项目应做好以下几方面的水土流失防治工作。

（1）对征用、管辖、租用土地范围内的原有水土流失进行防治。

（2）在生产建设过程中必须采取措施保护水土资源，并尽量减少对植被的破坏。

（3）废弃土（石、渣）、尾矿渣（砂）等固体物必须有专门存放场地，并采取拦挡措施。

（4）采挖、排弃、填方等场地必须进行护坡和土地整治。

(5) 开发建设形成的裸露土地，应恢复林草植被并开发利用。

3. 基本要求

(1) 满足《开发建设项目水土保持方案技术规范》(GB50433—2008) 的要求。

(2) 工程措施、植物措施和临时措施配合。

(3) 建设区与影响区统筹兼顾。

(4) 防治与工程建设互相结合，互相促进，互为保障。

思 考 题

1. 我国开发建设项目水土流失防治的目标与任务是什么？
2. 新确定的水土保持工作方针是什么？
3. 水土流失防治的目标及任务是什么？
4. 如何理解和应用水土保持法？
5. 我国水土保持法规对开发建设项目做了哪些基本规定？
6. 试总结我国开发建设项目水土流失特点及防治特点。

第二章 基本建设概要

基本建设是发展社会生产、增强国民经济实力的物质技术基础，是改善和提高人民群众物质生活水平和文化水平的重要手段，是实现社会扩大再生产的必要条件。基本建设是指国民经济各部门利用国家预算拨款、自筹资金、国内外基本建设贷款以及其他专项基金进行的以扩大生产能力（或增加工程效益）为主要目的的新建、扩建、改建、技术改造、更新和恢复工程及有关工作。如建造工厂、矿山、港口、铁路、电站、水库、医院、学校、商店、住宅和购置机器设备、车辆、船舶等活动，以及与之紧密相连的征用土地、房屋拆迁、勘测设计、培训生产人员等工作。换言之，基本建设就是指固定资产的建设，即建筑、安装和购置固定资产的活动及与之相关的工作。

“基本建设”一词是20世纪50年代我国从俄文翻译过来的，西方国家称其为固定资产投资，日本叫建设投资。需要指出的是，对于基本建设的涵义，我国学术界历来有所争议。一种观点认为，基本建设是指固定资产的扩大再生产，不包括固定资产的恢复、更新和技术改造，即将固定资产的投资分为基本建设投资和更新改造投资；另一种观点认为，基本建设就是固定资产的再生产，既包括固定资产的扩大再生产，又包括固定资产的简单再生产，即基本建设投资就是通常所说的固定资产投资。此外，还存在介于上述两种观点之间的观点，认为基本建设是指固定资产扩大再生产和部分简单再生产。在实际工作中，要区分基本建设投资和更新改造投资是困难的，加上资金分散管理，硬性划分它们，反而给计划统计工作增加很多困难。因此，用固定资产投资代替基建投资，概念上比较明确，范围亦更清楚，不仅可以清除计划工作中的许多困难，而且与国外的固定资产投资统计资料进行对比分析时，口径上更为一致。

建设项目往往是按一个总体设计进行建设的各个单项工程所构成的总体，在我国也称为基本建设项目或开发建设项目。我国通常把属于一个总体设计中分期分批进行建设的主体工程和附属配套工程、综合利用工程、供水供电工程整体作为一个建设项目；不能把不属于一个总体设计的工程，按各种方式归并为一个建设项目，也不能把同一个总体设计内的工程，按地区或施工单位分为几个建设项目。

第一节 开发建设项目的分类

一、按建设性质分类

开发建设项目按其建设性质不同，可划分为基本建设项目和更新改造项目两大类。

1. 基本建设项目

基本建设项目是投资建设用于进行以扩大生产能力或增加工程效益为主要目的的新建、扩建工程及有关工作。具体包括以下几个方面。

1）新建项目　指以技术、经济和社会发展为目的，从无到有的建设项目。现有企业、事业和行政单位一般不应有新建项目。但新增加的固定资产价值超过原有全部固定资产价值

（原值）3 倍以上时，可算作新建项目。

2）扩建项目　指企业为扩大生产能力或新增效益而增建的生产车间或工程项目，以及事业和行政单位增建业务用房等。

3）改建项目　指原有企业以提高劳动生产率、改进产品质量或改变产品方向为目的，对原有设备或工程进行改造的项目。有时为了提高综合生产能力，增加一些附属或辅助车间和非生产性工程，也属于改建项目。在现行管理上，将固定资产投资分为基本建设项目和技术改造项目，从建设性质上看，后者即下文所指更新改造项目，属于基本建设中的改建项目。

4）迁建项目　指现有企、事业单位为改变生产布局或出于环境保护等其他特殊要求，搬迁到其他地点的建设项目。

5）恢复项目　指原固定资产因自然灾害或人为灾害等原因已全部或部分报废，以后又按原有规模投资重新建设的项目。

2. 更新改造项目

更新改造项目是指建设资金用于对企、事业单位原有设施进行技术改造或固定资产更新，以及相应配套的辅助性生产、生活福利等工程和有关工作。

更新改造项目包括挖潜工程、节能工程、安全工程、环境工程等。

二、按投资作用分类

基本建设项目按其投资在国民经济各部门中的作用，分为生产性建设项目和非生产性建设项目。

1. 生产性建设项目

生产性建设项目是指直接用于物质生产或直接为物质生产服务的建设项目，主要包括以下几个方面。

1）工业建设　包括工业国防和能源建设。

2）农业建设　包括农、林、牧、渔、水利建设。

3）基础设施建设　包括交通、邮电、通信建设，地质普查、勘探建设，建筑业建设。

4）商业建设　包括商业、饮食、营销、仓储、综合技术服务事业的建设。

2. 非生产性建设项目

非生产性建设项目（消费性建设）是指用于满足人民物质和文化、福利需要的建设和非物质生产部门的建设，主要包括以下几方面。

1）办公用房　包括各级国家党政机关、社会团体、企业管理机关的办公用房。

2）居住建筑　包括住宅、公寓、别墅。

3）公共建筑　包括科学、教育、文化艺术、广播电视、卫生、博览、体育、社会福利事业、公用事业、咨询服务、宗教、金融、保险等事业的建设。

4）其他建设　主要包括不属于上述 3 类建设的其他非生产性建设。

三、根据国家标准（《开发建设项目水土流失防治标准》）的分类

1. 按建设和生产运行情况分类

建设项目按建设和生产运行情况划分为建设类项目和建设生产类项目两类。

1）建设类项目　基本建设竣工后，在运营期基本没有开挖、取土（石、料）、弃土（石、渣）等生产活动的公路、铁路、机场、水工程、港口、码头、水电站、核电站、输变电

工程、通信工程、管道工程、物探工程、城镇新区等开发建设项目。其水土流失主要发生在建设期。

2）建设生产类项目　基本建设竣工后，在运营期仍存在开挖地表、取土（石、料）、弃土（石、渣）等生产活动的燃煤电站、建材、矿产和石油天然气开采及冶炼等开发建设项目。其水土流失发生在建设期和生产运行期。

2. 按工程的布局和分布特点分类

按工程布局和分布特点，开发建设项目可分为线型开发建设项目和点型开发建设项目两类。

1）线型开发建设项目　即布局跨度较大，建设生产活动的扰动地表范围呈线型分布的工程项目，如公路、铁路、管道、灌渠等。

2）点型开发建设项目　即布局相对集中，建设生产活动的扰动地表范围呈点型分布的工程项目，如矿山、电厂、水利枢纽等。

四、按项目规模分类

按照国家规定的标准，基本建设项目划分为大型、中型和小型三类；更新改造项目划分为限额以上和限额以下两类。不同等级标准的建设项目，国家规定的审批机关和报建程序也不尽相同。

基本建设项目的大、中、小型和更新改造项目限额的具体划分标准，根据各个时期经济发展水平和实际工作中的需要而有所变化，现行的国家有关规定如下。

（1）按投资额划分的基本建设项目，属于工业生产性项目中的能源、交通、原材料部门的工程项目，投资额达到5000万元以上为大、中型项目；其他部门和非工业建设项目，投资额达到3000万元以上为大、中型建设项目。

（2）按生产能力或使用效益划分的建设项目，以国家对各行各业的具体规定作为标准。

（3）更新改造项目只按投资额标准划分，5000万元以上（含5000万元）的能源、交通、原材料工业项目及3000万元以上（含3000万元）的其他项目为限额以上项目；其他为限额以下项目。

五、按隶属关系划分

建设项目按隶属关系可分为国务院各部门直属项目、地方投资国家补助项目、地方项目、企事业单位自筹建设项目。

六、按建设阶段划分

建设项目按建设阶段分为预备项目、筹建项目、施工项目、建成投产项目、收尾项目和竣工项目等。

1）预备项目（或探讨项目）　按照中长期投资计划拟建而又未立项的建设项目，只作初步可行性研究或提出设想方案供参考，不进行建设的实际准备工作。

2）筹建项目（或前期工作项目）　经批准立项，正在进行建设前期准备工作而尚未开始施工的项目。

3）施工项目　指本年度计划内进行建筑或安装施工活动的项目。包括新开工项目和续建项目。

4）建成投产项目　指年内按设计文件规定建成主体工程和相应配套的辅助设施，形成生产能力或发挥工程效益，经验收合格并正式投入生产或交付使用的建设项目。包括全部投产项目、部分投产项目和建成投产单项工程。

5）收尾项目　以前年度已经全部建成投产，但尚有少量不影响正常生产使用的辅助工程或非生产性工程，在本年度继续施工的项目。

6）竣工项目　指工程项目全部建完，经过各单位工程的验收，符合设计要求，并具备竣工图、竣工决算、工程总结等必要文件资料的项目。

国家根据不同时期国民经济发展的目标、结构调整任务和其他一些需要，对以上各类建设项目制定不同的调控和管理政策、法规、办法。因此，系统地了解上述建设项目各种分类对建设项目的管理具有重要意义。

第二节　基本建设项目组成

建设项目也称为基本建设项目，如前所述，是指在一个场地或几个场地上按一个总体设计进行建设，经济上实行统一核算，行政上具有独立组织形式的工程建设单位，是各个单项工程项目的总和，如水利枢纽工程、交通运输工程等。建设项目具有任务一次性、目标明确性和条件约束性三个基本特征，同时还具有投资巨大、建设周期长、风险大、不可逆和协作性要求高等特殊属性。

一个基本建设项目往往规模大、建设周期长、影响因素复杂，是一项系统工程。因此，为了便于编制基本建设计划、编制概（预）算文件、组织材料供应、组织招标投标、安排施工和控制投资、拨付工程款项、进行经济核算等生产经营管理的需要，通常将建设项目由大到小，按分部分项划分为各个组成部分。按照我国在建设领域内的有关规定和习惯做法，根据项目本身的内部组成，将其划分为单项工程、单位工程、分部工程和分项工程。

1. 单项工程

单项工程是建设项目的组成部分。一个建设项目中，可以有几个单项工程，也可以只有一个单项工程。单项工程具有独立的设计文件，建成后可以独立发挥生产能力或效益。例如，一所学校的教学楼，一个城市的一条道路等都是单项工程。

单项工程是具有独立存在意义的一个完整工程，也是一个极为复杂的综合体，它由许多单位工程所组成。

2. 单位工程

单位工程是单项工程的组成部分，是指单独设计，可以独立组织施工，但竣工后不能独立发挥生产能力或使用效益的工程。一般以建设物的构筑及安装来划分，如灌区工程中的进水闸、分水闸、渡槽，引水工程中的进水口、调压井等都是单位工程；一栋教学楼工程中的一般土建工程、室内给排水工程、电气照明工程等都是单位工程。

3. 分部工程

每一个单位工程仍然是一个较大的组合体，它本身又是由许多结构构件、部件或更小的部分组成。在单位工程中，按部位、材料和工种进一步分解出来的工程，称为分部工程。例如，淤地坝工程中的一般土建工程，按照部位、材料结构和工种的不同，可划分为土方工程、石方工程、砌石工程等分部工程。

由于每一分部工程中影响工料消耗大小的因素很多，所以，为了计算工程造价和工料消耗用量的方便，还必须把分部工程按照不同的施工方法、不同的构造、不同的规格等，进一步分解为分项工程。

4. 分项工程

分项工程是指单独经过一定的施工工序就能完成，并且可以采用适当计量单位计算的建筑或设备安装工程，是分部工程的细分，是建设项目最基本的组成单元，也是最简单的施工过程。例如，每 $10m^3$ 人工土方工程、每 $10m^3$ 砌石工程等，都分别为一个分项工程。但这种分项工程与工程项目这样完整的产品不同，它不能形成一个完整的工程实体。一般来说，其独立的存在往往没有实用意义，它只是建筑或安装工程构成的一个基本部分，是为了确定建筑及安装工程项目造价而划分出来的假定性产品。

建设项目分解示意图如图 2-1 所示。

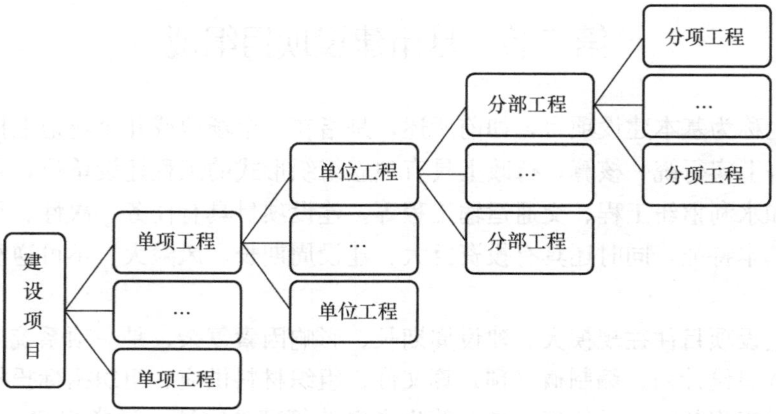

图 2-1 建设项目分解示意图

由于水土保持工程也是一个复杂的建筑群体，同其他工程相比，其包含的建筑群体种类多，涉及面广。例如，水土保持生态工程有坡改梯工程、植物工程、小型水保工程、治沟骨干工程等，难以严格按单项工程、单位工程、分部工程和分项工程确切划分。因此，水保基本建设项目有专门的项目划分规定。

第三节 项目的建设程序及阶段

一、项目的建设程序

建设程序是指项目从策划、评估、决策、设计、施工到竣工验收、投入生产或交付使用的整个建设过程中，各项工作必须遵循的先后工作次序。工程项目建设程序是工程建设过程客观规律的反映，是建设工程项目科学决策和顺利进行的重要保证。

现行的基本建设程序可分为规划阶段、项目建议书阶段、可行性研究阶段、设计阶段、开工准备阶段、施工阶段、生产准备阶段、竣工投产阶段、后评估阶段等 9 个阶段。不同的建设项目其建设程序可能会有减少。

根据我国基本建设实践，鉴于水利水电、水保基本建设较其他部门的基本建设有一定的特殊性，工程失事后危害性也比较大，因此水利水电、水保基本建设程序较其他部门更为严格。项目的建设程序可用图 2-2 概括。

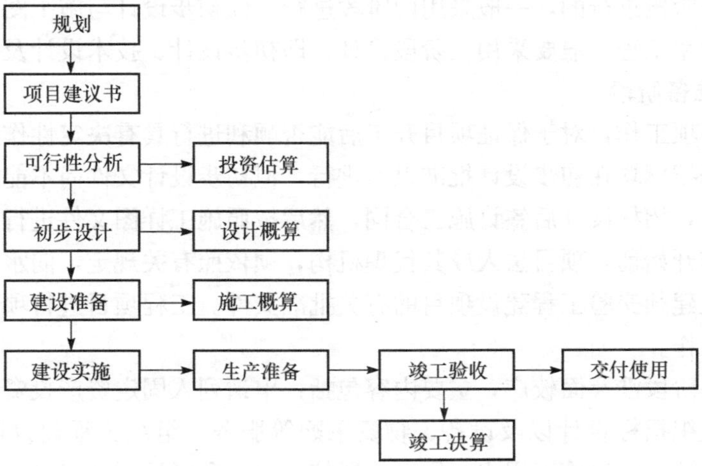

图 2-2　项目建设程序图

本节围绕水利工程建设，简介基本建设程序。

根据《水利工程建设程序管理暂行规定》（水利部水建［1998］16 号），水利工程建设程序分为项目建议书、可行性研究、初步设计、施工准备（包括招标设计）、建设实施、生产准备、竣工验收、后评价等阶段。

1. 项目建议书阶段

水利水电工程项目建议书是以批准的江河流域、区域综合规划或专业规划为依据，贯彻落实国家的方针政策和有关规程规范的要求，根据国家和地区经济社会发展规划的要求，论述建设该工程项目的必要性，提出开发任务，对工程的建设方案和规模进行初步分析论证，并评价项目建设的合理性，形成项目建议书。

2. 可行性研究阶段

这一阶段的工作主要是根据批准的项目建议书，贯彻国家基本建设的方针政策，遵照有关规程和规范的要求，对工程项目的建设条件进行调查和必要的勘测，在可靠资料的基础上，对项目在技术和经济上是否可行进行综合、科学的分析和论证。可行性研究应对项目在技术上是否先进、适用、可靠，在经济上是否合理可行，在财务上是否盈利作多方案比较，提出评价意见，推荐最佳方案，提出可行性研究报告。

可行性研究报告是建设项目立项决策的依据，也是项目办理资金筹措、签订合作协议、进行初步设计等工作的依据和基础。

3. 初步设计阶段

可行性研究报告批准以后，项目法人应择优选择有项目相应资质的勘测设计单位进行勘测设计。承担设计的单位在进行设计以前，要认真研究可行性报告，并进行勘测、调查和试验研究工作。

对于水利水电工程，要全面收集建设地区的工农业生产、社会经济、自然条件，包括水文、地质、气象等资料；要对坝址、库区的地形、地质进行勘测、勘探；对岩土地基进行分析试验；对于建设区建筑材料的分布、储量、运输方式、单价等要进行调查、勘测。总之，设计是复杂的综合性很强的技术经济工作，建立在全面正确的勘测、调查工作之上，不仅设计前要有大量的勘测、调查、试验工作，在设计中及工程施工中都要有相当细致的勘测、调查、试验工作。

设计工作是分阶段进行的，一般采用两阶段进行，即初步设计与施工图设计，对于某些大型工程和重要的中型工程一般要采用三阶段设计，即初步设计、技术设计及施工图设计。

4. 施工建设准备阶段

这一阶段的各项工作，对于保证项目开工后能否顺利进行具有决定性作用。

水利水电工程招标均在初步设计批准以后进行，但初步设计文件尚不能满足招标需要，为此多进行招标设计，招标设计后签订施工合同，然后按照施工详图文件进行施工。

施工准备工作开始前，项目法人或其代理机构，须依照有关规定，向水行政主管部门办理报建手续，项目报建须交验工程建设项目的有关批准文件。工程项目进行项目报建登记后，方可进行施工准备工作。

项目施工准备阶段涉及面较广，主要内容包括：申请列入固定资产投资计划；编制建设项目的实施计划；组织招标设计以及设备、物资采购等服务；组织工程建设监理和施工招标投标；开展征地、拆迁，完善施工用水、用电、通信、道路和场地平整工作；组织和建设必需的生产、生活临时建筑工程等。

5. 建设实施阶段

建设实施阶段就是进行工程施工。施工是把设计变为具有使用价值的建设实体，必须严格按照设计图纸进行，如有修改变动，要征得设计单位的同意。

当开工准备基本就绪后，应由项目法人提出申请开工报告，经主管部门严格审批，才能开工兴建。根据国家规定，大、中型建设项目的开工报告要报国家计委审批。

6. 生产准备阶段

对于生产性建设项目，在其竣工投产前，建设单位应适时地组织专门班子或机构，有计划有步骤地做好生产准备工作，为竣工后投产创造条件。包括招收、培训生产人员；组织有关人员参加设备安装、调试、工程验收；落实原材料供应；组建生产管理机构，健全生产规章制度等。生产准备是由建设阶段转入经营的一项重要工作。

7. 竣工验收阶段

竣工验收的目的是全面考核建设成果，检查设计和施工质量；及时解决影响投产的问题；办理移交手续，交付使用。竣工验收也是建设项目转入生产和使用的标志。验收合格后，建设单位编制竣工决算，项目正式投入使用。

8. 后评价阶段

后评价是工程交付生产运行后一段时间内，一般经过1～2年生产运行后，对项目的立项决策、设计、施工、竣工验收、生产运行等全过程进行系统评估的一种技术经济活动，是固定资产管理的一项重要内容，也是固定资产投资管理的最后一个环节、基本建设程序的最后一个环节。通过建设项目后评价，达到肯定成绩、总结经验、研究问题、吸取教训、提出建议、改进工作、不断提高项目决策水平和投资效果的目的。

以上8项内容基本上反映了水利水电工程基本建设工作的全过程，其他基本建设工程也大体相同。

基本建设过程大致上可以分为3个时期，即前期工作时期、工程实施时期和竣工投产时期。从国内外基本建设的经验来看，前期工作最为重要，一般占整个过程50％～60％的时间。前期工作搞好了，其后各阶段的工作就容易顺利完成。

二、建设项目阶段及主要工作

1. 项目建议书阶段

项目建议书是业主单位向国家提出的要求建设某一项目的建议文件，是对工程项目建设的轮廓设想。项目建议书的主要作用是推荐一个拟建项目，论述其建设的必要性、建设条件的可行性和获利的可能性，供国家选择并确定是否进行下一步工作。

项目建议书的内容根据项目的不同而有繁有简，但一般应包括以下几方面内容。

（1）项目提出的必要性和依据。

（2）产品方案、拟建规模和建设地点的初步设想。

（3）资源情况、建设条件、协作关系等的初步分析。

（4）投资估算和资金筹措设想。

（5）项目的进度安排。

（6）经济效益和社会效益的估计。

项目建议书按要求编制完成后，应根据建设规模和限额划分分别报送有关部门审批。按现行规定，大、中型及限额以上项目的项目建议书首先应报送行业归口主管部门，同时抄送国家计委。行业归口主管部门根据国家中长期规划要求，着重从资金、建设布局、资源合理利用、经济合理性、技术政策等方面进行初审。行业归口主管部门初审通过后报国家计委，由国家计委从建设总规模、生产力总布局、资源优化配置及资金供应可能、外部协作条件等方面进行综合平衡，还要委托具有相应资质的工程咨询单位评估后审批。凡行业主管部门初审未通过的项目，国家计委不予审批。凡属小型或限额以下项目的项目建议书，按项目隶属关系由部门或地方计委审批。

项目建议书经批准后，可以进行详细的可行性研究工作，但并不表明项目非上不可，项目建议书不是项目的最终决策。

2. 可行性研究阶段

项目建议书一经批准，即可着手开展项目可行性研究工作。可行性研究是对工程项目在技术上是否可行和经济上是否合理进行科学的分析和论证。

1）可行性研究的工作内容　　可行性研究应完成以下工作内容。

（1）进行市场研究，以解决项目建设的必要性问题。

（2）进行工艺技术方案的研究，以解决项目建设的技术可能性问题。

（3）进行财务和经济分析，以解决项目建设的合理性问题。

凡经可行性研究未通过的项目，不得进行下一步工作。

2）可行性研究报告的内容　　可行性研究工作完成后，需要编写出反映其全部工作成果的“可行性研究报告”。就其内容来看，各类项目的可行性研究报告内容不尽相同，但一般应包括以下基本内容。

（1）项目提出的背景、投资的必要性和研究工作依据。

（2）需求预测及拟建规模、产品方案和发展方向的技术经济比较和分析。

（3）资源、原材料、燃料及公用设施情况。

（4）项目设计方案及协作配套工程。

（5）建厂条件与厂址方案。

（6）环境保护、防震、防洪等要求及其相应措施。

(7) 企业组织、劳动定员和人员培训。

(8) 建设工期和实施进度。

(9) 投资估算和资金筹措方式。

(10) 经济效益和社会效益。

3) *可行性研究报告的审批* 按照国家现行规定，凡属中央政府投资，中央和地方政府合资的大、中型和限额以上项目的可行性研究报告，都要报送国家计委审批。国家计委在审批过程中要征求行业主管部门和国家专业投资公司的意见，同时要委托具有相应资质的工程咨询公司进行评估。总投资在2亿元以上的项目，无论是中央政府投资还是地方政府投资，都要经国家计委审查后报国务院审批。中央各部门所属小型和限额以下项目的可行性研究报告，由各部门审批。总投资额在2亿元以下的地方政府投资项目，其可行性研究报告由地方计委审批。

可行性研究报告经过正式批准后，将作为初步设计的依据，不得随意修改和变更。如果在建设规模、产品方案、建设地点、主要协作关系等方面有变动及突破原定投资控制数时，应报请原审批单位同意，并正式办理变更手续。可行性研究报告经批准，建设项目才算正式“立项”。

3. 设计阶段

设计是对拟建工程的实施在技术上和经济上进行的全面而详尽的安排，是基本建设计划的具体化，同时是组织施工的依据。工程项目的设计工作一般划分为两个阶段，即初步设计和施工图设计。重大项目和技术复杂项目，可根据需要增加技术设计阶段。

1) *初步设计* 初步设计是根据可行性研究报告的要求做的具体实施方案，目的是为了阐明在指定的地点、时间和投资控制数额内，拟建项目在技术上的可能性和经济上的合理性，并通过对工程项目做出的基本技术经济规定，编制项目总概算。

初步设计不得随意改变被批准的可行性研究报告确定的建设规模、产品方案、工程标准、建设地址和总投资等控制目标。如果初步设计提出的总概算超过可行性研究报告总投资的10%或其他主要指标需要变更时，应说明原因和计算依据，并重新向原审批单位报批可行性研究报告。

初步设计深度应满足设计方案的比较，材料设备的订货和生产安排，土地的征用，基建投资的控制，编制施工设计图，施工组织设计的编制，施工准备和生产准备等要求。初步设计是设计的第一阶段。如果初步设计提出的总概算超过可行性研究报告确定的总投资估算10%或其他主要指标需要变更时，要重新报批可行性研究报告。初步设计一经批准，项目即进入实质性阶段，可以开展工程施工图设计和开工前的各项准备工作。

2) *技术设计* 技术设计应根据初步设计和更详细的调查研究资料，进一步解决初步设计中的重大技术问题，如工艺流程、建筑结构、设备选型及数量确定等，使工程建设项目的设计更具体、更完善，技术指标更明确。

技术设计的内容根据工程项目的具体情况而定，其设计深度应满足特殊工艺流程方面的试验、研究及确定，新型设备的制造、试验和确定，大型建筑物、构筑物的关键部位的试验、研究及确定，技术复杂需要慎重对待的问题的研究及确定等要求。

3) *施工图设计* 施工图设计的内容是根据批准的初步设计进行编制的。其深度应满足设备材料的安排和各种非标准设备的制作，编制施工图预算的要求及施工要求，根据初步设计或技术设计，结合现场实际情况，完整地表现建筑物外形、内部空间分割、结构体系、构造状况及建筑群的组成和周围环境的配合。它还包括各种运输、通信、管道系统、建筑设备的设计。在工艺方面，应具体确定各种设备的型号、规格及各种非标准设备的制造加工图。

4. 施工准备阶段

项目在开工建设之前要切实做好各项准备工作，其主要内容包括以下几方面。

(1) 征地、拆迁和场地平整。大、中型项目还需对场地的工程地质、水文地质进行勘察，收集已有资料等。

(2) 完成施工用水、电、路、通信及修建临时生产、生活设施等工作。

(3) 组织设备、材料订货。

(4) 准备必要的施工图纸。

(5) 组织施工招标，择优选定施工单位，落实施工力量、施工机械等。

按规定进行了建设准备和具备了开工条件以后，便应组织开工。建设单位申请批准开工要经国家计委统一审核后，编制年度大、中型和限额以上工程建设项目新开工计划报国务院批准。部门和地方政府无权自行审批大、中型和限额以上工程建设项目开工报告。年度大、中型和限额以上新开工项目经国务院批准，国家计委下达项目计划。

一般项目在报批开工前，必须由审计机关对项目的有关内容进行审计，并对审计内容是否达到相关要求出具审计证明。审计机关主要是对项目的资金是否正当及落实情况，项目开工前的各项支出是否符合国家有关规定，资金是否存入规定的专业银行进行审计。新开工的项目还必须具备按施工顺序 3 个月以上的工程施工图纸，否则不能开工建设。

施工准备工作完成后，施工人员进入场地进行施工活动。通过施工把建筑材料、设备等物化劳动与人力活化劳动相结合，建成社会和人们所需要的固定资产。施工中要严格按照施工图纸进行，如要改变施工内容，须征得设计单位的同意。施工单位应按施工顺序合理组织施工。对于地下工程、隐蔽工程，特别是基础和结构的关键部位，必须经过检验，合格后，做好拍照和原始记录，并验收签字后，才可进行下一步工序。施工单位要根据年度计划要求，完成规定的年度工作量，整个项目竣工时，不能有遗留工程。

5. 建设实施阶段

工程项目经批准开工建设，项目即进入了施工阶段。项目开工时间，是指工程建设项目设计文件中规定的任何一项永久性工程第一次正式破土开槽开始施工的日期。不需开槽的工程，正式开始打桩的日期就是开工日期。铁路、公路、水库等需要进行大量土、石方工程的，以开始进行土、石方工程的日期作为正式开工日期。工程地质勘察、平整场地、旧建筑物的拆除、临时建筑、施工用临时道路和水、电等工程开始施工的日期不能算作正式开工日期。分期建设的项目分别按各期工程开工的日期计算，如二期工程应根据工程设计文件规定的永久性工程开工的日期计算。

施工安装活动应按照工程设计要求、施工合同条款及施工组织设计，在保证工程质量、工期、成本及安全、环保等目标的前提下进行，因此施工单位要与建设、设计单位和监理工程师密切配合，在施工过程中，各个环节要相互协调，要加强科学管理，确保工程质量，全面按期完成工程任务。达到竣工验收标准后，按设计和施工验收规范验收，由施工单位移交给建设单位。

项目法人要充分发挥建设管理的主导作用，为施工创造良好的建设条件。项目法人要充分授权工程监理，使之能独立负责项目的建设工期、质量、投资的控制和现场施工的组织协调。监理单位必须具备相应的资质，按照“政府监督、项目法人负责、社会监理、企业保证”的要求，建立健全质量管理体系。对于重要建设项目，须在工地设立质量监督项目派出机构，行使政府对项目建设的监督职能。

6. 生产准备阶段

对于生产性工程建设项目，生产准备是项目投产前由建设单位进行的一项重要工作。它是衔接建设和生产的桥梁，是项目建设转入生产经营的必要条件。建设单位应适时组成专门班子或机构做好生产准备工作，确保项目建成后能及时投产。

生产准备工作的内容根据项目或企业的不同，要求也各不相同，但一般应包括以下主要内容。

1）招收和培训生产人员　招收项目运营过程中需要的人员，并采用多种方式进行培训。特别要组织生产人员参加设备的安装、调试和工程验收工作，使其能尽快掌握生产技术和工艺流程。

2）组织准备　主要包括生产管理机构设置、管理制度和有关规定的制订、生产人员配备等。

3）技术准备　主要包括国内装置设计资料的汇总，有关国外技术资料的翻译、编辑，各种生产方案、岗位操作法的编制，以及新技术的准备等。

4）物资准备　主要包括落实原材料，协作产品，燃料、水、电、气等的来源和其他需协作配合的条件，并组织工装、器具、备品、备件等的制造或订货。

7. 竣工验收阶段

当工程项目按设计文件的规定内容和施工图纸的要求全部建完后，便可组织验收。竣工验收是工程建设过程的最后一环，是投资成果转入生产或使用的标志，也是全面考核基本建设成果、检验设计和工程质量的重要步骤。竣工验收对促进建设项目及时投产、发挥投资效益及总结建设经验，都有重要作用。通过竣工验收，可以检查建设项目实际形成的生产能力或效益，也可避免项目建成后继续消耗建设费用。

1）竣工验收的范围和标准　按照国家现行规定，所有基本建设项目和更新改造项目，按批准的设计文件规定的内容建成，符合验收标准，即工业项目经过投料试车（带负荷运转）合格、形成生产能力的，非工业项目符合设计要求、能够正常使用的，都应及时组织验收，办理固定资产移交手续。工程项目竣工验收、交付使用，应达到下列标准。

(1) 生产性项目和辅助公用设施已按设计要求建完，能满足生产要求。

(2) 主要工艺设备已安装配套，经联动负荷试车合格，形成生产能力，能够生产出设计文件规定的产品。

(3) 职工宿舍和其他必要的生产福利设施，能适应投产初期的需要。

(4) 生产准备工作能适应投产初期的需要。

(5) 环境保护设施、劳动安全卫生设施、消防设施已按设计要求与主体工程同时建成使用。

以上是国家对工程建设项目竣工应达到标准的基本规定，各类工程建设项目除了应遵循这些共同标准，还要结合专业特点确定其竣工应达到的具体条件。

水利水电工程按照设计文件规定的内容建成以后，在办理竣工验收以前，必须进行试运行。例如，对于灌溉渠道，要进行放水试验，对于水电站、抽水站，要进行试运转和试生产，考核是否达到设计标准和施工验收中的质量要求。如工程质量不合格应返工和加固。

对某些特殊情况，工程施工虽未全部按设计要求完成，也应进行验收，这些特殊情况主要有以下几点。

(1) 因少数非主要设备或某些特殊材料短期内不能解决，虽然工程内容尚未全部完成，但已可以投产或使用。

(2) 按规定的内容已建完，但因外部条件的制约，如流动资金不足、生产所需原材料不能满足等，而使已建成工程不能投入使用。

(3) 有些工程项目或单位工程，已形成部分生产能力，但近期内不能按原设计规模续建，应从实际情况出发经主管部门批准后，缩小规模对已完成的工程和设备组织竣工验收，移交固定资产。

按国家现行规定，已具备竣工验收条件的工程，3个月内不办理验收投产和移交固定资产手续的，取消企业和主管部门（或地方）的基建试车收入分成，由银行监督全部上缴财政。如3个月内办理竣工验收确有困难，经验收主管部门批准，可以适当推迟竣工验收时间。

2) 竣工验收的准备工作　建设单位应认真做好工程竣工验收的准备工作，主要包括以下3个方面。

(1) 整理技术资料。技术资料主要包括土建施工、设备安装方面及各种有关的文件、合同和试生产情况报告等。

(2) 绘制竣工图。工程建设项目竣工图是真实记录各种地下、地上建筑物等详细情况的技术文件，是对工程进行交工验收、维护、扩建、改建的依据，同时也是使用单位长期保存的技术资料。关于绘制竣工图的规定如下。

凡按图施工没有变动的，由施工承包单位（包括总包单位和分包单位）在原施工图上加盖“竣工图”标志后即作为竣工图。

凡在施工中，虽有一般性设计变更，但能将原施工图加以修改补充作为竣工图的，可不重新绘制，由施工承包单位负责在原施工图（必须新蓝图）上注明修改部分，并附以设计变更通知单和施工说明，加盖“竣工图”标志后，即作为竣工图。

凡结构形式改变、工艺改变、平面布置改变、项目改变及有其他重大改变，不宜再在原施工图上修改补充者，应重新绘制改变后的竣工图。由于设计原因造成的，由设计单位负责重新绘图；由于施工原因造成的，由施工承包单位负责重新绘图；由于其他原因造成的，由业主自行绘图或委托设计单位绘图。施工承包单位负责在新图上加盖“竣工图”标志，并附以有关记录和说明，作为竣工图。

竣工图必须准确、完整，符合归档要求，方能交工验收。

(3) 编制竣工决算。建设单位必须及时清理所有财产、物资和未花完或应收回的资金，编制工程竣工决算，分析概（预）算执行情况，考核投资效益，报请主管部门审查。

3) 竣工验收的程序和组织　工程项目全部建完，经过各单位工程的验收，符合设计要求，并具备竣工图、竣工决算、工程总结等必要文件资料，由项目主管部门或建设单位向负责验收的单位提出竣工验收申请报告。

竣工验收程序一般分两个阶段：单项工程验收和整个工程项目的全部验收。对于大型工程，因建设时间长或建设过程中逐步投产，应分批组织验收。验收之前，项目法人要组织设计、施工等单位进行初验并向主管部门提交验收申请，根据国家和部颁验收规程，组织验收。

水利水电工程把验收程序分为阶段验收和竣工验收，凡能独立发挥作用的单项工程均应进行阶段验收，如截流、下闸蓄水、机组启动、通水等。

大、中型和限额以上项目由国家计委或由国家计委委托项目主管部门、地方政府组织验收。小型和限额以下项目，由项目主管部门或地方政府组织验收。竣工验收要根据工程规模及复杂程度组成验收委员会或验收组。验收委员会或验收组负责审查工程建设的各个环节，听取各有关单位的工作汇报、审阅工程档案、实地查验建筑安装工程实体，对工程设计、施工和设备质量等作出全面评价。不合格的工程不予验收。对遗留问题要提出具体解决意见，限期落实完成。

8. 后评价阶段

项目后评价的内容包括立项决策评价、设计施工评价、生产运营评价和建设效益评价。在实际工作中，可以根据建设项目的特点和工作需要而有所侧重。

项目后评价的基本方法是对比法。对比法就是将工程项目建成投产后所取得的实际效果、经济效益和社会效益、环境保护等情况与前期决策阶段的预测情况对比，与项目建设前的情况对比，从中发现问题，总结经验和教训。在实际工作中，往往从以下 3 个方面对建设项目进行后评价。

1）影响评价　通过项目竣工投产（营运、使用）后对社会的经济、政治、技术和环境等方面产生的影响评价项目决策的正确性。如果项目建成后达到了原来预期的效果，对国民经济发展、产业结构调整、生产力布局、人民生活水平的提高、环境保护等方面都带来有益的影响，说明项目决策是正确的；如果背离了既定的决策目标，就应具体分析，找出原因，进行改进并且引以为戒。

2）经济效益评价　通过项目竣工投产后产生的实际经济效益与可行性研究时预测的经济效益比较，对项目进行评价。对生产性建设项目要运用投产运营后的实际资料计算财务内部收益率、财务净现值、财务净现值率、投资利润率、投资利税率、贷款偿还期、国民经济内部收益率、经济净现值、经济净现值率等一系列后评价指标，然后与可行性研究阶段预测的相应指标进行对比，从经济上分析项目投产运营后是否达到了预期效果。没有达到预期效果的，应分析原因，采取措施，提高经济效益。

3）过程评价　前述两种评价是从项目投产后运行结果来分析评价的。过程评价则是对工程项目的立项决策、设计施工、竣工投产、生产运营等全过程进行系统分析，找出项目后评价与原预期效益之间的差异及其产生的原因，使后评价结论有根有据；同时，针对问题提出解决办法。

以上 3 个方面的评价有着密切的联系，必须全面理解和运用，才能对后评价项目作出客观、公正、科学的结论。

根据开发建设项目水土保持方案管理的相关规定，目前开发建设项目水土保持方案编制主要针对可行性研究阶段进行，所以方案报告书的编制深度与主体工程的可行性研究报告相适应。

思 考 题

1. 什么是基本建设、建设项目？
2. 按建设性质，开发建设项目可分为哪几类？
3. 通常如何划分基本建设项目？
4. 建设项目需遵循哪些建设程序？
5. 试总结项目建设各阶段的主要工作内容。

第三章　开发建设项目水土保持方案编制的意义和内容

根据国家的法律规定，开发建设项目在实施前必须编制水土保持方案报告书，那么编制水土保持方案报告书有何意义？如何编制水土保持方案报告书呢？报告书有什么样的格式要求，具体内容有哪些？对内容的编写有什么样的具体要求？这些问题是本章讨论的主要内容。

第一节　开发建设项目水土保持方案编制的概念

一、水土保持方案的概念

工程项目在开发建设过程中不可避免地扰动地表，破坏地表植被，产生新的微小地貌，造成原土壤结构疏松破坏和土体移动，有些项目还会产生弃土弃渣，从而加剧水土流失，破坏当地生态环境，给群众生活、生产带来长远而深刻的影响。

为预防和治理水土流失，《中华人民共和国水土保持法》（2010）第一章（总则）第八条规定“任何单位和个人都有保护水土资源、预防和治理水土流失的义务，并有权对破坏水土资源、造成水土流失的行为进行举报”。第三章（预防）第二十五条规定“在山区、丘陵区、风沙区以及水土保持规划确定的容易发生水土流失的其他区域开办可能造成水土流失的生产建设项目，生产建设单位应当编制水土保持方案，报县级以上人民政府水行政主管部门审批，并按照经批准的水土保持方案，采取水土流失预防和治理措施。没有能力编制水土保持方案的，应当委托具备相应技术条件的机构编制”。

那么，什么是水土保持方案呢？

水土保持方案是指依据我国水土保持法的有关条款，工程项目开发建设单位为了防治水土流失，开展水土保持工作而制定的贯穿于整个工程项目的重要的水土保持设计“文件”，该文件既是一种水土保持技术性文件，又是一种具有法律效力的执行文件，是水土保持监督执法的重要依据。有关建设单位必须严格依法编制水土保持方案，否则要承担相应的法律责任。

水土保持方案编制的内容主要包括：在深入调查和分析开发建设项目区自然环境、社会经济条件、主体工程布局和施工工艺特点等基础上，对主体工程的水土保持进行分析评价；确定开发建设项目的水土流失防治分区和水土流失防治责任范围；进行水土流失预测；确定水土流失防治目标和防治措施体系布设，进行水土保持工程设计；对原地貌水土流失现状、建设生产过程中的水土流失进行监测；进行水土保持投资概（估）算与效益分析等。

水土保持方案是开发建设项目主体工程的重要组成部分，离开主体工程编制水土保持方案就失去了意义。同时，水土保持方案也是进一步对主体工程设计约束与优化提出的要求，或者说是主体工程一个新增的设计约束条件。

水土保持方案以主体工程规划设计为依据，对主体工程作出评价、修正、补充，并作为主体工程的重要组成部分，列入计划、组织实施，是项目立项的前提之一。

水土保持方案是一项具有中国特色的由法律保护实施的环境管理制度，是我国现阶段防治开发建设引起新的水土流失、保证“三同时”制度落实的重要举措，具有非常重要的现实意义。

二、水土保持方案与水土保持规划、环境影响评价的关系

在开展水土保持方案编制之前，还需要明确几个基本的概念及其相关关系，这对于编制水土保持方案非常重要。

1. 水土保持规划与水土保持方案

水土保持规划是指为了防止水土流失，做好国土整治，合理开发和利用水土及生物资源，改善生态环境，促进农林牧及经济发展，根据土壤侵蚀状况，自然社会经济条件，应用水土保持原理、生态学原理及经济规律，制定的水土保持综合治理开发的总体部署和实施安排的工作计划。

从定义上看，水土保持方案是水土保持规划的一种形式，是水土保持规划的具体体现，两者既有联系，又有区别，可以从以下几个方面理解。

（1）编制规划和编制方案的目的相同，防治对象不同。无论是水土保持方案，还是水土保持规划，其编制目的都是为了防治水土流失，改善生态环境，保证可持续发展。但是，从防治水土流失的对象看，水土保持方案以防治人为水土流失为主，即人类在生产建设活动过程中，扰动地表物质、破坏地表植被、随意堆置废弃物等产生的加速侵蚀；而水土保持规划则以防治自然水土流失为主，即由水力、风力、重力、冻融等自然因素引起的水土资源和土地生产力的破坏与损失。

（2）区域分布不同。在水土保持规划中，根据水土流失的现状、特点和潜在危险，进行“三个重点区”的划分。将天然林草覆盖面积较大、水土流失较轻，但具有水土流失加剧的潜在危险的区域，确定为重点预防保护区。将资源开发和基本建设较集中、人为破坏新增水土流失较严重的区域，确定为重点监督区。将现有水土流失严重并集中连片、面积较大、对当地和下游造成严重危害的区域，确定为重点治理区。

为了明确国家级水土流失防治重点，实施分区防治战略，分类指导，有效地预防和治理水土流失，促进经济社会的可持续发展，水利部2006年4月根据《中华人民共和国水土保持法》以及《中华人民共和国水土保持法实施条例》的有关规定，在《全国水土保持规划纲要》《全国生态环境建设规划》和全国第二次土壤侵蚀遥感调查成果的基础上，划定了42个国家级水土流失重点防治区（包括重点预防保护区、重点监督区、重点治理区），面积222.98万km^2，占国土总面积的23.2%。其中水土流失面积95.46万km^2，占全国水土流失总面积的26.8%。

方案和规划中的区域分布有所不同。需编制水土保持方案的区域，一般分布在重点预防区，可能处在山区、丘陵区，也可能处在平原区，可以是农村，也可以是城镇，其范围不是一个完整的自然集水区。而需编制水土保持规划的区域，一般分布在重点治理区，地处山区、丘陵区的农村，除范围较大的行政区域水土保持规划，一般水土保持规划均以小流域为单元。

（3）编制依据不同。不论是水土保持方案，还是水土保持规划，在制定过程中，基本依据都是国家现已颁布的《水土保持综合治理规划通则》（GB/T15772—2008）、《水土保持综合治理技术规范》（GB/T16453.1～16453.6—2008）和《中华人民共和国水土保持法》（2010）及与之配套的相关法律法规，同时根据当地的自然条件、社会经济条件、水土流失情况、水土保持现状等统筹考虑制定。但是，在编制水土保持方案过程中，除上述法律法规、技术规范，还必须依照国家颁布的《开发建设项目水土保持方案技术规范》（GB/T50433—2008）及地方颁

布的工矿和工程建设区水土保持技术规范。在编制水土保持规划过程中，还必须按照当地已经制定的社会经济发展规划进行。

(4) 防治目标和防治措施不同。水土保持规划中的防治措施，以合理利用土地、生物资源为根本，以改善农业生产条件和生态环境、发展山区农村经济为目标，通常采用工程、生物、耕作三大措施综合优化配置。其中，工程措施包括淤地坝、谷坊、沟头防护工程及梯田和坡面蓄水工程等；生物措施包括种植乔木、灌木、牧草等；耕作措施包括坡耕地保土耕作和其他农业改良措施。而水土保持方案中的防治措施，以恢复和改善生态环境为根本，主要以工程措施为主，包括拦渣工程、斜坡防护工程、土地整治工程、防洪排导工程、防风固沙工程、泥石流防治工程、绿化工程等。

(5) 建管形式不同。水土保持规划的投资概（估）算，是根据各类治理措施数量和所需投劳、投工量，结合当地市场行情确定单价，编制投资概（估）算。概（估）算所需投入，由国家、集体、个人分摊，国家投入一般属于补助性质，集体和个人承担大部分。而水土保持方案的投资概（估）算，严格执行国家基本建设项目建设和管理程序，实行“三制”（项目法人责任制、招标投标制、建设监理制），属基建投资。依照水土保持方案3个阶段的划分，可行性研究阶段编制投资估算，初步设计阶段编制投资概算，施工图设计阶段编制投资预算。根据水土保持法律规定“谁开发谁保护”，“谁造成水土流失谁治理”的原则，概（估）算全部费用由项目建设单位承担。

(6) 效益分析不同。开发建设项目水土保持方案以控制和治理水土流失，保护和改善生态环境为第一目标，而水土保持规划则是生态效益、社会效益和经济效益并重。

水土保持效益包括经济效益、生态效益、社会效益三大部分。规划的效益分析以经济效益为中心，生态效益为基础，社会效益为目标，在注重生态效益的前提下，尽可能提高经济效益，使农民得到实惠，以此调动农民投入治理的积极性。国家投入的补助部分一般不回收或部分回收有偿使用，经济评价采用国民经济分析法。而水土保持方案，由于其主要任务是恢复和改善生态环境，保障生产建设安全运行，水土保持效益总体上是反映在对社会和自然环境的贡献上，对企业自身而言则集中反映在保证建设和生产安全上，即不因水土流失造成重大经济损失，从而使企业总体效益达到最高。效益分析应首先考虑生态效益、生产建设安全保障效益和社会效益，遵循“生态社会效益优先”原则，应将其经济效益分析纳入总体效益中，采用企业全额投资的效益评价方法，即财务经济评价分析法评价。即使水土保持本身经济效益不明显，只要总体效益高，该项目亦是可行的。

(7) 实施期限不同。水土保持规划项目的实施与设计、验收可不同时进行，而开发建设项目水土保持方案必须与主体工程“三同时”（与主体工程同时设计、同时施工、同时验收），实施期限非常严格。

(8) 法律地位不同。虽然水土保持规划和水土保持方案都具有法律效力，但开发建设项目水土保持方案更具有法律强制实施性，不得随意终止或更改。

水土保持方案是水土保持规划的具体表现形式之一，因此，必须在当地县级以上人民政府批准的水土保持规划的基础上进行方案编制。

2. 环境影响评价与水土保持方案

根据《中华人民共和国环境影响评价法》(2002)和《建设项目环境保护管理条例》(1998)的规定，在建设项目环境影响评价报告书的主要内容中，明确规定“涉及水土保持的建设项目，必须有经水行政主管部门审查同意的水土保持方案”。水土保持法律、法规把水土保持方案的编制审批确定为开发建设项目行政审批的前置程序，使开发建设项目水土保持方案编报审批成为其他审批环节的前提。也就是说，在审批开发建设项目时，必须要有水行政主管部门批复的水土保持方案，否则，相关部门一律不予立项或办理有关审批手续。

开发建设项目的环境影响评价，是指工程项目在计划阶段或计划正式实施前，对其生产过程排放污染物而引发的空气、水和土壤的污染进行分析评价，并提出相应的预防或减轻不良环境影响的对策和措施，其目的是为了实施可持续发展战略，促进经济、社会和环境的协调发展。

从上述看出，开发建设项目的环境影响评价，主要研究开发建设项目在生产过程中排放的废弃物对周边大气、水质、土壤等环境的影响。而水土保持方案，主要解决的是开发建设项目在建设过程中，开挖坡面、损坏地貌、破坏植被和堆放的废弃物而引发的水土流失，采取工程措施、植物措施和临时措施进行预防和保护。改善环境，净化空气，纯净水质，促进人与自然和谐相处，实现可持续发展方面两者是相同的。

环境影响评价（“环评”）强调“局部剖析”，对大气、水质、土壤等的化学毒物或有害物理因子的评价。水土保持方案（“方案”）着眼于“整体综合”，对人为造成地貌、植被的破坏和影响进行防治和改善。

从建设时序上讲，“环评”研究解决的是生产过程中排放的有害物质。“方案”解决的是建设过程破坏地貌植被。从建设内容上讲，“环评”是对自然环境的影响评价。“方案”是对生态环境的整治和保护。从建设意义上讲，都是以改善环境为目的，促进人与自然和谐相处，实现可持续发展。由此可见，建设项目的水土保持方案是环境影响评价的基础，环境影响评价是水土保持方案的前提，两者不可混淆，更不可替代。

水土保持方案是环境影响报告书的重要内容，专项报批，是审批环境评价的前提。

图 3-1 所示为水保方案、建设项目与环境评价三者之间的关系图。

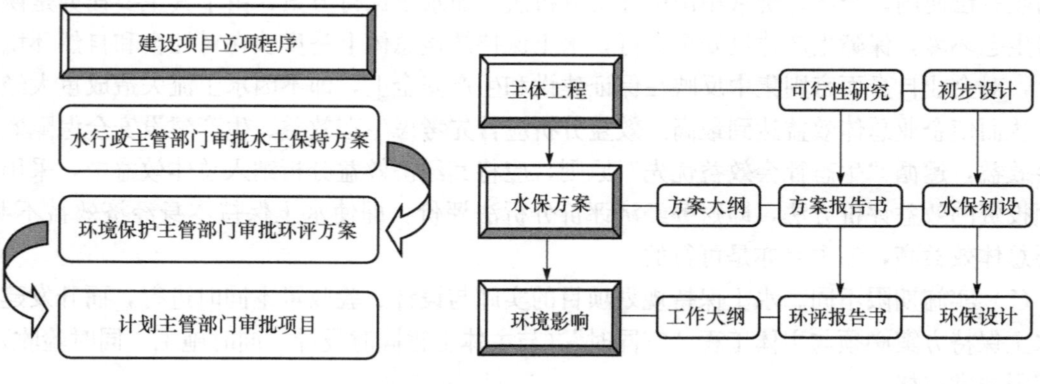

图 3-1 建设项目立项程序

三、水土保持方案的设计理念

过去，人们在指导思想上和实践中存在着重视主体工程设计，忽视生态保护设计；重视工程的安全稳定，忽视生态安全和自然和谐；重视主体工程技术研究，忽视水土保持生态技术研究；重视主体工程的绿化美化，忽视附属工程的生态恢复；主体工程设计与水土保持方案结合不紧密等问题。以上问题的存在，使得水土保持方案只是一个治理方案，被动地服从、迁就主体工程设计，导致主体工程水土保持评价流于形式，没有充分体现水土保持法确立水土保持方案制度的初衷和原则。而水土保持方案的指导思想并不是从主体工程设计合理的角度去考虑问题，而是从保护生态、自然景观、水土保持的角度去论证主体工程设计的不合理性，从主体工程的各个环节、各个方面查找缺陷，补充和完善水土保持设计，并对主体工程设计提出修改和完善的建议，以达到最大限度地保护生态、控制扰动范围、减少植被破坏和水土流失、快速有效地修复生态系统的目的。例如，对公路主体工程设计的评价，先要对几个线路选线方案进行比较，了解各方案对植被的影响大小，高陡边坡开挖数量，是否有合理的弃土弃渣场，再从线路的构成去评价，即桥、隧、堤的比重，分析对植被的影响，最后结合经济成本分析，建议修改已有主体工程设计方案。

因此，在进行水土保持方案编制之前，必须明确水土保持方案的设计理念，以达到编制水土保持方案的真正目的。开发建设项目水土保持方案编制及设计的理念对方案与设计的总体思路、总体布置、措施设计起着决定性与支配性的作用，没有一个正确的设计理念是很难有一个好的设计的。同时，水土保持设计理念在主体工程设计理念中的渗透，对于工程建设能否做到水土资源的可持续利用，以及生态环境的恢复和改善将起到十分重要的作用。

水土保持方案的设计理念可以从以下几个方面理解。

1. 事前控制与约束性理念

水土保持方案应本着事前控制的原则，树立对主体工程设计的约束性理念，在可行性研究阶段起到对主体工程设计的约束性作用。

根据水土保持法和环境影响评价法的规定，水土保持方案对主体工程选址、选线、总体布置等在法律上有否决作用，但因水土流失问题多数情况下可以通过采取各种防治措施加以控制，因此通常情况下否决情况的出现是少之又少。但也应根据水土保持法有关禁止条款，对位于水土流失敏感地段（相当于环境敏感点），如水源地、滑坡泥石流易发区、自然保护区、水土保持试验示范区等开发建设项目进行分析评估，根据主体工程设计分析判断建设和生产过程可能产生的水土流失影响大小，以及主体工程总体规划、布置、工程设计、施工组织设计等的合理性，即分析是否存在制约工程建设的水土保持因素。对水土流失影响严重，可能造成不可逆影响的关键问题尤应重视，对主体选址、选线、总体布置等局部不符合水土保持要求的，应提出修改要求、意见与建议，必要情况下可以对局部布置与设计提出否决性意见；对于不符合法律要求的，应明确要求作出局部替代方案。

方案与设计既要从水土保持方面向主体提出优化设计和投资控制的建议，同时自身也必须进行方案比选，不断优化设计，控制投资，以获取最大的生态和社会效益。

2. 生态学理念

水土保持是生态建设的主体内容，方案与设计应树立生态学理念，即本着保持水土、改善生态环境、提高植被覆盖率、恢复可持续发展的生态系统的设计理念。过去人们对建设项目造成的水土流失只是简单地采取相应的工程措施进行治理，没有考虑对环境的改善和景观的美化问题。例如，公路铁路两侧的高陡边坡，多用浆砌石或混凝土砌护，这样做虽能防止水土流失，但没有达到改善生态环境的目的，也不美观。近年来，我国高陡边坡、堤防边坡等水土流失治理中已形成了植物与工程措施相结合的水土保持技术体系，特别是在高速公路的设计中已越来越多地体现了水土保持设计的生态学理念。设计中应充分体现植物措施优先，植物与工程措施相结合，强化工程设计与生态景观建设的协调，是水土保持方案编制的一个重要的生态学理念。

3. “预防优先”理念

国家对水土保持实行预防为主、保护优先、全面规划、综合治理、因地制宜、突出重点、科学管理、注重效益的方针。预防优先作为基本方针的第一点，自然成为水土保持方案编制过程中应遵循的理念之一。

水土保持之所以要以预防为主，是因为现有的水土流失是历史上人类不合理的经济活动与不利的自然条件相结合而产生的，要治理好现有的水土流失，需经过数十年时间甚至几代人的努力。随着国民经济的蓬勃发展，开矿、修路、水利建设等各类经济活动必将日益增多，破坏地表、植被等现象将不可避免地发生，如不采取预防措施，一边治理，一边破坏，甚至破坏大于治理，水土流失将是一个"无底洞"，水土流失的危害也将永远没有尽头，这势必会影响国民经济的健康发展。所以，必须以预防为主，使各类经济活动不再产生新的水土流失，以确保国民经济的可持续发展。

4. 可持续发展理念

水土保持不仅是生态环境建设的主体，也是生态环境建设的基础，处在生态环境建设的前沿。生态系统的稳定性在很大程度上取决于自然界中的水土资源条件，经济社会发展引起生态环境的变化，也取决于对水土资源的利用。正基于此，水土流失才成为我国的头号环境问题，水土保持才被作为我国必须长期坚持的一项基本国策。只有搞好水土保持，才能减轻水、旱、风、沙等自然灾害，保障生物群落所依赖的水资源和土地资源的永续利用，保证生态环境用水，并保持适度、均衡的入海水量，促进陆域和海域生物的生长、发育和繁殖，促使整个生态系统步入良性循环的轨道，使人类赖以生存的环境呈现一片蓝天、绿地和碧水，进而夯实经济社会快速、健康发展的环境基础。由此可见，水土保持建设是生态文明建设的重要组成部分，也是国家各方各面健康、持续发展的前提和条件。

当前，我国水土流失形势依然严峻，治理速度还未赶上破坏速度和沙化速度，水土流失仍是我国生态环境问题的首要问题。因此，水土保持可持续发展对于保障我国生态安全、粮食安全，全面建设小康社会，实现经济社会的可持续发展具有重要意义，充分体现人口-资源-环境协调的可持续发展观点。

5. 执法理念

随着社会主义市场经济的发展，水土保持工作在我国的政治、经济、社会中的地位越来越重要，水土保持监督执法已成为水行政主管部门的一项重要工作，也是水土保持工作的重要内容。虽然水土保持立法已有 20 年的时间，但从实际情况看，人们对水土保持法律法规的贯彻执行，还存在严重的认识上的差异和利益矛盾问题，这些问题只有通过贯彻执行法律法规才能扭转，才能有效地控制不合理的人为活动，防止和减轻水土流失。

水土保持方案与设计是贯彻水土保持法律法规规定的"三同时"制度的一个重要环节。可行性研究阶段水土保持方案是具有法律约束力的，经水行政主管部门批复的设计文件，既是对主体工程设计、施工、管理的法律约束，又是水土保持后续设计的指导性文件。

水土保持执法管理属行政执法管理范畴，要遵循《中华人民共和国行政诉讼法》、《中华人民共和国行政处罚法》等行政法律法规的原则和宗旨。贯彻行政执法的宗旨，是通过"宣传教育为主，处罚为辅"的手段不断把国家法律和政策落到实处。因此水土保持方案设计理念首先必须符合水土保持法律法规的规定与要求。

四、编制开发建设项目水土保持方案的目的、意义和作用

1. 编制水土保持方案的目的、意义

编制水土保持方案，打破了以往国家投资、群众投劳的习惯方式，落实了"谁开发谁保

护”，“谁造成水土流失谁治理”的原则，使水土保持工作更趋于合理完整、具有科学性，并使水土保持工作的内容更加深入细致、全面具体。

《中华人民共和国水土保持法》第三章第二十五条规定：“在山区、丘陵区、风沙区以及水土保持规划确定的容易发生水土流失的其他区域开办可能造成水土流失的生产建设项目，生产建设单位应当编制水土保持方案，报县级以上人民政府水行政主管部门审批，并按照经批准的水土保持方案，采取水土流失预防和治理措施。没有能力编制水土保持方案的，应当委托具备相应技术条件的机构编制”。并且规定“建设项目中的水土保持设施，必须与主体工程同时设计、同时施工、同时投产使用（“三同时”制度），建设工程竣工验收时，应当同时验收水土保持设施，并有水行政主管部门参加”。编制水土保持方案是有效防止水土流失的重要方法之一，起到工程建设前期预防的作用，我国相关条例对此作出了明确的说明，提供了具体的技术标准。由此看来，水土保持方案实际上是在开发建设项目由前期准备、建设过程到投入生产的全过程始终贯穿了水土保持工作，通过编制水土保持方案，提高水土保持工作的整体效益，保证了水土保持工作的合理性、完整性和科学性，充分为开发建设项目服务。

编制水土保持方案，是面临严峻的环境形势的要求，是保持水土的要求，是人与自然和谐发展的重要举措。通过水土保持方案的编制和相应的水土保持防治措施的有效实施，将工程建设期的水土流失及危害程度尽可能地减小到最低程度，并有效地治理原有水土流失，恢复、改善和美化工程建设区及周边地区的生态环境，为推动当地社会经济发展创造良好条件。通过方案编制为工程建设中的水土保持防治管理提供科学依据，从而增强建设单位、施工单位及周边群众的水土保持意识，为水土保持监督执行机构提供监督执法依据，对促进水土保持生态环境监督管理规范化建设、加快水土保持生态建设、推动社会经济建设、实现山川绿化有着极其重要的意义。

进行水土保持方案编制是落实我国水土保持法的实际内容，是水土保持法顺利实施的重要途径，体现了我国大力加强水土保持的决心，体现依法治国的基本国策，有极其重要的法律意义。水土保持方案编制是我国在资源环境实践经验的总结，是我国环境保护中一项非常重要的法律制度，是贯彻“预防为主”原则，防止新的生态破坏产生的有效措施，是加强建设项目环境资源管理的基本制度，体现了我国环境法的基本精神，对我国以后水土保持工作的法律实践有着深远的意义。

2. 编制水土保持方案的作用

根据《中华人民共和国水土保持法》、《开发建设项目水土保持方案管理办法》的有关规定，开发建设项目在可研阶段编制水土保持方案，制定并实施有效的防治措施，使项目建设新增水土流失得到有效控制，原有地面水土流失得到有效治理，生态环境得到改善；也落实了有关法律规定，使建设单位的法定义务真正落到实处；为主体工程的设计、施工以及有关主管部门审查提供了科学依据；同时，使开发建设项目的施工安全得到保证，确保建设项目安全运行，抵御洪水、沙暴灾害；也为当地生产和群众生活创造了有利条件。

对于国家，水土保持方案是控制人为活动对生态环境不利影响的关口，具有否决权，也是防治人为水土流失的突破口，体现了权利与义务的对等。对于项目法人，水土保持方案是开发建设项目履行法定责任的基础，也是预防和治理建设项目水土流失的技术保障，是维护项目法人权益的有力措施；对于水行政主管部门，编制水土保持方案是开展水土保持工作的切入点，是依法对开发建设项目实施管理的基础，同时也是计算“两费”（水土流失防治费和水土保持设施补偿费）的依据。

1）落实了法律规定的水土流失防治义务　根据“谁开发谁保护”，“谁造成水土流失谁负责治理”的原则，凡在生产建设过程中造成水土流失的，都必须采取措施对水土流失进行治理。编制水土保持方案就是落实法律的规定，使法定义务落到实处。开发建设项目的水土保持方案较准确地确定了建设方应承担的水土流失防治范围和责任，也为水土保持监督管理部门的监督实施、收费、处罚等提供了科学的依据。

2）水土保持纳入开发建设项目的总体规划　法律规定在建设项目审批立项前，首先编报水土保持方案，从立项开始把关，并将水土流失防治方案纳入主体工程中，与主体工程“三同时”实施，使水土流失得以及时控制。

水土保持方案批准后具有强制实施的法律效应。要列入生产建设项目的总体安排和年度计划中，按照方案有计划、有组织地实施，防治经费有了法定来源。

3）水土流失防治有了科学规划和技术保证　按建设项目大小确定的甲、乙、丙级资格证书编制制度，保证了不同开发建设项目方案的质量。同时，方案的实施措施中对组织机构、技术人员等均有具体要求，各项措施的实施有了科学规划和技术保证。

4）有利于水土保持执法部门的工程监督和实施　有了相应设计深度的方案，开发建设项目水土保持工程就有了相应的设计、图纸，水土保持执法部门就可以根据方案报告书对开发建设项目水土保持措施的实施情况进行检查和监督，执法部门就有了执法的依据。

第二节　水土保持方案报告制度的建立及发展历程

一、水土保持方案报告制度

我国水土保持工作历史悠久，新中国成立后，国家对水土保持工作十分重视，随着水土保持工作的开展，结合经济建设的步伐，不同时期制定了不同的水土保持法规和政策，对生产建设过程中可能产生的水土流失进行控制。

1. 形成与发展

20 世纪 60 年代初期，国务院发布《水土保持工作条例》，规定工矿、交通等单位在开发建设中要制定水土保持实施方案，经水土保持部门提出意见，并由水土保持部门据此进行监督；对造成水土流失的单位和个人要限期治理。该条例提出的水土保持实施方案，就是水土保持方案报告（制度）的雏形。

20 世纪 70 年代，随着工农业生产和各项经济建设的大规模开展，我国的自然资源破坏和环境污染问题日益严重。改革开放以后，各地开发建设和乡镇企业迅猛发展，特别是在晋陕蒙接壤地区，采矿、挖煤、修路、开石、采砂等活动造成的水土流失已经十分严重。1978 年第一次全国环境保护工作会议颁布实施了《关于保护和改善环境的若干规定》，确立了“三同时”制度；1979 年《中华人民共和国环境保护法》颁布试行，将环境影响评价和“三同时”两项制度纳入法制轨道；1981 年《基本建设项目环境保护管理办法》更加明确了基本建设项目环境管理的内容、程序和方法；1986 年 3 月，对这一管理办法进行了修订，重新颁布了《建设项目环境保护管理办法》，扩大了管理范围，也强化了管理内容。

1988 年，经国务院批准，国家计委和水利部联合发布《开发建设晋陕蒙接壤地区水土保持规定》。这个规定着重解决了在该区域中大规模开发煤炭和其他生产建设活动中要做好水土保持工作的问题。规定明确了“谁开发谁保护”，“谁造成水土流失谁负责治理”的原则，对大型建设项目、小工矿和乡镇企业及个人等不同情况分别制定了相应的监督管理办法。对大型国有工矿、交通等单位实行“水土保持方案报告”制度，规定有关单位根据其项目对水土保持影响情况，应制定方案报告，报水土保持部门审批，并按方案实施。对小型工矿和乡镇企业及个体户实行“水土保持审定书”制度，这些单位和个人根据其开发建设项目情况及时到水土保持部门登记，提出防治水土流失的方案，由水土保持部门核定后发给“水土保持审定书”，并按审定书进行防治。水土保持部门根据审批的“水土保持方案报告”及“水土保持审定书”依法进行监督管理。这个区域性法规提出了分类管理的概念，进一步完善了水土保持方案报告制度。

1991 年实施的《中华人民共和国水土保持法》既规定了开发建设单位和个人防治水土流失的责任与承担的义务，又明确在建设项目环境影响报告书中，必须有水行政主管部门同意的水土保持方案；在山区、丘陵区和风沙区依照矿产资源法的规定开办乡镇集体矿山企业和个体申请采矿，必须持有县级以上人民政府水行政主管部门同意的水土保持方案，方可申请办理采矿手续。相应制定的《中华人民共和国水土保持法实施条例》第十四条进一步规定，水土保持方案必须先经水行政主管部门审查同意，将开办乡镇集体矿山企业和个人申请采矿的水土保持方案要求明确为水土保持方案报告表。

国务院于 1993 年 1 月发出《国务院关于加强水土保持工作的通知》进一步强调了建立水土保持方案报告制度，并强调各级计划部门在审批项目时要严格把关。

2. 执行与完善

水土保持是一项涉及多部门的工作，为此各级水行政主管部门应主动与有关行业主管部门协调，加强配合和协作。水利部先后与地矿、煤炭、有色、电力、铁道、交通等部门联合发文，具体贯彻落实开发建设项目水土保持方案编报的有关规定。

水利部、国家计委、国家环保局联合颁布的《开发建设项目水土保持方案管理办法》和《开发建设项目水土保持方案技术规范》等重要规章、文件，明确规定开发建设项目在可行性研究阶段必须编制水土保持方案报告书或水土保持方案报告表，以及详细说明了水土保持方案报告书的内容、程序和方法，并对水土保持方案工作大纲和报告书的内容及格式做出了相应的规定，促使水土保持防治工作步入规范化轨道。

1998 年 11 月由国务院第 253 号令发布实施《建设项目环境保护管理条例》，对建设项目环境管理方面的要求更加具体、规范、严格，使建设项目环境管理走上法制化、规范化轨道。

在规范水土保持方案编制内容、程序和方法的同时，对编制水土保持方案单位资质加强管理。首先对水利、地矿、铁路、煤炭、有色、电力、交通等部门的一批勘测规划设计研究院，进行了资质认定。其次是对一大批水保方案设计人员进行了资格认定。再次是对 4000 多人进行了持证上岗的技术培训。

在水土保持方案规范化实施的前提下，又加大了水土保持方案落实情况的执法检查力度和水土保持“两费”的管理。2002 年水利部与国家计委、国家经贸委、国家环保总局、铁道部和交通部联合发文，部署了全国的水土保持执法检查活动，如对青藏铁路、西气东输工程（新疆境内段）等国家重点建设项目进行了检查。同年财政部和国家计划委员会联合发文，明确将水土保持“两费”列入收费目录，再次确认水土保持“两费”的合法地位，推动了基层水土保持监督机构的收费和相关工作。各级水利部门严格按照行政事业性收费管理的有关规定，实行收支两条线，专款专用，将收缴的“两费”用于水土流失综合治理。

开发建设项目水土保持设施施工监理和竣工验收工作有了实质性进展。根据水利部《关于加强大中型开发建设项目水土保持监理工作的通知》，其监理成果是开发建设项目水土保持设施验收的基础和验收报告必备的专项报告，对于单位资质和人员资格都有要求，实行总监负责制，对水土保持设施建设的质量、进度和投资进行控制。水利部以第16号部长令发布了《开发建设项目水土保持设施验收管理办法》，使这项工作步入了正规化、法制化的轨道。

至此，水土保持方案报告制度正式在全国范围内建立，明确了分级审批、分类管理的要求，并确定了环境影响报告书审批、计划部门立项审批的把关责任，水土保持方案报告制度走上正轨。

目前，开发建设项目水土保持工作已经形成在法律保护下的方案大纲-方案报告书-水保设计、依法检查监督、施工监理、竣工同时验收水保设施的合理局面，随着人们对开发建设项目水土流失危害认识的逐渐清晰，以及人们对开发建设项目水土流失防治工作的日益重视，开发建设项目水土流失防治工作也将继续向纵深发展。

二、我国水土保持发展对水土保持方案的要求

（一）水土保持形势

1. 党和国家的主要领导人对水土保持工作作了重要批示

1997年8月江泽民总书记、李鹏总理在姜春云副总理呈报的“关于陕北地区治理水土流失建设生态农业调查报告”上作了重要批示。江泽民总书记发出了“治理水土流失，改善生态环境”，“再造一个山川秀美的西北地区”，根本改观历史遗留下来的恶劣生态环境的伟大号召；李鹏总理提出了治理黄土高原水土流失要15年初见成效，30年大见成效的奋斗目标。治理水土流失、再造秀美山川，是党的第三代领导集体作出的一个重大战略部署，是一项跨世纪的宏伟工程。

2009年胡锦涛总书记、温家宝总理和回良玉副总理分别在《关于加强坡耕地水土流失综合治理的建议》上作出重要批示，要求将坡耕地水土流失综合治理工程纳入农村重大基础设施建设工程进行规划并实施，极大地推动了坡耕地水土流失综合治理项目的立项启动。

2010年，中央又作出新一轮西部大开发的战略部署，提出“加强生态建设和环境保护，构筑国家生态安全屏障”的战略任务以及“更加注重水土保持生态建设”、“继续实施水土流失重点治理、京津风沙源治理、坡耕地水土流失综合治理等生态治理和保护工程”的明确要求。为应对极端灾害性天气事件造成的不利影响，国家下决心开展防洪重点薄弱环节建设，国务院明确提出用5年时间在中小河流和山洪地质灾害易发地区完成水土流失治理面积600万hm^2，并要求抓紧制定全国坡耕地水土流失综合治理规划，在试点的基础上，加大投入力度，全面加快建设步伐，以及进一步加强淤地坝等水土保持重点工程建设，加大封禁保护和生态修复力度。这些都充分体现了党中央、国务院对水土保持工作的关心和重视，为水土保持发展提供了难得的机遇。

2. 党的代表大会报告提出了水土保持的要求

党的十五大报告中把环境问题作为我国四大问题之一提出。在我国的基本国策中提出了“加强对环境污染的治理，植树种草，搞好水土保持，防治荒漠化，改善生态环境”的要求。

党的十七大明确提出建设生态文明的宏伟目标。党的十七届三中全会就加强生态保护、推进资源节约型和环境友好型社会建设作出了一系列重大战略部署，为新时期水土保持事业发展指明了前进的方向。中央1号文件连续4年对推进坡耕地综合治理和水土保持生态补偿等工作

提出具体要求。

党的十八大提出要大力推进生态文明建设，加大自然生态系统和环境保护力度，实施重大生态修复工程，推进荒漠化、石漠化、水土流失综合治理，扩大森林、湖泊、湿地面积，保护生物多样性。这使得水土保持工作又进入了一个新的阶段。

3. 国家制定了跨世纪的《全国生态环境建设规划》

从 1997 年开始，由国家计委会同水利部、林业部、农业部等部委，编制了中国跨世纪的《全国生态环境建设规划》。1998 年 5 月由国务院总理朱镕基主持召开国务院常务会议，审议了这一专项规划。

改革开放以来，我国国民经济持续快速发展。但是不少地区在经济发展过程中忽视对自然资源的保护，生态环境日趋恶化，严重影响经济和社会的可持续发展。因此，抓紧生态环境建设、治理水土流失、植树种草、防止荒漠化、建设生态农业，是今后我国现代化建设的一项重要任务，对此，要加强宣传，一定要有紧迫感、使命感。在目标和措施的确定上，要妥善处理长远与眼前、全局与局部、治理与保护的关系。要把要点放在近期目标的实现上，责任要落实，措施要具体，动员和组织全国人民，发挥各方面的积极性，依靠科学技术，多渠道筹集生态环境建设资金，完成一批对改善全国生态环境有重要影响的工程，扭转生态环境恶化的势头。

4. 水土保持工作全面步入法制化轨道

1991 年《中华人民共和国水土保持法》正式颁布实施以来，水土保持工作逐步走上了依法防治的轨道，形成了较为完善的水土保持法律法规体系和监督执法体系。全国共出台县级以上水土保持配套法规 3000 多个。各级水行政主管部门依法加强预防保护措施，不断强化监督管理，深入开展全国水土保持监督执法专项行动和水土保持监督管理能力建设活动，锻炼和塑造了一支敢于执法、善于执法、能打硬仗的水土保持监督管理队伍。建设单位的水土保持法律意识明显加强，各级各类生产建设项目的水土保持方案申报率、实施率和设施验收率大幅提高。截至目前，全国已审批生产建设项目水土保持方案 30 多万项，生产建设单位防治水土流失面积达 8 万 km^2，减少水土流失量 17 亿 t，生产建设过程中的水土流失得到有效防治。在全国人大、国务院和有关部门的高度重视下，《中华人民共和国水土保持法》修订工作经过 5 年的努力于 2010 年 12 月颁布实施。新的《中华人民共和国水土保持法》更加符合科学发展观和生态文明建设的要求，更加贴近实际，更加权威，可操作性更强，有助于从法律层面破解长期以来困扰水土保持工作的体制不顺、机制不活、防治资金不足、规划效力不够、责任追究不严等问题。新法的出台必将对协调我国经济社会发展和生态保护的关系产生非常深远的影响。

5. 水土保持重点工程建设蓬勃发展

国家已相继在长江中上游、黄河中上游、环京津地区、东北黑土区、珠江上游南北盘江、南水北调水源地和晋陕蒙砒砂岩地区等水土流失严重地区实施了一系列国家水土保持重点防治工程，安排专项资金进行集中、连续治理，有效减少了进入黄河、长江的泥沙，控制了石漠化、沙漠化扩张，保护了黑土地，当地农业生产条件和生态环境得到了改善。2009 年，在重点工程的带动下，全国已累计初步治理水土流失面积 105 万 km^2，已有的水土保持措施每年可减少土壤侵蚀量 15 亿 t，增加蓄水能力 250 亿 m^3 以上，粮食增产 180 亿 kg。近十年来已有 1.5 亿群众从水土保持工程中直接受益，2000 多万山区和丘陵区群众的生计问题得以解决，许多水土流失治理区群众走上了富裕发展的道路，区域生态环境明显改善。持续不断的重点工程建设为全国水土流失综合防治提供了样板。

6. 社会公众对水土保持的关注程度普遍提高、需求迫切

随着经济社会的快速发展和人民生活水平、生活质量的提高，人民群众对生态环境问题越来越关注。近几年，水利部在全国范围内广泛开展水土保持国策宣传教育行动，大力营造搞好水土保持、建设生态文明的舆论氛围，全社会的水土保持意识和法制观念明显提高，公众参与防治水土流失、建设秀美家园的积极性非常踊跃，治理水土流失有了很好的群众基础和社会氛围。

（二）水土流失防治的跨世纪宏伟目标和要求

《全国生态环境建设规划》中明确提出了防治水土流失的目标：坚决控制各种新的水土流失的产生，遏制水土流失的发展，在水土流失区及潜在水土流失区建立起完善的水土保持预防监督体系和水土流失动态监测网络。

我国近期水土流失的防治目标与任务：力争用15～20年的时间，使全国水土流失区得到初步治理或修复，大多数地区生态环境趋向良性发展；现有坡耕地全部采取坡改梯、陡坡退耕、等高耕作等水土保持措施；严重流失区水土流失强度大幅度下降，中度以上侵蚀面积减少50%；70%以上的侵蚀沟道得到控制，下泄泥沙明显减少；全民水土保持生态意识和法制意识显著增强，人为水土流失得到根本控制，生产建设项目水土保持“三同时”制度全面落实，水土流失重点预防保护区实施有效保护。

第三节　水土保持方案报告书的内容

一、综合说明

综合说明应做到概括全面，文字简练，置于方案前部。

1. 项目及项目区概况

（1）简述项目建设的必要性及在相关规划中的地位，说明工程所在地的地理位置、工程等级、主要建设内容、土石方总量及取弃土（渣料）量、占地情况和拆迁安置概况，给出项目的总投资及土建投资、投资单位和出资比例、建设工期（方案报批时应复核是否动工）等。

（2）简述主体工程设计的进展情况，说明立项支持性文件的进展情况，以及方案编制工作的开展情况。

（3）简述项目区地势、地貌、气候特征、土壤类型、植被类型和林草覆盖率；说明项目区水土流失类型和强度，以及涉及国家级及省级水土流失重点防治区的情况。

（4）阐明方案确定的设计深度、方案设计水平年及水土流失防治标准等级。

2. 主体工程水土保持分析评价结论

简述主体工程比选方案情况，说明水土保持分析评价的结论。评价结论应明确从水土保持角度看该工程项目是否可行，有无限制项目建设的水土保持问题。

3. 防治责任范围

说明项目建设区和直接影响区的范围面积，以及建设区内的征地、临时租地或与其他项目共用场地等情况。

4. 水土流失预测结果

说明工程建设期扰动地表面积、损坏水土保持设施数量、弃土（石、渣）量、可能产生的水土流失总量及新增水土流失量，明确产生水土流失的重点部位、重要时段及可能产生的水土流失危害。

5. 水土保持措施总体布局

说明防治分区的划分情况，并对每个分区内的水土保持工程项目进行汇总（如浆砌石排水沟的长度、干砌石挡土墙的长度、乔木的株数、撒播草种的面积等）。

6. 水土保持监测

简述水土保持监测所采用的方法、频次和定位观测的点位。

7. 水土保持投资估算及效益分析

说明水土保持总投资以及工程措施、植物措施、临时措施的估算投资。明确独立费总额，并说明水土保持监理费、水土保持监测费、水土保持设施补偿费等。说明水土保持方案实施后，水土流失防治指标的可能实现情况及水土保持损益分析的主要结论。

8. 结论与建议

从水土保持角度明确项目建设的可行性，对设计、施工及有待进一步研究的问题等提出水土保持的意见和建议，并附水土保持方案特性表。

二、水土保持方案编制总则

1. 方案编制的目的意义

从水土流失防治责任与义务、防治对策与技术、建设管理、监督检查等方面说明方案编制的目的意义。

2. 编制依据

按法律法规、规章、规范性文件、技术规范与标准、相关资料等分层次列出，与具体项目无直接关系的不应罗列。

3. 指导思想与编制原则

指导思想要有针对性，对具体方案编制具有指导作用。编制原则也要有针对性，应反映建设项目的特点。

4. 设计深度、方案设计水平年及方案服务期

对尚处于立项阶段（未动工）的新建、扩建、改建项目，方案的设计深度应达到可研深度；对已动工未完工的新建、扩建、改建项目，补报方案时编制深度应达到初步设计深度。方案设计水平年应为主体工程完工的当年或后一年；对建设生产类项目，方案设计水平年指项目投产后的当年或后一年，不是达产年。方案服务期从施工准备期开始计算，原则上不超过10年；建设类项目方案服务期至方案设计水平年结束；建设生产类项目方案服务期应结合首采区、初期灰场等的使用年限确定。

三、项目概况

项目概况的介绍应依据主体工程设计文件，突出与水土保持相关的内容，文字要简洁明了。具体要求如下。

1. 基本情况

主要包括建设项目名称、建设单位、地理位置（并附地理位置图）、建设目的与性质、工程任务、等级与规模、总投资及土建投资、建设工期等，并附工程特性表。若与其他项目有依托关系，还应作出说明。对矿山类项目，除了介绍境界范围、资源与可采储量、开采年限、开采方式及接替计划，还应介绍首采区的情况。

2. 项目组成及布置

以主体工程推荐方案为基础，介绍各单项工程的平面布置、工程占地等主要技术指标，附总平面布置图。介绍与水土保持相关的施工工艺、生产工艺。采矿类项目还应有综合地质柱状图，公路、铁路项目应有平纵（断面）缩图。扩建项目还应说明与已建工程的关系。说明工程建设所需的供电系统、给排水系统、通信系统、对外交通等。

3. 工程占地

按项目组成及行政区划（点型建设项目为县级，大型线型建设项目可为地市级）分别说明占地性质（永久、临时）、占地类型、占地面积等情况。

4. 土石方平衡

分区（或分段）说明土石方开挖、回填、外借、废弃的量，并对分区（或分段）之间与其他建设项目的调运利用情况作出说明。分区（或分段）的划分应根据工程设计文件、地势地貌、施工条件、土石料质量等合理确定，并附土石方平衡表、土石方流向框图。土石方工程量仅指主体工程施工所必需的开挖、回填量（含表土），弃渣场和取土场等不参与土石方平衡计算。土石方开挖量可包括剥离表土量，但回填量不应包括表土量，需要回填的表土在施工期间作为临时堆土，在土石方平衡时可按废弃方计，在去向栏中予以说明，见表 3-1。

表 3-1 土石方平衡表样式 （单位：m^3或万 m^3）

分区或分段	开挖	回填	调入		调出		外借		废弃	
			数量	来源	数量	去向	数量	来源	数量	去向

注：① 各种土石方均应折算为自然方进行平衡；② 建筑垃圾、钻渣泥浆等均应计入土石方平衡；③ 各行均可按“开挖＋调入＋外借＝回填＋调出＋废弃”进行校核

5. 施工组织

施工组织的介绍主要包括以下内容：①主体工程施工布置和主要施工工艺。分段施工的应列表说明，重点介绍施工营地、材料堆放场地、施工道路、取土（石、料）场、贮灰场、尾矿库、排土场、弃渣场等布置情况。②施工用水、电、通信等情况。③土、石、砂、砂砾料等建筑材料的数量、来源及其相应的水土流失防治责任；对自采加工料，应说明综合加工系统，料场的数量、位置、可采量等及取料场、弃渣场的确定情况。

6. 移民（拆迁）安置

移民（拆迁）安置主要包括拆迁范围、移民（拆迁）规模、搬迁规划、安置原则、安置方式、专项设施复建方案，以及生产、拆迁和安置责任。

7. 投资及进度安排

工程投资应说明主体工程总投资、土建投资、资本金构成及来源等。不同行业的土建费用构成有所不同：煤炭工程包括可研报告中的井工投资和土建费；火电、输变电工程为建筑工程费；水电、核电工程为建安工程费中的建筑工程费；有色项目为建设工程费（钢结构建筑物不包括基础以上部分投资）；水利项目为建安工程费中的建筑工程费；公路包括建筑工程费（不

含设备购置及安装费）和交通工程费。

进度安排应说明主体工程总工期（包括施工准备期），注明施工准备期及土建工程的开始时间、完工时间，说明项目投产和达产时间，分区或分段说明建设进度安排、附施工进度表或施工进度横道图。对于分期建设的项目，还应说明前期和后续项目的情况。

四、项目区概况

项目区概况介绍应满足水土流失预测与水土保持措施设计的需要。根据不同项目特点，论述内容繁简有别。

1. 自然环境

(1) 论述区域地质和工程地质概况，重点说明项目区岩性、地下水埋深、不良工程地质等情况。

(2) 论述项目区的地形、地面坡度、沟壑密度、海拔高程、地貌类型、地表物质组成等。

(3) 说明与工程、植物措施配置相关的气候因子，主要指项目区所处的气候带、气候类型、多年平均气温、大于等于 10℃ 的活动积温、无霜期、最大冻土深度、多年平均降水量、蒸发量、降水量年内分配、多年平均风速、主导风向、大风日数及沙尘天数等，说明资料的来源和系列长度。此外，还应介绍典型设计中用到的设计频率降水特征值。

(4) 说明项目区及周边区域的水系情况、地表水状况、河流平均含沙量、径流模数、洪水（水位、水量）与建设场地的关系等情况，并附水系图。线型建设项目的水文特征值可分段论述。

(5) 简述项目区土壤类型、土层厚度、土壤质地、土壤的抗蚀性等。必要时，还应给出土壤的机械组成和土壤肥力情况。

(6) 简述项目区在全国植被分区中的区属，当地林（草）植被类型、乡土树（草）种、主要群落类型、林草植被覆盖率、生长状况等基本情况。

(7) 介绍可能影响工程建设的其他环境条件，项目区内的历史上多发的自然灾害。

2. 社会经济概况

主要说明社会经济情况和土地利用情况，还应说明当地的支柱产业和产业结构调整方向，并注明引用资料的来源和时间。点型工程按项目所在乡（县）、线型建设项目以县（地市）为单位调查统计。

(1) 社会经济概况。建设地点在农村的可按表 3-2 统计，建设地点在城镇时应作相应调整。

表 3-2　项目区社会经济概况统计表样式

行政区划	总面积 /hm^2	耕地面积 /hm^2	总人口 /万人	农业人口 /万人	GDP /万元	农业总产值 /万元	农民人均耕地/亩①	农民人均纯收入/元

① 非法定计量单位，1 亩≈666.7m^2

（2）土地利用概况。主要指项目区（所在乡或县）的土地类型、利用现状、分布及其面积、基本农田、林地等情况，还应说明人均耕地、人均基本农田等情况。

3. 水土流失及水土保持现状

（1）查阅相关资料。通过现场调查，阐明工程所在（经）地土壤侵蚀类型、强度及面积，给出容许土壤流失量和项目占地范围内水土流失背景值及取值依据。

（2）说明项目区是否属于国家级（或省级、县级）水土流失重点防治区、水土流失治理的重点项目区。总结当地成功的水土流失防治工程类型和设计标准、植物品种和管护经验等。

（3）简述项目区内现有的水土保持设施及治理成果等情况。扩建工程还应详细介绍上一期工程的水土保持工作开展情况和存在的问题。

（4）同类开发建设项目水土流失防治成果调查。根据水土流失防治目标及防治措施布设需要，简述项目区和周边地区的1～2个类似项目的水土流失防治情况，主要指单项工程的施工扰动范围、防治措施的类型、设计标准及实施效果（须附相应图片），说明应用于方案编制的借鉴意义。

五、主体工程水土保持分析与评价

1. 水土保持制约因素分析评价

从主体工程的选址（线）及总体布局、施工工艺及生产工艺、土石料场选址、弃渣场选址、主体工程施工组织设计、主体工程施工和工程管理等方面复核主体工程的约束性规定，并按点型建设类项目、点型建设生产类项目、线型建设类项目的限制性规定和不同水土流失类型区的特殊规定进行复核，同时根据各类限制性规定的强制约束力说明水土保持可行性。不能排除绝对限制类行为的，水土保持方案中应有明确的结论并有与主体设计单位共同协调处理的说明。

这些限制类行为，在专家进行审查时非常重视，对于违反这些限制性规定的设计，方案编制人员必须明确指出，并提出相应的意见或建议，否则专家审查时很难通过。对严格限制类行为，确实无法避免时，方案中应提高防治要求，并与周边环境和其他要求相适应，评价防治措施的可能效果，提出补充专题论证的要求。对普遍要求类行为，应明确是否符合实际情况并评价其解释的理由。

2. 方案比选的水土保持评价

从永久占地、临时占地的类型和面积，土石方开挖及填筑总量、损坏植被面积、可恢复程度、景观等方面进行分析评价。尽量减少永久征地和农耕地，特别是基本农田的占用。

从水土保持角度看，当比选方案明显优于推荐方案时，须与主体设计单位协商，并在方案中有详细的文字说明，给出对推荐方案认可与否的明确意见。

3. 对推荐方案的合理性评价

对主体设计的施工组织进行评价，分析施工方法和施工工艺中产生水土流失的主要环节，从水土保持角度提出合理化建议。对土石方平衡、取土（石、料）场和弃土（石、渣）场的布置进行评价，从水土保持角度提出综合利用、合理调配的建议，不符合水土保持要求的，需提出新的场址。结合水土保持工程界定情况，对主体设计的工程防护进行评价，提出水土保持要求，或补充设计（计入水土保持工程）。

4. 生产运行对水土流失的影响因素分析

（1）对生产运行期的排矸、排灰、排渣、尾矿等进行分析。

（2）对矿井采掘的沉陷区进行分析。

5. 结论性意见、要求与建议

（1）明确推荐方案的水土保持可行性。

（2）明确取土场、弃渣场的合理性。

（3）对可能诱发次生崩塌、滑坡、泥石流灾害的灰场、弃渣场、排土场、排矸场、高陡边坡等提出在初步设计阶段进一步复核安全稳定的要求。

六、水土保持工程界定

1. 界定原则

（1）以防治水土流失为主要目标的防护工程，应界定为水土保持工程。以主体工程设计功能为主、同时兼有水土保持功能的工程，不纳入水土流失防治措施体系，仅对其进行水土保持分析与评价；当不能满足水土保持要求时，可要求主体设计修改完善、也可提出补充措施（纳入水土流失防治措施体系）。

（2）对建设过程中的临时征地、临时占地，因施工结束后需归还当地群众或政府，水土流失防治责任将发生转移，须通过水土保持验收予以确认，各项防护措施均应界定为水土保持工程，纳入水土流失防治措施体系。

（3）对永久占地区内主体设计功能和水土保持功能难以直观区分的防护措施，可按破坏性试验的原则进行排除：假定没有这项防护措施，主体设计功能仍旧可以发挥作用，但会产生较大的水土流失，该项防护措施应界定为水土保持工程，纳入水土流失防治措施体系。

2. 水土保持工程界定参考

1）植物措施　各类植物措施均应界定为水土保持工程。

2）拦挡工程

（1）燃煤电站贮灰场的灰坝属主体工程正常运转不可或缺的组成部分，方案只对其进行评价，不应界定为水土保持工程，但坝坡的综合护坡可作为水土保持工程。

（2）冶金、有色金属等建设项目尾矿库的尾矿坝、冶炼渣库（赤泥库）挡渣坝不应界定为水土保持工程，方案只对其进行评价。有色金属项目采矿部分的排土场后专门设置的挡水坝，也不应界定为水土保持工程。但是排土场（废石场）的拦渣坝、挡渣墙则应界定为水土保持工程。

（3）井采矿排矸场的挡矸墙、拦矸坝应界定为水土保持工程；露采矿排土场挡土墙、挡土坝应界定为水土保持工程。

（4）水利水电工程弃渣场的挡渣墙、拦渣坝应界定为水土保持工程。

（5）公路铁路工程路堑、路堤的挡土墙不应界定为水土保持工程。

（6）管道工程横坡和顺坡段边坡挡墙不应界定为水土保持工程。而穿跨越河（沟）道的护岸工程，应界定为水土保持工程。

3）排水工程

（1）电厂厂区、冶金和有色金属项目的选矿厂、煤矿工业广场、露天采场、水利水电工程生产生活区、公路服务区、铁路站场、输气和输油管道工程的站场、输变电工程站所等区域内的排水工程和区域外的截（排）水工程，均应界定为水土保持工程。

（2）公路和铁路路基的截（排）水工程均应界定为水土保持工程。

（3）在干旱缺水和沿海缺淡水的地区采取的降水蓄渗措施，应界定为水土保持工程。

各类开发建设项目拦挡和排水工程水土保持界定参见表3-3。

表 3-3 开发建设项目拦挡和排水工程水土保持界定参考表

项目类型	应界定为水土保持工程的内容		不应界定为水土保持工程的内容	
	拦挡工程	排水工程	拦挡工程	排水工程
燃煤电站	弃渣场挡墙、场区边坡挡墙	场区内、外排水系统、场内集雨蓄水池、灰场截水沟	灰坝	灰场排水竖井、涵洞
冶金、有色金属等工程	弃渣场拦渣坝、挡渣墙，厂（场）内拦挡工程	采坑周边截（排）水沟，废石场截（排）水沟，选矿场内排水系统，选矿厂外截（排）水沟	尾矿坝、冶炼渣库（赤泥库）挡渣坝、挡水坝	尾矿坝和冶炼渣库（赤泥库）排水竖井、涵洞
井采矿	矸石场挡矸墙，工业广场拦挡工程	工业广场内、外截（排）水沟		
露天煤矿	排土场挡土墙，工业广场拦挡工程	排土场截（排）水沟，工业广场内、外截（排）水沟		
水利水电	弃渣场挡渣墙、拦渣坝，生产生活区边坡防护	生产生活区内外截（排）水沟，弃渣场、取土场截（排）水沟		
公路铁路	弃渣场挡墙，服务区拦挡工程	路堑截水沟、路堤边沟，弃渣场、取土场截（排）水沟，服务区内外截（排）水系统	路堑、路堤挡墙	路面排水
输气、输油管道工程	穿跨越河（沟）道的护岸及挡墙、站场拦挡工程	管道沿线的截（排）水沟，站场内外截（排）水沟	横坡和顺坡段边坡挡墙、稳管镇墩	
输变电工程	弃渣处置点挡墙，站所拦挡工程	塔基截（排）水沟，站所内外截（排）水沟		

4）地面硬化工程　永久占地范围内的场地和道路硬化一般不应界定为水土保持工程，根据水土保持评价确实需要补充硬化措施的，可将此部分界定为水土保持工程。采用透水形式的硬化措施也可界定为水土保持工程。

5）护坡工程　植物措施护坡、工程措施结合植物措施的综合护坡，如三维植物网护坡、混凝土网格植草护坡、混凝土立方块护坡、浆砌石拱形网格植草护坡等，均应界定为水土保持工程。单纯的工程护坡如整片的浆砌石护坡、混凝土预制块护坡，一般不应界定为水土保持工程；特殊需要的可经方案论证后界定为水土保持工程。处理不良地质所采取的护坡如混凝土喷锚护坡不应界定为水土保持工程。对于无不良地质、坡度缓的稳定坡面，如果主体设计采用单纯工程措施护坡，方案编制时应将护坡形式改为综合护坡或者植物护坡，并应界定为水土保持工程。

6）土地整治工程　土地整治工程应界定为水土保持工程。

7）表土剥离及其临时防护　表土剥离及其临时防护应界定为水土保持工程。

8）临时拦挡和覆盖措施　临时拦挡和覆盖措施均应界定为水土保持工程。

9）其他情况　料场、渣场、施工生产生活区（含材料堆放地）等临时占地范围内的各类防护措施，均应界定为水土保持工程。降水蓄渗工程也应界定为水土保持工程。但江河湖海的防洪堤、防浪堤、抛石护脚等措施和厂区围墙等不应界定为水土保持工程。

七、水土流失防治责任范围及防治分区

1. 防治责任范围

开发建设项目的水土流失防治责任范围应根据工程设计资料，结合类比工程的实测（调查）资料，通过现场查勘确定。审查时应注意行业特点，满足以下要求。

（1）建设项目应分县级（大型线型建设项目可按地级）行政区域列表说明项目建设区的占地类型、占地面积和占地性质。

（2）说明直接影响区确定的依据。

（3）移民（拆迁）安置区多由建设单位出资、地方政府安置，专项设施迁建也由其他单位实施，一般列入直接影响区。根据项目的具体情况，集中安置且规模较小（规模较大的应单独编报方案）并由建设单位直接实施的，应列入项目建设区；同样，由建设单位直接实施的专项设施迁建部分也应列入项目建设区。

（4）用文、表、图说明项目建设区、直接影响区的范围、面积等。

2. 水土流失防治分区

1）分区依据　依据主体工程布局、施工扰动特点、建设时序、地貌特征、自然属性、水土流失影响因子等进行分区。

2）分区原则

（1）各区之间具有显著差异性。

（2）相同分区内造成水土流失的主导因子相近或相似。

（3）大型线型建设项目应按地貌类型划分一级分区，一级分区应具有控制性、整体性、全局性；结合工程布局和施工特点还可进行二、三级分区。

（4）各级分区应层次分明，具有关联性和系统性。

3）分区方法　主要采取实地调查勘测、资料收集与数据分析相结合的方法进行分区。

4）分区说明　包括文字、图、表等。

八、水土流失预测

1. 水土流失量预测的基础

水土流失量预测的基础：按开发建设项目正常的设计功能，无水土保持工程条件下可能产生的土壤流失量与危害。

2. 可能造成水土流失的因素分析

主要从地表扰动特点、施工方法、施工工序、弃渣堆弃方式、气象条件等方面进行水土流失影响分析。

3. 水土流失预测范围及单元

水土流失预测的范围即为各防治分区的扰动面积；预测单元应为工程建设扰动地表的时段、扰动形式总体相同，扰动强度和特点大体一致的区域。

4. 水土流失预测时段

（1）预测时段包括施工准备期、施工期和自然恢复期（含设备安装调试期）。建设生产类项目还应对方案服务期内生产运行期间的弃渣量、容量等进行分析。

（2）根据各单元的施工扰动时间，结合产生土壤流失的季节，按最不利条件确定预测时段。若扰动期超过雨（风）季长度不足一年的按全年计，未超过雨（风）季长度的按占雨

（风）季长度的比例计算。

（3）自然恢复期指各单元施工扰动结束后未采取水土保持措施条件下，松散裸露面逐步趋于稳定、植被自然恢复或在干旱、沙漠地区形成地表结皮，土壤侵蚀强度减弱并接近原背景值所需的时间。同一地区，自然恢复期长度应相同，一般取 2～3 年。各单元自然恢复期的起始时间可不同，施工扰动结束后即进入自然恢复期。

5. 水土流失预测的内容和方法

1）*扰动地表面积*　通过查阅开发建设项目技术资料，利用设计图纸，并结合实地调查，分区确定扰动地表面积。

2）*弃渣量*　通过查阅项目技术资料，根据施工、生产工艺并结合实地调查，确定各时段、各分区的弃渣（土、石、灰）量。

3）*损坏水土保持设施的数量*　根据各省（自治区、直辖市）关于水土保持设施的有关规定，通过查阅开发建设项目技术资料，利用设计图纸，结合实地查勘，对因开发建设而损坏的水土保持设施数量进行测算，用表格列出。

4）*水土流失量预测*　水土流失量预测的主要方法有以下两种。

（1）有条件的可以利用水土保持研究所、试验站针对项目区或相同类型区的观测资料或者研究成果，依据降水、地形、植被、地面物质组成、管理措施等因子按数学模型进行预测。

（2）通过对已建、在建项目实地调查或观测，经必要修正后，得出不同预测单元和时段的土壤侵蚀模数，采用公式（3-1）和公式（3-2）计算土壤流失量：

$$W=\sum_{j=1}^{3}\sum_{i=1}^{n}(F_{ji}M_{ji}T_{ji}) \tag{3-1}$$

$$\Delta W=\sum_{j=1}^{3}\sum_{i=1}^{n}(F_{ji}\Delta M_{ji}T_{ji}) \tag{3-2}$$

式中，W 为土壤流失量（t）；ΔW 为新增土壤流失量（t）；F_{ji} 为某时段某单元的预测面积（km^2）；M_{ji} 为某时段某单元的土壤侵蚀模数［$t/(km^2\cdot$年)］；ΔM_{ji} 为某时段单元的新增土壤侵蚀模数［$t/(km^2\cdot$年)］，只计正值，负值按 0 计；T_{ji} 为某时段某单元的预测时间（年）；i 为预测单元，$i=1$，2，3，…，n；j 为预测时段，$j=1$，2，3，指施工准备期、施工期和自然恢复期。

6. 土壤侵蚀模数的确定

（1）土壤侵蚀模数背景值可直接引用项目区“水土流失现状”中所确定的各单元数据。对于无实测资料、无参考资料的项目，可在对比分析基础上，结合《土壤侵蚀分级分类标准》，为各地类赋予一定量值，加权平均后作为各单元的土壤侵蚀模数背景值。

（2）扰动后土壤侵蚀模数应根据工程的施工工艺和时序，扰动方式和强度，地面物质组成，汇流状况及相关试验、调查等方法综合确定。主要方法：①类比法。采用与本工程土壤侵蚀条件和施工工艺等相近的类比工程实测数据分析确定，需说明类比工程实测的背景条件、监测方法，并明确修正系数。②试验观测法。鼓励通过试验、观测等方法进行土壤流失模数测定，取得不同预测单元的土壤流失模数。

7. 水土流失危害分析

危害分析应切合实际，主要分析对当地水土资源、项目区及周边生态环境、下游河道淤积及防洪的影响，以及公共设施（村庄、学校等）安全、地表植被等方面分析可能带来的影响；干旱区分析导致土地沙化、退化，以及水资源供需矛盾加剧和地面下陷的可能性；对工程建设可能引发或加剧的崩塌、滑坡和泥石流进行分析；对超过设计标准而导致的水土流失危害需进行分析。

8. 预测结论及指导意见

1）预测结论 列表给出各单元、各时段土壤流失总量和新增流失量，可按表 3-4 计算。

表 3-4 各单元、各时段土壤流失总量和新增流失量

预测单元	预测时段	土壤侵蚀背景值/[t/(km² · 年)]	扰动后侵蚀模数/[t/(km² · 年)]	侵蚀面积/hm²	侵蚀时间/年	背景流失量/t	预测流失量/t	新增流失量/t
	施工准备期							
	施工期							
	自然恢复期							
	小计							
	施工准备期							
	施工期							
	自然恢复期							
	小计							
合计								

2）指导意见 在预测水土流失总量和强度基础上，明确产生水土流失（量或危害）的重点区域和时段，提出防治措施布设及进度安排的指导性意见，指出重点防治和监测的区段和时段，以及分析可能造成的水土流失危害，这些都是专家审查时关注的重点。

九、水土流失防治目标及防治措施

1. 水土流失防治目标确定

根据《开发建设项目水土流失防治标准》，确定水土流失防治目标，并应注意以下几点。

（1）对于线型建设项目，应分段确定防治目标，并按扰动地表面积加权计算综合防治目标。

（2）方案中应确定施工期的拦渣率、土壤流失控制比。

（3）生产建设类项目除了明确施工期、设计水平年的防治目标，还应确定运行期的防治目标。

设计水平年水土流失防治目标可参照表 3-5 进行计算。

表 3-5 防治目标计算表

防治指标	标准规定	按降水量修正	按土壤侵蚀强度修正	按地形修正	采用标准
扰动土地整治率/%					
水土流失总治理度/%					
土壤流失控制比					
拦渣率/%					
林草植被恢复率/%					
林草覆盖率/%					

2. 水土流失防治措施布设

水土流失防治措施布设一般应遵循以下原则。

(1) 结合工程实际和项目区水土流失现状，因地制宜、因害设防、防治结合、全面布局、科学配置。

(2) 减少对原地表和植被的破坏，合理布设弃土（石、渣）场、取料场，弃土（石、渣）应分类集中堆放。

(3) 项目建设过程中应注重生态环境保护，设置临时性防护措施，减少施工过程中造成的人为扰动及产生的废弃土（石、渣）。

(4) 注重吸收当地水土保持的成功经验，借鉴国内外先进技术。

(5) 树立人与自然和谐相处的理念，尊重自然规律，注重与周边景观相协调。

(6) 工程措施、植物措施、临时措施合理配置，统筹兼顾，形成综合防护体系。

(7) 工程措施要尽量选用当地材料，做到技术上可靠，经济上合理。

(8) 植物措施要尽量选用适合当地的品种，并考虑绿化美化效果。

(9) 防治措施布设要与主体工程密切配合，相互协调，形成整体。

3. 水土流失防治措施体系

在对主体工程设计的分析评价基础上，提出需要补充、完善和细化的防治措施和内容，结合界定的水土保持工程，提出水土流失防治措施体系和总体布局。

(1) 在分区布设防护措施时，既要注重各自分区的水土流失特点及相应的防治措施、防治重点和要求，又要注重各防治分区的关联性、系统性和科学性。

(2) 植物措施应在立地条件分析的基础上，经多树种、多草种的优选，提出适宜品种。

(3) 水蚀风蚀复合区的措施应兼顾两种侵蚀类型的防治。

(4) 按一级分区分别绘制水土流失防治措施体系框图，对未界定为水土保持工程的防护措施等不应列入防治措施体系及框图。

4. 不同类型防治措施的典型设计

在工程可研阶段，不同类型开发建设项目的设计深度有所差异，但方案编制应达到较为统一的尺度，各项工程的具体要求如下。

1) 拦挡工程典型设计要求

(1) 在地形图上绘制平面布置图。

(2) 初步确定拦渣坝轴线位置，挡土墙走向及轴线位置。

(3) 确定设计标准，初步确定建筑物的形式、主要尺寸和主要建筑材料。

(4) 绘制主要断面图。

(5) 列表给出主要技术参数的取值（如内摩擦角、黏滞系数等）。

(6) 给出稳定分析的公式、参数、结果和结论。

(7) 列表给出主要工程量及单位工程量指标。

(8) 明确适用范围。

2) 护坡工程典型设计要求

(1) 初步确定护坡工程的位置。

(2) 初步确定护坡形式并明确主要建筑材料。

(3) 在满足边坡稳定的前提下，初步确定主要尺寸。

(4) 绘制主要横断面图。

(5) 列表给出主要工程量及单位工程量指标。

(6) 明确适用范围。

3) 土地整治工程典型设计要求

(1) 确定土地整治的位置和面积。

(2) 根据土地适宜性分析，确定整地方法。

(3) 确定主要技术参数（平整度、覆土厚度、防渗排水要求等）。

(4) 绘制必要的设计图。

(5) 列出工程量及单位工程量指标。

(6) 明确适用范围。

4) 防洪排导工程典型设计要求

(1) 在地形图上绘制平面布置图。

(2) 确定设计标准，进行洪水计算。

(3) 初步确定主要断面尺寸，绘制主要断面图。

(4) 初步确定消能防冲措施，注意与下游沟道连接。

(5) 列表给出主要技术参数的取值。

(6) 列表给出主要工程量及单位工程量指标。

(7) 明确适用范围。

5) 降水蓄渗工程典型设计要求

(1) 初步确定蓄渗工程的位置。

(2) 初步确定蓄渗工程形式并明确主要建筑材料。

(3) 根据地表径流量及实际需要，初步确定工程结构形式，明确主要尺寸。

(4) 绘制主要设计图。

(5) 列表给出主要工程量及单位工程量指标。

(6) 明确适用范围。

6) 植被建设工程典型设计要求

(1) 对拟采取植物措施的场地进行立地条件分析，结合景观要求，确定适宜的植物种类及配置方式。

(2) 确定苗木规格、种植方式、材料用量。

(3) 进行植物措施典型设计，确定工程量，绘制典型设计图。

(4) 明确养护管理配套措施。

(5) 对项目建设区需要保护的植被，提出假植和移植方案。

7) 临时防护工程典型设计要求

(1) 明确临时防护措施的种类，初步确定各类措施的位置。

(2) 说明临时拦挡的方式、面积、设计尺寸及工程量并绘制典型设计图。

(3) 说明临时排水、沉砂措施的布设位置、数量、设计尺寸及工程量并绘制必要的图件。

(4) 说明临时苫盖的材料、面积及工程量。

(5) 明确表土的剥离厚度、堆放场地及相应的保护措施与利用方向。

8) 防风固沙工程典型设计要求

(1) 根据项目所处的风蚀沙化类型区确定防护类型、防护宽度。

（2）选定防护措施材料，确定布设形式（带状、网格状）。

（3）绘制必要的设计图。

（4）计算工程量及单位指标。

5. 工程量计算

（1）水土保持工程量应根据典型设计的单位工程量推算。

（2）工程量计算应按工程措施、植物措施和临时措施分区列表汇总。

（3）工程措施和临时措施的工程量应按措施类型、规模、定额计量项目的工程量分别列出，如浆砌石排水沟，应列出长度、开挖土方量、浆砌石量、碎石垫层量。

（4）水土保持植物措施的工程量按乔木、灌木株数，草皮、撒播植草的面积，园林绿化的面积统计，并说明防护面积、材料数量、抚育管护工作量等。

6. 水土保持措施进度安排

（1）根据水土保持“三同时”制度的要求，按照各分区主体工程施工组织设计，合理安排各防治措施的施工进度。

（2）拦挡措施应符合“先拦后弃”的原则，植物措施应根据季节安排。

（3）方案实施进度安排应列表说明，并附水土保持措施实施进度横道图，做到与主体工程进度相匹配。

十、水土保持监测

1. 基本要求

根据《水土保持监测技术规程》的要求，明确监测的项目、方法、时段和频次，初步确定监测点位，估算所需的人工、设施、设备和物耗。

2. 监测范围、时段、内容和频次

（1）监测范围为水土流失防治责任范围。

（2）监测时段从施工准备期开始至设计水平年结束。建设生产类项目还应对运行期的监测提出要求。

（3）监测重点内容：①水土保持生态环境的状况；②水土流失动态变化；③水土保持措施防治效果（植物措施的监测重点是成活率和保存率）；④施工准备期前应对土壤侵蚀的背景值进行监测；⑤重大水土流失事件。

（4）监测频次应满足6项防治目标（表3-5）测定的需要：①土壤流失量的监测，应明确在产生水土流失季节里每月至少一次；②应根据项目区造成较强水土流失的具体情况，明确水蚀或风蚀的加测条件；③其他季节水土流失量的监测频次可适当减少；④除土壤流失量的监测项目，应根据具体内容和要求确定监测频次。

3. 监测点位的确定

（1）监测点要有代表性。

（2）各不同监测项目应尽量结合。

（3）监测小区应根据需要布设不同坡度和坡长的径流小区进行同步监测。

（4）弃土（渣）场、取料场及开挖面等宜布设监测控制站（或卡口站）。

（5）项目区内类型复杂、分散的工程宜布设简易观测场。

（6）铁路、公路、输油（气）管道、输水工程等线型建设项目，应在不同水土流失类型区平行布设监测点。

（7）规模大、影响范围广、建设周期长的大型建设生产类项目应布设长期监测点。

4. 监测方法

（1）采取定位监测与实地调查监测相结合的方法，有条件的建设项目也可同时采用遥感监测方法。

（2）监测方法应具有较强的可操作性，同时列出监测内容、方法、点位和频次的监测计划表。

5. 监测设施、监测设备及消耗性材料

（1）根据监测内容合理确定监测设施、设备和耗材。

（2）说明监测设施的布设情况，明确监测小区、沉砂池的数量。

（3）列表给出监测设施、设备及耗材表。

6. 监测成果与制度

（1）监测成果包括监测报告、监测数据、相关监测图件及影像资料。

（2）定期向建设单位和当地水行政主管部门报告监测成果。

（3）监测报告中应包括6项防治目标（表3-5）的计算表格。

十一、水土保持投资概（估）算及效益分析

1. 编制依据及原则

（1）概（估）算编制的项目划分、费用构成、编制方法、概（估）算表格等应依据《开发建设项目水土保持工程概（估）算编制规定》编写。

（2）水土保持投资概（估）算的编制依据、价格水平年、工程主要材料价格、机械台时费、主要工程单价及单价中的有关费率应与主体工程相一致（计算标准同主体工程）。主体工程概（估）算中未明确的，可查当地造价信息确定，或参照相关行业标准。

（3）采用的主体工程单价，应说明编制的依据和方法，并附单价分析表。

（4）运行期的水土保持投资另行计列（单独列表），不计入方案中的水土保持总投资。

2. 独立费

（1）独立费一般包括建设管理费、质量监督费、方案编制费、科研勘测设计费、水土保持监理费、水土保持监测费、水土保持设施验收技术评估报告编制费、水土保持技术文件技术咨询服务费等。

（2）水土保持监理费按《建设工程监理与相关服务收费管理规定》计取，并根据实际需要适当调整。

（3）水土保持监测费包括监测人工费、土建设施费、监测设备使用费、消耗性材料费、参照《关于开发建设项目水土保持咨询服务费用计列的指导意见》，按实际需要计列。

（4）方案编制费参照《关于开发建设项目水土保持咨询服务费用计列的指导意见》，按实际合同计列。科研勘测设计费按《工程勘察设计收费管理规定》计列。

3. 水土保持设施补偿费

水土保持设施补偿费应按各省（自治区、直辖市）有关规定计列，并明确计算依据，按县级（大型线型建设项目可按地级）行政区列表计算。

4. 防治效益分析

根据方案设计的水土保持工程措施、植物措施和临时防护措施的布局与数量，对照方案编制目的和确定的水土流失防治目标，列表定量计算6项防治目标值；列表说明并定性分析水土

保持措施实施后产生的保水、保土、改善生态环境和保障工程安全运行等方面的作用与效益。

1）6项防治指标计算公式　下列各式中面积均为项目建设区范围内的相应面积。

$$扰动土地整治率（\%）=\frac{水土保持措施面积+永久建筑物占地面积}{建设区扰动地表面积}\times100$$

$$水土流失总治理度（\%）=\frac{水土保持设施面积}{建设区水土流失总面积}\times100$$

式中，水土保持措施面积=工程措施面积+植物措施面积；建设区水土流失总面积=项目建设区面积-永久建筑物占地面积-场地道路硬化面积-水面面积-建设区内未扰动的微度侵蚀面积。

$$水土流失控制比=\frac{项目区容许土壤流失量}{方案实施后土壤侵蚀强度}$$

$$拦渣率（\%）=\frac{采取措施后实际拦挡的弃土（石、渣）量}{弃土（石、渣）量}\times100$$

$$林草植被恢复率（\%）=\frac{林草植被面积}{可恢复林草植被面积}\times100$$

式中，林草植被面积，即采取植物措施的面积；可恢复林草植被面积，即目前经济、技术条件下适宜恢复林草植被的面积（不含耕地或复耕面积）。

$$林草覆盖率（\%）=\frac{林草植被面积}{项目建设区总面积}\times100$$

式中，项目建设区总面积中，可扣除水利枢纽、水电站类项目的水库淹没面积。

2）需要注意的几个问题

（1）经过上述计算获得的效益指标达到值，应与6项防治目标值进行比较，以分析说明效益计算值达到的程度。

（2）效益计算表格中的有关参数应与工程量表中的数据一致，但植物措施面积应转化为投影面积，乔、灌、草（特别是乔、灌、草结合布设的）的面积不能重复计算等。

（3）工程措施面积即指工程措施所占压的面积，包括土地整治（植物措施面积和复耕面积在投资估算时可以重复计算，但在面积计算时只能取其一）或者复耕面积和排水沟、挡土墙、拦渣坝、工程护坡等措施的投影面积之和。

（4）对于实际拦渣数量，应列表说明各处弃渣（包括临时堆土或渣）数量，以及设计拦挡措施和渣场容量。

（5）方案实施后土壤侵蚀强度是指项目区平均土壤侵蚀模数，应以各分区布设的水土流失防治措施为参考依据，分别给出各分区的土壤侵蚀模数，以面积加权计算项目区平均土壤侵蚀模数。

5. 水土保持损益分析

项目建成后，从项目区及周边地区的水、土资源可持续利用，生态环境状况，水土保持功能，水土流失及危害，环境及耕地的人口容量，水土保持成本等方面进行较为全面的损失和效益分析。

十二、方案实施的保证措施

方案实施保障措施主要从以下几个方面编写。

1. 组织领导与管理

强调建设单位应明确水土保持管理机构及其职责，建立健全水土保持管理的规章制度等，建立水土保持工程档案。工程开工时应向水行政主管部门备案。

2. 后续设计

明确主体工程初步设计中必须有水土保持专章或专篇，项目初步设计审查时应有原方案审批的水行政主管部门参加等。

3. 水土保持工程招标、投标

强调在招标文件中要明确施工和监理单位的水土保持责任和具体要求等。

4. 水土保持工程建设监理

明确在水土保持工程施工中必须要有具有相应水土保持监理资质的单位进行监理，应建立施工过程中临时措施影像等档案资料，监理报告作为水土保持设施竣工验收的依据。

5. 水土保持监测

强调要由相应资质的单位进行水土保持监测，监测报告作为水土保持设施竣工验收的依据。

6. 检查与验收等

要接受各级水行政主管部门的监督和检查，在主体工程竣工验收前要进行水土保持专项验收。

7. 资金来源及使用管理

说明水土保持资金纳入项目建设资金统一管理，要建立水土保持资金档案，进行专项管理。

十三、方案结论与建议

1. 总体结论

明确有无限制工程建设的水土保持制约因素，并明确项目的可行性。

2. 建议

根据项目的特点提出对主体工程施工组织的水土保持要求，对水土保持工程后续设计、施工单位的施工管理、水土保持专项监理和监测等方面提出要求，并明确以后阶段工程需进一步深入研究的问题和补充设计建议。

十四、附件与附图

1. 主要附件

(1) 方案编制委托书。

(2) 项目立项的有关申报文件、批文或工程可研审查意见。

(3) 水土保持投资概（估）算附件。

(4) 其他。

2. 附图要求

1) 基本要求

(1) 图面必须清晰，图签齐备。

(2) 规范规定的图纸必须齐全。

2）主要附图

（1）项目地理位置图。

（2）项目区地形地貌图和水系图。

（3）项目总平面布置图。

（4）项目区土壤侵蚀强度分布图、土地利用现状图、水土流失重点防治区划图。

（5）水土流失防治责任范围图。

（6）水土流失防治分区及水土保持措施总体布局图。

（7）水土保持措施典型设计图。

（8）水土保持监测点位布局图。

思考题

1. 简单阐述水土保持方案与水土保持规划、环境影响评价报告的区别与联系。
2. 水土保持方案的主要设计理念是什么？
3. 水土保持方案的目的、意义及作用是什么？
4. 什么是方案设计水平年及方案服务期？
5. 土石方平衡需要注意哪些问题？
6. 如何进行开发建设项目主体工程水土保持分析与评价？
7. 水土保持工程的界定原则是什么？
8. 水土流失防治分区的依据及原则是什么？
9. 试述水土流失预测的内容和方法。
10. 确定水土流失防治目标时，应注意哪几个方面的问题？
11. 水土流失防治措施布设原则有哪些？
12. 水土保持监测的重点内容是什么？
13. 水土流失防治指标包括哪几个？

第四章 水土保持方案编制的基本规定

根据中华人民共和国《开发建设项目水土保持技术规范》（GB 50433—2008）第三部分“基本规定”的要求，水土保持方案编制过程中有下述相关基本规定。

第一节 一般规定

一、开发建设项目水土流失防治及其措施总体布局应遵循的规定

（1）应控制和减少对原地貌、地表植被、水系的扰动和损毁，保护原地表植被、表土及结皮层，减少占用水、土资源，提高利用效率。

（2）开挖、排弃、堆垫的场地必须采取拦挡、护坡、截（排）水及其他整治措施。

（3）弃土（石、渣）应综合利用，不能利用的应集中堆放在专门的存放地，并按“先拦后弃”的原则采取拦挡措施，不得在江河、湖泊、建成水库及河道管理范围内布设弃土（石、渣）场。

根据防洪法及河道管理条例的规定，河道、湖泊的管理范围分两种情况：一是有堤防的河道、湖泊，其管理范围为两岸堤防之间的水域、沙洲、滩地（包括可耕地）、行洪区，两岸堤防及护堤地；二是无堤防的河道、湖泊，其管理范围为历史最高洪水位或设计洪水位之间的水域、沙洲、滩地和行洪区。在上述范围内均不得设立弃土（石、渣）场。水库、水电站工程，其建设过程中的弃渣经充分论证确需在库区内堆存的，须经有关主管部门同意后，可在设计的死库容水位以下堆置，但必须采取拦挡、防护措施，确保不产生水土流失及其他危害。

（4）施工过程必须有临时防护措施。

（5）施工迹地应及时进行土地整治，采取水土保持措施，恢复其利用功能。

二、开发建设项目水土保持设计文件应符合的规定

（1）当主体工程建设地点、工程规模或布局发生变化时，水土保持方案及其设计文件立重新报批。

（2）当取土（石、料）场、弃土（石、渣）场、各类防护工程等发生较大变化时，应编制水土保持工程变更设计文件。

（3）涉及移民（拆迁）安置及专项设施改（迁）建的建设项目，规模较小的，水土保持方案中应根据移民与占地规划，提出水土保持措施布局与规划，明确水土流失防治责任，估列水土保持投资；规模较大的，应单独编报水土保持方案。

（4）征占地面积在 $1hm^2$ 以上或挖填土石方总量在 1 万 m^3 以上的开发建设项目，必须编报水土保持方案报告书，其他开发建设项目必须编报水土保持方案报告表。报告书应符合第三章第三节，报告表应符合《开发建设项目水土保持技术规范》（GB 50433—2008）上的相关规定。

(5) 水土流失防治措施应分阶段进行设计，其内容和要求应符合《开发建设项目水土保持技术规范》(GB 50433—2008) 中关于拦渣工程、斜坡防护工程、土地整治工程、防洪排导工程、降水蓄渗工程、临时防护工程、植被建设工程、防风固沙工程的规定。

(6) 在施工准备期前，应由监测单位编制水土保持监测设计与实施计划，为开展水土保持监测工作提供指导。

涉及移民（拆迁）安置及专项设施改（迁）建的建设项目，规模的界定参见水利部有关规定。

第二节　对主体工程的约束性规定

一、工程选址（线）、建设方案及布局应符合的规定

(1) 选址（线）必须兼顾水土保持要求，应避开泥石流易发区、崩塌滑坡危险区以及易引起严重水土流失和生态恶化的地区。

泥石流易发区、崩塌滑坡危险区是指县级以上人民政府水行政主管部门依法划定并公告的相应区域。

(2) 选址（线）应避开全国水土保持监测网络中的水土保持监测站点、重点试验区，不得占用国家确定的水土保持长期定位观测站。

(3) 城镇新区的建设项目，主要包括城市各类工业园区、产业园区、科技园区、各类开发区和小城镇建设及其改造等建设项目，应提高植被建设标准和景观效果，还应建设灌溉、排水和雨水利用设施。

(4) 公路、铁路工程在高填深挖路段，应采用加大桥隧比例的方案，减少大填大挖。填高大于20m或挖深大于30m的，必须有桥隧比选方案。路堤、路堑在保证边坡稳定的基础上，应采用植物防护或工程与植物防护相结合的设计方案。

(5) 选址（线）宜避开生态脆弱区、固定和半固定沙丘区、国家划定的水土流失重点预防保护区和重点治理成果区，最大限度地保护现有土地和植被的水土保持功能。

(6) 工程占地不宜占用农耕地，特别是水浇地、水田等生产力较高的土地。

二、取土（石、料）场选址应符合的规定

(1) 严禁在县级以上人民政府划定的崩塌和滑坡危险区、泥石流易发区内设置取土（石、料）场。

(2) 在山区、丘陵区选址，应分析诱发崩塌、滑坡和泥石流的可能性。

(3) 应符合城镇、景区等规划要求，并与周边景观相互协调，宜避开正常的可视范围。

(4) 在河道取砂（砾）料的应遵循河道管理的有关规定。

三、弃土（石、渣）场选址应符合的规定

(1) 不得影响周边公共设施、工业企业、居民点等的安全。

(2) 涉及河道的，应符合治导规划及防洪行洪的规定，不得在河道、湖泊管理范围内设置弃土（石、渣）场。

(3) 禁止在对重要基础设施、人民群众生命财产安全及行洪安全有重大影响的区域布设弃

土（石、渣）场。

（4）不宜布设在流量较大的沟道，否则应进行防洪论证。

（5）在山丘区宜选择荒沟、凹地、支毛沟，平原区宜选择凹地、荒地，风沙区应避开风口和易产生风蚀的地方。

此外，根据防洪法及河道管理条例的规定，禁止在河道、湖泊管理范围内建设妨碍行洪的建筑物、构筑物，禁止倾倒垃圾、渣土。

四、主体工程施工组织设计应符合的规定

（1）控制施工场地占地，避开植被良好区。

（2）应合理安排施工，减少开挖量和废弃量，防止重复开挖和土（石、渣）多次倒运。

（3）应合理安排施工进度与时序，缩小裸露面积和减少裸露时间，减少施工过程中因降水和风等水土流失影响因素可能产生的水土流失。

（4）在河岸陡坡开挖土石方，以及开挖边坡下方有河渠、公路、铁路和居民点时，开挖土石必须设计渣石渡槽、溜渣洞等专门设施，将开挖的土石渣导出后及时运至弃土（石、渣）场或专用场地，防止弃渣造成危害。

（5）施工开挖、填筑、堆置等裸露面，应采取临时拦挡、排水、沉砂、覆盖等措施。

（6）料场宜分台阶开采，控制开挖深度。爆破开挖应控制装药量和爆破范围，有效控制可能造成的水土流失。

（7）弃土（石、渣）应分类堆放，布设专门的临时倒运或回填料的场地。

五、工程施工应符合的规定

（1）施工道路、伴行道路、检修道路等应控制在规定范围内，减小施工扰动范围，采取拦挡、排水等措施，必要时可设置桥隧；临时道路在施工结束后应进行迹地恢复。

（2）主体工程动工前，应剥离熟土层并集中堆放，施工结束后作为复耕地、林草地的覆土。

（3）减少地表裸露的时间，遇暴雨或大风天气应加强临时防护。雨季填筑土方时应随挖、随运、随填、随压，避免产生水土流失。

（4）临时堆土（石、渣）及料场加工的成品料应集中堆放，设置沉砂、拦挡等措施。

（5）开挖土石和取料场地应先设置截（排）水、沉砂、拦挡等措施后再开挖。不得在指定取土（石、料）场以外的地方乱挖。

（6）土（砂、石、渣）料在运输过程中应采取保护措施，防止沿途散溢，造成水土流失。

一般情况下，当预报日降雨量大于50mm的暴雨、风速大于5m/s的大风时，应采取覆盖、防护等措施，以减轻可能产生的水土流失。

六、工程管理应符合的规定

（1）将水土保持工程纳入招标文件、施工合同，将施工过程中防治水土流失的责任落实到施工单位。合同段划分要考虑合理调配土石方，减少取、弃土（石）方数量和临时占地数量。

（2）工程监理文件中应落实水土保持工程监理的具体内容和要求，由监理单位控制水土保持工程的进度、质量和投资。

（3）在水土保持监测文件中应落实水土保持监测的具体内容和要求，由监测单位开展水土

流失动态变化及防治效果的监测。

(4) 建设单位应通过合同管理、宣传培训和检查验收等手段对水土流失防治工作进行控制。

(5) 工程检查验收文件中应落实水土保持工程检查验收程序、标准和要求，在主体工程竣工验收前完成水土保持设施的专项验收。

(6) 外购土（砂、石）料的，必须选择合法的土（砂、石）料场，并在供料合同中明确水土流失防治责任。

第三节 不同水土流失类型区的特殊规定

一、风沙区

风沙区主要包括两大区域：一是“三北”，即戈壁、沙漠及沙地风沙区，主要分布于长城沿线以北地区，该区域气候干旱少雨，风力侵蚀强烈，荒漠化严重，沙漠蚕食绿洲，直接危害农、林、牧业；二是沿河、环湖、滨海平原风沙区，主要是江、河、湖、海岸边沉积的泥沙，干燥遇大风形成并逐步扩大，造成掩埋各类生产用地的危害。

风沙区的建设项目应符合下列规定。

(1) 应控制施工场地和施工道路等扰动范围，保护地表结皮层。

(2) 应采取砾（片、碎）石覆盖、沙障、草方格或化学固化等措施。

(3) 植被恢复应同步建设灌溉设施。

(4) 沿河环湖滨海平原风沙区应选择耐盐碱的植物品种。

二、东北黑土区

东北黑土区的南界为吉林省南部，东西北三面为大、小兴安岭和长白山所围绕，主要包括三大区。

一是低山丘陵区，包括大、小兴安岭地区，为森林地带，坡缓谷宽，土壤为花岗岩及页岩发育的暗棕壤，多为轻度侵蚀；长白山千山山地丘陵区，为林草灌丛，土壤为花岗岩、页岩、片麻岩发育的暗棕壤、棕壤，多为轻度、中度侵蚀；三江平原区（黑龙江、乌苏里江及松花江冲积平原），古河床自然形成低岗地，河间低洼地为沼泽草甸，岗洼之间为平原，多为微度侵蚀。

二是漫川漫岗区，指的是松嫩平原，属冲积、洪积台地，地势倾斜，坳谷和岗地相间的地貌特征，多为中度侵蚀，局部强度侵蚀。

三是平原区和草原区，主要是湿地、草场和珍贵野生动植物栖息地，多为微度、轻度侵蚀。

东北黑土区的建设项目应符合下列规定。

(1) 应保护现有天然林、人工林及草地。

(2) 清基作业时，应剥离表土并集中堆放，用于植被恢复。

(3) 在丘陵沟壑区还应有坡面径流排导工程。

(4) 工程措施应有防治冻害的要求。

三、西北黄土高原区

西北黄土高原区西界为青海日月山，西北为贺兰山，北为阴山，南为秦岭，东为太行山。地带性土壤分布明显，在半湿润气候带自西向东依次为灰褐土、黑垆土、褐土；在干旱及半干旱气候带自西向东依次为灰钙土、棕钙土、栗钙土。该区水力侵蚀普遍且极为严重，主要分八个类型区。

一是黄土高原丘陵沟壑区，主要为山西、陕西、内蒙古中西部、甘肃、宁夏、青海等省（自治区）的黄土高原地区。该区的主要特点是地形破碎，千沟万壑，水土流失严重或较严重，以坡面冲刷和沟道切割侵蚀为主要侵蚀方式。

二是黄土高原沟壑区，主要为甘肃陇东地区、陕西渭北、山西的西南部等部分地区。地形由塬、坡、沟组成，塬面宽平，坡陡沟深，水土流失严重，以塬面径流侵蚀使塬面耕地不断被蚕食减少、高原沟壑不断扩大为主要侵蚀方式。

三是黄土阶地区，主要是指黄土高原地区较大河流两岸的河谷阶地。区内地面平坦，土壤侵蚀较轻。

四是冲积平原区，包括渭河、汾河等河谷和黄河河套平原。该区地面平坦，除河岸、渠岸坍塌，无明显的侵蚀。

五是高地草原区，主要分布于青海、四川、甘肃接壤的青藏高原东缘地带。该区为高山草原，有较好的植被，土壤侵蚀微弱，人口稀少，破坏较轻，局部地区有风蚀。

六是干旱草原区，分布于山西、陕西、内蒙古接壤区，甘肃东北部。该区为沙质土壤草原，植被覆盖较低，多与风沙区交错出现，草皮破坏，极易形成沙化中、强度侵蚀。

七是土石山区，包括六盘山、太行山等黄土高原的土石山地区。区内有良好的林草植被，耕地少，侵蚀轻微。

八是林区，主要包括子午岭、黄龙山林区，散见于各土石山区的林地。区内林草植被繁茂，耕地较少，土壤侵蚀轻微。

西北黄土高原区的建设项目应符合下列规定。

（1）在沟壑区，应对边坡削坡开级并放缓坡度（45°以下），应采取沟道防护、沟头防护措施并控制塬面或梁峁地面径流。

（2）沟道弃渣可与淤地坝建设结合。

（3）应设置排水与蓄水设施，防止泥石流等灾害。

（4）因水制宜布设植物措施，降水量在400mm以下地区植被恢复应以灌草为主，400mm以上（含400mm）地区应乔灌草结合。

（5）在干旱草原区，应控制施工范围，保护原地貌，减少对草地及地表结皮的破坏，防止土地沙化。

四、北方土石山区

北方土石山区分布在东北漫岗丘陵以南，黄土高原以东，淮河以北，包括东北南部、河北、山西、内蒙古、河南、山东等部分地区。主要有六个类型区。

一是太行山山地区，属暖温带半湿润区，包括大五台山、小五台山、太行山和中条山地，是海河五大水系发源地。主要岩性为片麻岩、碳酸岩等，土壤以褐土为主，中、强度侵蚀，是华北地区侵蚀最严重的地区。

二是辽西—冀北山地区，岩性为花岗岩类、片麻岩类和砂页岩类。土壤主要为山地褐土和栗钙土，水土流失为中度侵蚀，水力侵蚀为主，风力侵蚀有发展，为泥石流易发区。

三是山东丘陵区，地处山东半岛，岩性主要为片麻岩类、花岗岩类等，土壤主要为棕壤、褐土，土层薄，属中度侵蚀。

四是阿尔泰山地区，地处新疆东北部，阿尔泰山南坡，山地森林草原，无明显水土流失。

五是松辽平原、松花江、辽河冲积平原，土壤主要为厚层黑钙土和草甸土，低岗地有轻微侵蚀。

六是黄淮海平原北部，北部以太行山、燕山为界，南部以淮河为界，是黄、淮、海三条河的冲积平原，仅古河道岗地有中、轻度侵蚀。

北方土石山区的建设项目应符合下列规定。

(1) 应保存和综合利用表土。

(2) 弃土（石、渣）场应做好防洪排水、工程拦挡，防止引发泥石流；弃土（石、渣）应平整后用于造地。

(3) 应采取措施恢复林草植被。

(4) 高寒山区应保护天然植被，工程措施应有防治冻害的要求。

五、西南土石山区

西南土石山区包括云贵高原、四川盆地、湘西及桂西等地。该区域内山高坡陡，石多土少，高温多雨，岩溶发育，山崩、滑坡、泥石流分布广。主要有五个类型区。

一是四川山地丘陵区，为四川盆地除成都平原的山地和丘陵，是长江上游泥沙主要来源区之一，水土流失严重。

二是云贵高原山地区，该区有雪峰山、大娄山、乌蒙山等，土层薄，基岩裸露，主要由碳酸盐岩类和砂页岩类组成，土壤主要为黄壤、红壤和黄棕壤。以水力侵蚀为主，滑坡、泥石流等重力侵蚀也非常易发育。坪坝地为石灰土，以溶蚀为主。多为轻、中度侵蚀，局部地区强度侵蚀。

三是横断山地区，包括藏南高山深谷、横断山脉、无量山及西双版纳地区。多为轻度、中度侵蚀。该区地质构造运动活跃，地层复杂，在沟谷陡坡常易发生崩塌，局部地区有泥石流。

四是秦岭、大别山、鄂西山地区，位于黄土高原、黄淮海平原以南，四川盆地、长江中下游平原以北。由浅变质岩类和花岗岩类组成，主要土壤为黄棕壤土。该区地质构造复杂，岩层破碎，泥石流发育。山高坡陡，气温低，暴雨量大，植被分布不均衡，土层较厚，轻度侵蚀。

五是川西山地草甸区，包括大凉山、邛崃山、大雪山等，由碎屑岩类发育棕壤和褐土。水土流失多为微度、轻度侵蚀。

西南土石山区的建设项目应符合下列规定。

(1) 应做好表土的剥离与利用，恢复耕地或植被。

(2) 弃土（石、渣）场选址、堆放及防护应避免产生滑坡及泥石流问题。

(3) 施工场地、渣料场上部坡面应布设截（排）水工程，可根据实际情况适当提高防护标准。

(4) 秦岭、大别山、鄂西山地区应提高植物措施比重，保护汉江等上游水源区。

(5) 川西山地草甸区应控制施工范围，保护表土和草皮，并及时恢复植被；工程措施应有防治冻害的要求。

(6) 应保护和建设水系，石灰岩地区还应避免破坏地下暗河和溶洞等地下水系。

六、南方红壤丘陵区

南方红壤丘陵区主要有三个类型区。

一是江南山地丘陵区。南以南岭为界，西以云贵高原为界，包括幕阜山、罗霄山、黄山、武夷山等。以花岗岩类、碎屑岩类组成山地丘陵，山间多为红色小盆地，发育红壤、黄壤、水稻土，林地侵蚀较轻，荒地侵蚀居中，农地侵蚀较严重，其中以花岗岩地区最为严重。山区大部分区域植被较好，应加强预防保护。

二是岭南平原丘陵区。包括广东、海南岛和桂东地区。以花岗岩类和砂页岩类为主，发育赤红壤和砖红壤，局部花岗岩风化层深厚，崩岗侵蚀严重，应对现有植被加强保护，特别是热带树草种的保护。

三是长江中下游平原区。位于宜昌以东，包括洞庭湖、鄱阳湖平原、太湖平原和长江三角洲。地势平坦，河流交错，平地及低缓的坡地多为农田。河道比降较缓，降雨主要集中在汛期，容易遭受渍涝，属微度侵蚀区。

南方红壤丘陵区的建设项目应符合下列规定。

(1) 应做好坡面水系工程，防止引发崩岗、滑坡等灾害。

(2) 应保护地表耕作层，加强土地整治，及时恢复农田和排灌系统。

(3) 弃土（石、渣）的拦护应结合降雨条件，适当提高设计标准。

七、青藏高原冻融侵蚀区

青藏高原冻融侵蚀区主要有两个类型区。

一是高原高寒草原冻融风蚀区，该区位于藏北高原，发育莎嘎土；二是藏北高原高寒草原冻融侵蚀区，该区位于高原的东部与南部，高山冰川与湖泊相间，发育莎嘎土等，局部有冰川泥石流。

青藏高原冻融侵蚀区的建设项目应符合下列规定。

(1) 应控制施工便道及施工场地的扰动范围。

(2) 保护现有植被和地表结皮，需剥离高山草甸（天然草皮）的，应妥善保存，及时移植。

(3) 应与周围景观相协调，土石料场和渣场应远离项目一定距离或避开交通要道的可视范围。

(4) 工程建设应有防治冻土翻浆的措施。

八、平原和城市

平原水土流失轻微，人为扰动会加重水土流失。而城市是开发建设项目的密集地，易产生垃圾、粉尘、灰尘，污染环境，山区城市有洪水威胁。

平原和城市的建设项目应符合下列规定。

(1) 应保存和利用表土（农田耕作层）。

(2) 应控制地面硬化面积，综合利用地表径流。

(3) 平原河网区应保持原有水系的通畅，防止水系紊乱和河道淤积。

(4) 植被措施需提高标准时，可按园林设计要求布设。

(5) 封闭施工，遮盖运输，土石方及堆料应设置拦挡及覆盖措施，防止大风扬尘或造成城市管网的淤积。

(6) 取土场宜以宽浅式为主，注重复耕，做好复耕区的排水、防涝工程。

(7) 弃土（石、渣）应分类堆放。宜结合其他基本建设项目综合利用。

第四节　不同类型建设项目的特殊规定

本节对不同类型的开发建设项目提出了需特别注意的问题，其前提是首先达到前几节的基本规定和要求。

一、线型建设类工程应符合下列规定

(1) 穿（跨）越工程的基础开挖、围堰拆除等施工过程中产生的土石方、泥浆应采取有效防护措施。

(2) 陡坡开挖时，应在边坡下部先行设置拦挡及排水设施，边坡上部布设截水沟。

(3) 隧道进出口紧临江河、较大沟道时，不宜在隧道进出口布设永久渣场。

(4) 输变电工程位于坡面的塔基宜采取“全方位、高低腿”形式，开挖前应设置拦挡和排水设施。

(5) 土质边坡开挖不宜超过45°，高度不宜超过30m。

(6) 公路、铁路等项目的取（弃）土场宜布设在沿线视线以外。

二、点型建设类工程应符合下列规定

(1) 弃土（石、渣）应分类集中堆放。

(2) 对水利枢纽、水电站等工程，弃渣场选址应布设在大坝下游或水库回水区以外。

(3) 在城镇及其规划区、开发区、工业园区的项目，应提高防护标准。

(4) 施工导流不宜采用自溃式围堰。

三、点型建设生产类工程应符合下列规定

(1) 剥离表层土应集中保存，采取防护措施，最终利用。

(2) 露天采掘场应采取截（排）水和边坡防护等措施，防止滑坡、塌方和冲刷。

(3) 排土（渣、矸石等）场地应事先设置拦挡设施，弃土（石、渣）必须有序堆放，并及时采取植物措施。

(4) 可能造成环境污染的废弃土（石、渣）、废液等应设置专门的处置场，并符合相应防治标准。

(5) 采石场应在开采范围周边布设截（排）水工程，防止径流冲刷。施工过程中应控制开采作业范围，不得对周边造成影响。

(6) 排土场、采掘场等场地应及时复耕或恢复林草植被。

(7) 井下开采的项目，应防止疏干水和地下排水对地表土壤水分和植被的影响。采空塌陷区应有保护水系、保护和恢复土地生产力等方面的措施。

第五节　不同设计时（阶）段的规定

一、基本要求

1. 设计时段

开发建设项目水土保持工程设计可分为项目建议书、可行性研究、初步设计和施工图设计4个阶段。

开发建设项目在项目建议书阶段应有水土保持章节；工程可行性研究阶段或项目核准前必须编报水土保持方案，并达到可行性研究深度；初步设计阶段应根据批准的水土保持方案和有关技术标准，进行水土保持初步设计，并纳入工程的初步设计中；施工图阶段应进行水土保持施工图设计。

各行业的前期工作阶段划分和深度不完全一致，实际工作中需根据行业特点做适当深化或补充，具体规定见后。

2. 概（估）算

（1）水土保持工程的投资概（估）算编制依据、编制定额、价格水平年与基础单价、三要工程单价中的相关费率等应与主体工程相一致；主体工程没有明确规定的，应采用水利部《开发建设项目水土保持工程投资概（估）算编制规定》、《水土保持工程概算定额》及相关行业、地方标准和当地现行价；水土保持投资费用构成应按《开发建设项目水土保持工程概（估）算编制规定》执行。

（2）植物措施中需要达到园林化标准的部分，应采用园林行业的单位指标计算。

（3）水土保持投资估算总表按工程措施、植物措施、临时工程和独立费、预备费和水土保持设施补偿费几部分，计列静态投资。分部工程估算表、分年度投资表按照防治分区计列上述各项投资，跨省（直辖市、自治区）项目还应按省（直辖市、自治区）分列投资。

（4）独立费应包括建设单位管理费、水土保持方案编制及勘测设计费、水土保持监理费、水土保持监测费、质量监督检测费、技术文件咨询服务费、水土保持设施技术评估及验收费等，并列入总投资。

（5）投资概（估）算附表及附件主要包括总概（估）算表、分部工程概（估）算表、独立费概（估）算表、分年度投资表、工程单价汇总表、材料价格预算表、施工机械台时费汇总表、工程措施单价表、植物措施单价表等。

二、项目建议书阶段的主要任务规定

（1）简要说明项目区水土流失现状与环境状况，预防监督与治理状况。

（2）明确水土流失防治责任。

（3）初步分析项目建设过程中可能对水土流失的影响。

（4）提出水土流失防治总体要求，初拟水土流失防治措施体系及总体布局，提出下一阶段要解决的主要问题。

（5）确定水土保持投资估算的原则和依据，匡算水土保持投资。

三、可行性研究阶段的主要任务规定

（1）开展相应深度的勘测与调查，以及必要的试验研究。

（2）从水土保持角度论证主体工程设计方案的合理性及制约因素。

（3）对主体工程的选址（线）、总体布置、施工组织、施工工艺等比选方案进行水土保持分析评价，对主体工程提出优化设计要求和推荐意见。

（4）估算弃土（石、渣）量及其流向，分析土石方平衡，初步提出分类堆放及综合利用的途径。

（5）基本确定水土流失防治责任范围、水土流失防治分区及水土流失防治目标等。

（6）分析工程建设过程中可能引起水土流失的环节、因素，定量预测水力侵蚀、风力侵蚀量及分布，定性分析引发重力侵蚀、泥石流等灾害的可能性，定性分析开发建设造成的水土流失危害类型及程度。

（7）确定水土流失防治措施总体布局，按防治工程分类进行典型设计并明确工程设计标准，估算工程量。对主要防治工程的类型、布置进行比选，基本确定防治方案。初步拟定水土保持工程施工组织设计。

（8）基本确定水土保持监测内容、项目、方法、时段、频次，初步选定地面监测的点位，估算所需的人工和物耗。

（9）编制水土保持工程投资估算，估算防治措施的分项投资及总投资，分析水土保持效益，定量分析水土流失防治效果。

（10）拟定水土流失防治工作的保障措施。

四、初步设计阶段的主要任务规定

与立项阶段的水土保持方案不同，初步设计阶段的水土保持设计内容应成为独立的一个篇章，它是落实水土保持方案的基础，是进行水土流失防治及水土保持专项验收的依据。立项阶段的水土保持方案，更多地侧重于阐述建设过程中可能遇到的产生水土流失的环节，遇到不同的情况将采取相应的具体措施及大致的工作量，但具体在何地布设何类水土保持措施，拟建水土保持设施的规模和尺寸如何，在立项阶段是不能明确的。

本阶段的主要任务有以下几项。

（1）开展相应深度的勘测与调查。

（2）分区（段）复核土石方平衡及弃土（石、渣）场、取料场的布置。

（3）复核水土流失防治责任范围、水土流失防治分区和水土保持措施总体布局。

（4）在项目划分的基础上进行水土流失防治措施的设计，说明施工方法及质量要求，进一步细化施工组织设计。

（5）编制水土保持监测设计与实施计划。

（6）编制水土保持投资概算。

因为不涉及建设项目是否可行的判别，主体工程也没有比选方案的论证，故初步设计阶段可不单独进行水土保持方案审批，只要将水土保持方案确定的各类水土流失防治措施、工程量及所需费用进一步落实，由建设单位或主管部门一并主持、水土保持专家参加审查即可。

五、施工图设计阶段的主要任务

施工图阶段的设计文件不再涉及整个工程范围，是按施工要求分阶段进行设计的，是针对地形、地质情况及开挖堆垫的具体情况进行设计的，是指导施工和单项验收的依据，需经监理工程师确认后才能交由施工队伍。对每一项防护措施，均需进行细部设计并满足质量评定所需的项目划分的需要，十分重视水土保持设施的放线、标高、断面设计、施工说明及工程量计算等，并对临时防护工程进行详细的设计，列出建造这一设施所需的所有工程量，以满足签证支付的需要。

施工图设计阶段的主要任务应包括下列内容。

(1) 进行水土流失防治单项工程的施工图设计。

(2) 计算工程量，编制工程预算。

第六节 水土保持方案报告书编制的关键问题

除了水土保持方案报告书技术审查的总体要求，要编制好水土保持方案报告书，方案应满足多层次要求，必须从三个方面把关：一是政府层面关心的主要问题；二是当地水行政主管部门关心的主要问题；三是业主关心的主要问题。三个层面所关心的问题的角度是不一样的，但就审查而言，三个方面都必须足够重视。

一、政府层面关心的主要问题

从政府层面考虑，水土保持方案报告书应从以下几个方面加以分析。

(1) 有无限制项目上马的制约因素。

(2) 土石方数量，特别是表土的剥离与利用。

(3) 水土流失防治责任范围。

(4) 拦渣坝、赤泥库、尾矿库等工程的安全问题。

(5) 投资估算（是否超过统计均值）。

(6) 敏感性问题（制约因素、上期方案落实情况、发改委对项目的审批情况等）。

二、当地水行政主管部门关心的主要问题

(1) 水土流失防治责任范围的（到县）界线。

(2) 水土保持设施补偿费（到县）。

(3) 拆迁安置与专项设施改建（到县）。

三、业主关心的主要问题

(1) 建设过程中的水土保持法律责任范围。

(2) 投资估算。

(3) 方案的批复。

从不同层面去审查水土保持方案报告书，了解了不同层面关心的主要问题，也就知道了水土保持方案报告书编制的重点，为水土保持方案报告书的顺利审查奠定了基础。

思 考 题

1. 开发建设项目水土流失防治及其措施总体布局应遵循的一般规定包括哪几方面内容？
2. 开发建设项目水土保持方案编制中对主体工程的分析与评价应遵循的约束性规定有哪些？
3. 不同类型建设项目水土保持方案编制中应遵循的特殊规定有何差异？

第五章　水土保持方案管理

第一节　资格证书管理

开发建设项目水土保持方案的编制必须由具有相应资质的单位和个人承担。2005 年之前，资质证书的申报与考核由水利部进行管理，即按《编制开发建设项目水土保持方案资格证书管理办法》和《水土保持方案编制资格证单位考核办法》执行。2005 年 7 月 8 日，水利部发布第 25 号令，废止了以上管理办法，并于 2008 年将管理工作移交中国水土保持学会（水利部水保［2008］329 号），制定了《水土保持方案编制资质管理办法（试行）》［2008］中水会字第 024 号）。2013 年，中国水土保持学会根据该试行办法重新制定颁布了《生产建设项目水土保持方案编制资质管理办法》，同时废止试行版资质管理办法，以确保方案编制的质量。

一、水土保持方案编制资质条件

根据新的管理办法，水土保持方案编制资格证书包括单位资质和个人资质两种，单位资质分为甲、乙、丙三等，具备相应条件的企事业单位可通过申请评审获取。个人资质要通过培训考试获得，具备规定资格的人员经考试合格后，发给其所在单位水保方案编制上岗证书。

（一）单位资质

从事方案编制的单位，应是中国水土保持学会团体会员单位；按照《生产建设项目水土保持方案编制资质管理办法》取得《生产建设项目水土保持方案编制资格证书》（以下简称“资格证书”），应在资格证书等级规定的范围内从事方案编制工作。取得甲级资格证书的单位，可以承担各级人民政府水行政主管部门审批的方案的编制工作。取得乙级资格证书的单位，可以承担所在省（自治区、直辖市）或省级以下（含省级）人民政府水行政主管部门审批的方案的编制工作。取得丙级资格证书的单位，可以承担所在省（自治区、直辖市）市级以下（含市级）人民政府水行政主管部门审批的方案的编制工作。

1. 甲级资格证书条件

（1）在中华人民共和国境内登记的独立法人，有健全的组织机构、完善的组织章程或者管理制度，有完善的仪器设备和固定的工作场所，有健全的质量管理体系，注册资本不少于 500 万元（或者开办资金不少于 200 万元，或者固定资产不少于 1000 万元）。

（2）具有水土保持及相关专业的技术人员不少于 20 人，其中中级以上技术职称人员不少于 15 人（高级专业技术职称人员不少于 6 人）；注册水利水电工程水土保持工程师（以下简称“注册水保工程师”）不少于 3 人；技术负责人应当具有水土保持相关专业高级技术职称，并主持编制至少 2 个省级以上人民政府水行政主管部门审批的方案。

（3）专职技术人员中，所学专业为水土保持的不少于 3 人，水利工程类或者其他土木工程类的不少于4人，资源环境类的不少于2人，概（预）算或者持有造价证书的不少于1人。

（4）持有乙级资格证书2年以上，近2年内独立完成省级人民政府水行政主管部门审批的方案不少于6个。

2. 乙级资格证书条件

（1）在中华人民共和国境内登记的独立法人，有健全的组织机构、完善的组织章程或者管理制度，有必要的仪器设备和固定的工作场所，有健全的质量管理体系，注册资本不少于100万元（或者开办资金不少于50万元，或者固定资产不少于200万元）。

（2）具有水土保持及相关专业的技术人员不少于12人，其中中级以上技术职称人员不少于6人（高级专业技术职称人员不少于2人）；注册水保工程师不少于2人；技术负责人应当具有水土保持相关专业高级技术职称，并有水土保持相关工作经历。

（3）专职技术人员中，所学专业为水土保持的不少于2人，水利工程类或者其他土木工程类的不少于2人，资源环境类的不少于1人。

3. 丙级资格证书条件

（1）在中华人民共和国境内登记的独立法人，有健全的组织机构、完善的组织章程或管理制度，有必要的仪器设备和固定的工作场所。

（2）具有水土保持及相关专业的技术人员不少于6人，其中注册水保工程师不少于1人；技术负责人应当具有水土保持相关专业中级以上技术职称，并有水土保持相关工作经历。

（3）专职技术人员中，所学专业为水土保持、水利工程类或者其他土木工程类的不少于2人。

（二）个人资质

从事水土保持方案编制工作的人员须具有中专以上学历，参加资质管理单位组织的专业技术培训，取得《水土保持方案编制人员上岗证书》方可开展工作，同时每三年至少参加一次知识更新培训。一般甲级单位上岗证书由中国水土保持学会组织培训考试发给，乙、丙级单位上岗证书由中国水土保持学会委托省级水土保持学会培训考试后发给。

二、单位资质申报审批程序

（一）资料准备和填报

申请资质证书的单位，首先要按以下目录填报和准备资料（一式两份）。

（1）方案编制资格证书申请表。

（2）法人资格证明。

（3）管理制度（包括机构章程和质量认证体系证明）。

（4）工作场所证明。

（5）注册资本、开办资金或者固定资产证明。

（6）法定代表人和技术负责人的简历、技术职称、身份和相应的业绩证明。

（7）专职技术人员名单及其专业、职称证书，身份、劳动关系证明。

（8）注册水保工程师证明。

（9）仪器设备及权属证明。

（10）资质管理单位要求提供的其他证明。

申请甲级资格证书的单位，还需提交近2年内的业绩证明。

（二）省级审核

申请甲级资格证书的单位，将相关材料报所在地省级水土保持学会初审，省级水土保持学会在1个月内将初审意见和申请材料转报专业委员会。水利部所属单位申请甲级资格证书的，可以直接向专业委员会报送申请材料。

申请乙、丙级资格证书的单位，将相关材料报省级水土保持学会审查，省级水土保持学会在2个月内提出审查意见并上报中国水土保持学会复核。

尚未成立省级水土保持学会的，申请单位的申请材料报专业委员会审查。

（三）审批

中国水土保持学会自收到甲级资格证书申请初审意见之日起3个月内，收到乙、丙级资格证书申请审查意见之日起2个月内，进行审核。对通过审核的单位，在中国水土保持生态环境建设网站和中国水土保持学会网站公示，公示时间不少于7日。公示结束后1个月内颁发资格证书。

需要说明的是：①行政机关和水土保持监督机构不能持证，行政、执法、设计应分离；②持证机构必须是一级独立机构，内设机构不能对外持证；③群众性组织、团体、公司暂不发证。

三、资格证书的延续和管理

资格证书有效期为3年。甲级资格证书持证单位在有效期内应当独立完成至少2个水利部审批的方案；乙级资格证书持证单位在有效期内应当独立完成至少3个省级人民政府水行政主管部门审批的方案；丙级资格证书持证单位在有效期内应当独立完成至少3个经审批的方案。

有效期届满需要延续的，持证单位应在有效期届满前3个月提出资格证书延续申请，并提交《生产建设项目水土保持方案编制资质管理办法》规定的材料以及有效期内的业绩证明。

在资格证书有效期内，持证单位的名称、法定代表人发生变更的，应当在变更后2个月内提出变更申请，办理变更手续。持证单位改制或者股权变更（包括合并和分立）后，需要变更证书的，中国水土保持学会根据持证单位变更申请材料，按照资格证书条件重新核定。

中国水土保持学会预防监督专业委员会负责对甲级、省级水土保持学会负责对乙、丙级持证单位进行日常检查。检查主要内容包括以下几点。

（1）贯彻执行水土保持法律法规情况。

（2）遵循水土保持技术标准规范情况。

（3）单位、编制机构及技术负责人情况。

（4）水土保持方案编制工作开展情况。

（5）专业技术人员的专业组成、培训及继续教育情况。

（6）设备仪器配置情况。

根据监督检查结果，对有下列情形之一的，给予警告处理。

（1）方案质量较差，有1次没有通过技术审查的。

（2）技术人员未经培训合格从事方案编制工作的。

（3）方案编制费用明显不符合有关规定或者不满足工作需要的。

（4）有1次未按规定报送年度总结报告和业绩报告表的。

（5）有1次不接受检查的，或者在检查中隐瞒有关情况、提供虚假材料的。

（6）不接受资质管理单位管理的。

（7）不满足本级资格证书条件的。

（8）未按规定办理资格证书变更的。

（9）越级或者在业务范围外承担方案编制任务的。

在监督检查中，对持证单位有下列行为之一的，取消其资格证书。

（1）以欺骗等不正当手段取得资格证书的。

（2）涂改、出借或者以其他形式非法转让资格证书的。

（3）因方案编制错误或者不当，造成水土流失灾害或者严重经济损失的。除取消持证单位资格证书外，依法追究持证单位的经济责任，对持证单位负责人和直接责任人追究法律责任。

持证单位有下列情况之一的，不予延续其资格证书。

（1）不满足本级资格证书条件的。

（2）不满足本办法第十七条规定的业绩要求。

（3）有效期内被警告2次及以上的。

不予延续的持证单位如符合下一级资格证书条件，可取得下一级资格证书。

资质管理工作人员，有下列行为之一的，由中国水土保持学会责令改正；情节严重的，建议有关部门给予处分；构成犯罪的，依法追究刑事责任。

（1）对不符合条件的申请颁发资格证书的。

（2）利用职务上的便利，索取、收受他人财物或者谋取其他利益的。

（3）不履行监督检查职责或者监督不力，造成严重后果的。

资格证书有效期内持证单位依法终止的，资格证书有效期满后未申请延续的，其资格证书自动失效。

持证单位在领取新的资格证书时，应当将原资格证书交回中国水土保持学会。

持证单位遗失资格证书，应当在中国水土保持学会指定的媒体声明作废后申请补发。

第二节 水土保持方案报审与审批

一、水土保持方案的报审

凡从事有可能造成水土流失的生产建设活动的单位和个人，必须编报水土保持方案。水土保持方案必须先经水行政主管部门审查批准，开发建设单位或者个人方可办理土地使用、环境影响评价审批、项目立项审批或者核准（备案）等其他有关手续。其中，审批制项目，在报送可行性研究报告前完成水土保持方案报批手续；核准制项目，在提交项目申请报告前完成水土保持方案报批手续；备案制项目，在办理备案手续后、项目开工前完成水土保持方案报批手续。经批准的水土保持方案应当纳入下阶段设计文件中。

（一）水土保持方案的申报

1. 报审程序

开发建设单位或者个人要求审批水土保持方案的，应当向有审批权的水行政主管部门提交书面申请和水土保持方案报告书或者水土保持方案报告表各一式3份，以正式文件形式将方案（送审稿）报相应级水行政主管部门。

2. 报批程序

水工程项目的水土保持方案在上报时，应有审批部门下一级地方水行政主管部门的初审意见；其他开发建设项目，应有与方案审批部门同级的建设项目行业主管部门的预审意见。

（二）水土保持方案的审验

水土保持方案上报到水行政主管部门后，首先应对方案的基本要求进行查验，主要把好以下三关。

（1）资格关：编制水土保持方案的单位，必须持有管理部门颁发的《编制水土保持方案资格证书》，以及设计资格证书。

（2）分级关：必须按甲、乙、丙级规定的范围承担相应任务，越级编制无效，也不得审批。

（3）内容和深度关：必须按《开发建设项目水土保持方案技术规范》中规定的内容和深度进行编制，即新建、扩建项目应达到可研阶段深度的水土保持方案，已建、在建项目应达到初步设计深度的水土保持设计，符合要求后方能组织审查。

二、水土保持方案的审批

（一）开发建设项目水土保持方案报告书技术审查的总体要求

（1）严格执行法律法规和水利部关于方案审查的有关要求。

（2）严格执行《开发建设项目水土保持技术规范》、《开发建设项目水土流失防治标准》和相关行业国家现行技术标准。

（3）查阅工程设计文件及其审查意见，重视现场考察，核查方案是否与工程实际相符，核查方案的设计深度。

（4）注重主体工程设计的水土保持评价，注重水土流失防治措施布设和典型设计，注重防治措施的可实施性。

（5）贯彻国家新政策，鼓励方案采用新技术、新材料、新工艺。

（6）遵守保密制度，廉洁从业，客观公正。

（二）水土保持方案审查

1. 水土保持方案审查

有审批权的水行政主管部门受理申请后，应当依据有关法律、法规和技术规范组织审查，或者委托有关机构进行技术评审。水行政主管部门应当自受理水土保持方案报告书审批申请之日起二十日内，或者应当自受理水土保持方案报告表审批申请之日起十日内，作出审查决定。但是，技术评审时间除外。对于特殊性质或者特大型开发建设项目的水土保持方案报告书，二十日内不能作出审查决定的，经本行政机关负责人批准，可以延长十日，并应当将延长期限的理由告知申请单位或者个人。

2. 水土保持初步设计审查

新建、扩建项目可研阶段水土保持方案经审批后，水行政主管部门参加建设项目总体初步设计中水土保持设计部分的审查，为总设计审查提出此方面的意见。

（三）水土保持方案审批

建设单位将修改后的方案（报批稿）、专家审查意见、行政预审意见，报具审批权的水行政主管部门进行审批。

水行政主管部门审批水土保持方案实行分级审批制度，县级以上地方人民政府水行政主管部门审批的水土保持方案，应报上一级人民政府水行政主管部门备案。

中央立项，且征占地面积在 $50hm^2$ 以上或者挖填土石方总量在 50 万 m^3 以上的开发建设项目或者限额以上技术改造项目，水土保持方案报告书由国务院水行政主管部门审批。中央立项，征占地面积不足 $50hm^2$ 且挖填土石方总量不足 50 万 m^3 的开发建设项目，水土保持方案报告书由省级水行政主管部门审批。

地方立项的开发建设项目和限额以下技术改造项目，水土保持方案报告书由相应级别的水行政主管部门审批。

水土保持方案报告表由开发建设项目所在地县级水行政主管部门审批。

跨地区项目的水土保持方案，报上一级水行政主管部门审批。

水土保持方案报告审批程序见图 5-1。

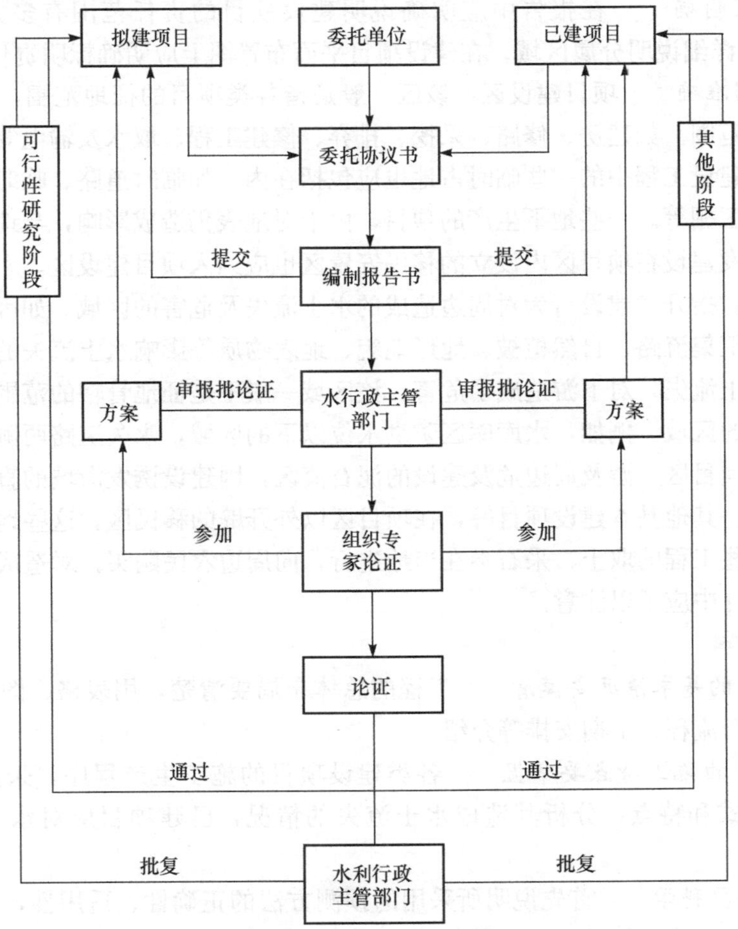

图 5-1 水土保持方案报告审批程序

水土保持方案报告的审批条件如下。

（1）符合有关法律、法规、规章和规范性文件规定。

（2）符合《开发建设项目水土保持方案技术规范》等国家、行业的水土保持技术规范、标准。

（3）水土流失防治责任范围明确。

（4）水土流失防治措施合理、有效，与周边环境相协调，并达到主体工程设计深度。

（5）水土保持投资估算编制依据可靠、方法合理、结果正确。

（6）水土保持监测的内容和方法得当。

（四）水土保持方案审查审批要点

在水土保持方案审查、审批中要抓住要点，避免方案出现大的疏漏，确保方案的科学性、合理性、可行性。主要有6条要点：防治责任要明确、准确，预测要科学，防治目标要明确和防治措施要有效、可行，设计深度要对应，概算编制要规范，实施措施要落实。

1. 防治责任范围明确、准确

水土保持方案要既明确、又准确地提出和划定开发建设单位的责任范围（含项目建设区和直接影响区），一定要按法律法规和技术规范的规定来确定。

1）*防治责任明确* 在报告中应明确说明建设项目的责任范围有多大（多少 km^2 或 hm^2），并用表格详细说明分属区域，在建设项目平面布置图上应明确标明责任范围。

2）*防治范围准确* 项目建设区：该区一般是指各类项目的征地范围，或项目建设者的土地管辖或租地范围。如建房、修路、采挖、排弃、修建工程、取水及输电等附属设施和场地等占用的土地，建设工程中的一些临时占地也应包括在内，如临时道路、临时材料堆放场、设备存放地、临时工棚等。一些地下生产的项目，由于对地表仍造成影响，与地下作业区相应的地面范围；因开发建设在项目区内设立的移民安置区也应列入项目建设区。

直接影响区：指开发建设行为对周边造成的水土流失及危害的区域。如因开发建设改变了原来地面径流的汇集流路、自然植被、地形地貌、地表物质等影响水土流失的因素，从而导致了周边地区的水土流失，对下游造成了危害，该区域一般不是征地管辖的范围，但也是建设单位应该负责治理的区域。例如，水库库区防洪水位以下的区域，永久道路两侧一定区域及施工临时道路，建设项目区上游及周边危及建设的泥石流区，因建设诱发滑坡的直接影响区域，因修建水库、采矿、其他基本建设项目等，在项目区以外开辟的移民区，这些地区都属于直接影响区。此外，有些工程的取土、采石不在当地进行，向周边农民购买，对造成的水土流失也基本没有考虑，设计中应予以注意。

2. 预测要科学

1）*建设项目的基本情况要摸清* 工程的总体布局要清楚，用表格、图件加以说明，各区域的面积、生产流程、工期安排等介绍。

2）*建设项目的施工特点要掌握* 各类建设项目的施工生产程序，采挖、回填、排弃固体废弃物的方式和特点，分析其造成水土流失的情况，已建项目应对水土流失现状进行调查。

3）*预测方法要科学* 首先说明所采用的预测方法的正确性、适用性，所选参数的合理性，证明所采用的方法（如类比法、数学模型法等）是科学的。

4）*预测内容要全面* 对造成水土流失的形式、强度、总量、危害等予以说明，对建设项目对生态环境的影响加以分析和阐述，一般要分区进行预测。北方地区还应对水蚀、风蚀分别进行预测。在施工过程中挖填不能只达到总量平衡，还应具体分析挖填地点、数量。对损坏水土保持设施的数量必须调查清楚，并予说明。

3. 防治目标要明确，防治措施要有效、可行

1）目标明确　根据国家的要求和建设项目的具体情况，提出本项目水土流失防治的具体目标，如控制程度、治理度、减沙量、环境改善程度。

2）分区科学　抓住了主要地域和地段，分区采取的防治措施得当。

3）技术可行　所采取的防治工程要因需制宜，得当即可。既要有效防治水土流失，又要经济合理，不能一味追求高标准，也不可简单采取防治措施。在方案中应对出现工程措施的防洪标准、生物措施的树种选择及北方地区的灌溉措施、采挖坑如何处理利用等问题进行充分论证，科学确定。

4）进度安排合理　根据造成水土流失的情况，分别提前、同时、稍后采取防治措施。

5）监测要落实　抓住主要水土流失及危害进行监测，落实监测方法、技术、经费等措施。

4. 设计深度要对应

1）要求　按技术规范的要求，对可行性研究阶段、初步设计阶段、技术设计阶段的方案分别作相应深度的设计，达到要求深度。

2）预审　在方案正式上报主管部门审批前，有关部门在预审时应对该方案的设计深度进行审核，未达到设计深度的不予上报和审查。

5. 概算编制要规范

1）概算　水土保持方案的概算必须按国家规定进行编制，不能违规。审查方案概算的人员必须是有资格的专业人员，今后将实行概算编制、审查资质制度，使其更规范化、标准化。

2）效益　一般不必进行投入产出分析计算和经济评价。

6. 实施措施要落实

1）要求　水土保持方案中必须提出实施该方案的具体组织、管理、技术保障、检查验收、经费管理使用、监测和监督等措施，以保证方案能按设计实施。

2）问题　方案审查时经常发现，该章节的措施多是设计单位的设想，建设和管理单位并未落实，在方案上报前应由建设单位审阅同意，然后以其正式文件上报。

（五）方案审批注意事项

（1）不得越级审批。有明确规定的各级不得越权审批，否则无效。

（2）委托应从严掌握。建设项目的大小与造成水土流失的轻重不成正比关系，有的项目很大但危害轻微，有的项目虽小但危害很大，各级在委托下一级时应根据水土流失的强弱确定，但不得跨级委托。委托必须有正式手续。

（3）中央审批2亿元以上的建设项目是为了与国家计委立项额度、各部委审批环评的限额相一致，各省可根据省级审批项目的额度划分制定相应的方案审批权限划分。

水土保持方案未经审批擅自开工建设或者进行施工准备的，由县级以上人民政府水行政主管部门责令停止违法行为，采取补救措施。当事人从事非经营活动的，可以处一千元以下罚款；当事人从事经营活动，有违法所得的，可以处违法所得三倍以下罚款，但是最高不得超过三万元；没有违法所得的，可以处一万元以下罚款，法律、法规另有规定的除外。

根据水利部［2007］184 号文的精神，在审批水土保持方案的过程中，必须注意下面的问题。

（1）开发建设项目水土保持方案不能达到以下要求的，技术评审应不予通过。

a. 水土保持方案中没有主体工程的比选方案，比选方案水土保持评价缺乏水土保持有关量化指标。

b. 在山区、丘陵区、风沙区的开发建设项目，对原自然地貌的扰动率超过 70%，或对林草植被的破坏率超过 70%的水土保持方案。

c. 工程的土石方平衡、废弃土（石、渣）利用达不到规范要求的水土保持方案。

（2）开发建设项目符合下列情况之一的，水土保持方案不予批准。

a.《促进产业结构调整暂行规定》（国发［2005］40 号）、国家发展和改革委员会发布的《产业结构调整指导目录》中限制类和淘汰类产业的开发建设项目。

b.《国民经济和社会发展第十一个五年规划纲要》确定的禁止开发区域内不符合主体功能定位的开发建设项目。

c. 违反《中华人民共和国水土保持法》第二十条，在 25°以上陡坡地实施的农林开发项目。

d. 违反《中华人民共和国水土保持法》第十七条，在县级以上地方人民政府公告的崩塌滑坡危险区和泥石流易发区内取土、挖砂、取石的开发建设项目。

e. 根据国家产业结构调整的有关规定精神，国家发展和改革主管部门同意后方可开展前期工作，但未能提供相应文件依据的开发建设项目。

f. 分期建设的开发建设项目，其前期工程存在未编报水土保持方案、水土保持方案未落实和水土保持设施未按期验收的项目。

g. 同一投资主体所属的开发建设项目，在建及生产运行的工程中存在未编报水土保持方案、水土保持方案未落实和水土保持设施未按期验收的项目。

h. 处于重要江河、湖泊以及跨省（自治区、直辖市）的其他江河、湖泊的水功能一级区的保护区和保留区内可能严重影响水质的开发建设项目，以及对水功能二级区的饮用水源区水质有影响的开发建设项目。

i. 在华北、西北等水资源严重短缺地区，未通过建设项目水资源论证的开发建设项目。

水土保持方案审批部门、技术审查单位和方案编制单位要严格落实各项规定，各级水行政主管部门要加强对水土保持方案编制单位和技术审查单位的督察和指导，严格水土保持方案的审批管理，确保开发建设过程中的水土流失得到有效控制。

思 考 题

1. 水土保持方案编制可行性研究阶段的主要任务包括哪些内容？
2. 申请甲级资质的单位需具备哪些条件，应遵循哪些程序？
3. 申请乙级资质的单位需具备哪些条件，应遵循哪些程序？
4. 水土保持方案报告的审批必须满足什么条件？
5. 具有乙级资质的单位编制的水土保持方案可否报国务院水行政主管部门审批，为什么？

第六章　水土保持措施设计

第一节　水土保持措施设计一般规定

一、水土保持措施类型

开发建设活动过程中，因扰动地表或地下岩土层的各项施工活动，以及排放多种有毒有害物质，而造成水土资源和土地生产力的破坏和损失。为有效控制和治理开发建设活动导致的水土流失，减轻对生态环境可能产生的负面影响，防治水土流失危害，常采用以下措施。

1）工程措施　　拦渣工程、斜坡防护工程、土地整治工程、防洪排导工程、降水蓄渗工程、防风固沙工程等。

2）植物措施　　边坡植被建设工程、渣面和施工场地植被建设工程、特殊场地植被建设工程、堤岸滩绿化工程、交通道路两侧的绿化工程、生活区和厂区及其他特殊要求地区、草坪、项目区周边绿化、具有开发利用价值的植被建设工程（如果园、苗圃等）、专门的防风林带建设、固沙造林、固沙种草工程、封育治理工程。

3）临时措施　　拦挡措施、排水和沉砂措施、临时植物防护。

二、水土保持措施设计原则与布局要求

1. 水土保持措施设计原则

(1) 结合工程实际和项目区水土流失现状，因地制宜、因害设防、总体设计、全面布局、科学配置，并与周边景观相协调。

a. 在干旱、半干旱地区以工程、防风固沙等措施为主，辅之以必要的植物措施。

b. 在半湿润区采用以植物措施、土地整治与工程措施相结合的防治措施。

c. 在湿润区应有挡护、坡面排水工程、植被恢复等措施。

(2) 减少对原地貌和植被的破坏面积，合理布设弃土（石、渣）场、取料场，弃土（石、渣）应分类集中堆放。

(3) 项目建设过程中应注重生态环境保护，设置临时性防护措施，减少施工过程中造成的人为扰动及产生的废弃土（石、渣）。

(4) 宜吸收当地水土保持的成功经验，借鉴国内外先进技术。

2. 防治措施布局要求

(1) 在分区布设防护措施时，应结合各分区的水土流失特点提出相应的防治措施、防治重点和要求，保证各防治分区的关联性、系统性和科学性。

(2) 植物措施应在对立地条件的分析基础上，推荐多树种、多草种，供设计时进一步优化。

(3) 防治水蚀、风蚀的植物措施应有针对性，水蚀风蚀复合区的措施应兼顾两种侵蚀类型

的防治。另外，还应对所拟定的重要防护工程进行方案比选，提出推荐方案。防治措施比选的重点地段应为大型弃渣（土、石）场、取料（土、石）场、高路堑、大型开挖面等。比选的内容应包括防护措施类型、防护效果、投资等，比选中应考虑工程安全、水土保持防护效果、施工条件、立地条件、工程投资等诸多因素。

三、水土保持措施设计要求

1. 水土保持工程措施设计要求

在方案编制中，工程措施设计应满足以下要求。

（1）应明确主体工程征占地范围内的水土保持工程措施的设计标准和工程量，主体工程已经设计的应注明图号，主体工程没有设计的应作补充设计。

（2）对主体工程征占地范围外的渣场、料场等，应逐个进行设计，并明确设计标准和工程量。

（3）列表汇总所有的工程措施，进行项目划分。

2. 水土保持植物措施设计要求

所有水土保持植物措施均是基于水土保持功能为主要目标，设计应对立地条件进行分析，结合绿化美化的需要进行植物措施设计，设计应满足以下要求。

（1）逐片进行水土保持植物措施设计。

（2）立体防护，乔灌草结合。

（3）对工程永久占地范围、有观赏要求的区域可提出园林设计的要求，明确设计标准和具体位置。

（4）提出初期抚育管理的措施，并概算相应投资。

（5）根据实际情况，设计灌溉措施。

3. 水土保持临时措施设计要求

临时防护工程是开发建设项目水土保持措施体系中不可缺少的重要组成部分，在整个防治方案中起着非常重要的作用。临时措施设计应满足以下要求。

（1）图纸上应明确措施的位置、实施时间。

（2）应明确施工结束后的拆除要求。

（3）应明确度汛、防台风等的要求及相应制度。

第二节　防洪排导工程

一、防洪排导工程设计基本原则

（1）根据开发建设项目的总体布局、施工与生产工艺、安全要求等，按照经济安全的原则，确定应采取的工程类型。

（2）防洪排水工程应把防洪减灾、保障安全放在首位，研究确定合理的防洪标准和稳定性要求。为了保护特殊重要的生产和民用设施，应根据国家标准，通过论证分析，提高防洪设计标准。

（3）防洪排水工程应处理好防洪与综合利用、占地和造地的关系，尽量少占耕地，并结合工程修建和运行特征，把防洪与蓄水利用、拦泥与淤地造地结合起来，充分发挥其综合效益。

(4) 防洪排水工程涉及一定的汇水面积，为了减少来水来沙量，控制面上水土流失，延长其工程寿命，应与流域综合治理相协调。

二、设计洪水计算

设计洪水应依据《水利水电工程设计洪水计算规范（SL44—1993）》进行分析计算；对于无资料地区的设计洪水，应依据《水利水电工程设计洪水计算规范》，各省（直辖市、自治区）编制的《暴雨洪水图集》，以及各地编制的《水文手册》所提供的方法进行多种计算，通过分析论证选用合理的成果。

计算的项目：①设计洪峰流量；②设计洪水总量；③输沙量；④设计洪水过程线的推求（小型工程可采用概化三角形过程线法）；⑤调洪演算。

调洪演算：当拟建工程上游无设计标准较高的坝库时，采取单坝调洪演算；当拟建工程上游有设计标准较高的坝库时，采取双坝调洪演算。具体方法可按照《水利工程水利计算规范（SL104—1995）》执行。

三、拦洪坝设计

拦洪坝是横拦在沟道或河道的挡水建筑物，用以拦泥蓄水、防洪减灾，保障项目区生产建设安全的工程措施。它主要布置在项目区上游洪水集中危害的沟道内，除防洪功能，还应根据具体情况，考虑综合利用。

拦洪坝大多数为土坝或堆石坝，有特殊防护要求，根据具体情况选用重力坝、拱坝等型式。

拦洪坝设计应明确防洪任务，重点分析论证防洪标准，选取合理的防洪标准和符合实际的洪水计算方法，同时，也应考虑拦蓄洪水的综合利用。这对工程的安全、造价和效益至关重要。

1. 坝址选择

拦洪坝坝址应符合以下几个条件。

(1) 坝址处地形地质条件良好，基础为弱风化或未风化岩石或密实土。应避开较大弯道、跌水、泉眼、断层、滑坡体、洞穴等，坝肩应无冲沟。

(2) 河（沟）地形平缓，河床较窄，坝轴线短，库容大。

(3) 有适宜布置溢洪道、放水工程的地形地质条件。

(4) 坝址附近有充足的筑坝土（砂、石）等建筑材料，有水源条件。

(5) 库区淹没损失小，对村镇、工矿、铁路、公路、高压线路等建筑物的安全影响小。

2. 库容与坝高

(1) 拦洪坝的总库容，包括拦泥库容和滞洪库容两部分。根据坝址以上年来沙量和淤积年限，确定拦泥库容；根据洪峰、洪量、洪水历时，结合建筑物泄洪能力确定滞洪库容。具体方法可参照《水土保持治沟骨干工程技术规范》。

(2) 拦洪坝的坝高由拦泥坝高、滞洪坝高和安全超高 3 部分组成。根据已确定的拦泥库容与滞洪库容，在坝高-库容关系曲线上查得相应的拦泥坝高与滞洪坝高，再加上相应的安全超高，即为拦洪坝的总坝高。拦洪坝坝顶高程的确定可参照拦渣坝的相关规定。

3. 土坝的断面设计

(1) 坝顶宽度的确定。按不同的坝高和施工方法采取不同的坝顶宽度。当有交通要求时，应按通行车辆的标准确定，一般单车道为 5m、双车道为 7m。坝顶无交通要求时，坝顶宽度参照《水土保持治沟骨干工程技术规范》中的相关规定。

(2) 坝坡。上游坝坡应比下游坝坡缓，坝体高度越大，坝坡应越缓，中低高度均质土坝的平均坝坡约为1：3，水坠坝坝坡应比碾压坝坝坡缓。坝坡比可参照《水土保持治沟骨干工程技术规范》中的规定，按其提供的经验数据初步拟定，最终通过坝体稳定分析确定。

(3) 边埂。采用水坠法施工的土坝，根据建筑材料与坝高、施工方法确定。一般坝高较小、土料含沙量较大时，边埂宽度可小些；坝高较大、土料粘粒含量较大时，边埂宽度可大些。

(4) 坝体排水。土坝下游坝坡坡脚应设置排水设施。根据不同条件分棱体排水、贴坡排水等形式。具体参照《碾压式土石坝设计规范》的规定。

4. 稳定性分析

(1) 土石坝体稳定分析依照《碾压式土石坝设计规范》的相关要求计算。水坠坝边埂自身稳定计算等参照《水土保持治沟骨干工程技术规范》中的规定。

(2) 水坠坝应对施工中和施工后期坝坡整体稳定及边埂自身稳定进行计算，竣工后进行稳定渗流期下游坝坡稳定计算和上游库水位骤降时坝坡稳定验算。

(3) 碾压式土坝应对运行期下游坝坡稳定性及上游库水位骤降时坝坡稳定性进行验算。

5. 放水建筑物

(1) 卧管式放水工程。适用于坝上游岸坡基础条件较好，坡比为1：2～1：3。包括卧管、涵管及消力池3部分，具体技术要求参照《水土保持治沟骨干工程技术规范》。

(2) 竖井式放水工程。适用于布置在土坝上游坝坡上，且坝体基础较好。包括竖井、消力井及涵管设计，具体技术参照《水土保持治沟骨干工程技术规范》。

6. 溢洪道设计

(1) 陡坡式溢洪道。适用于坝高20m以上、库容$50\times10^4m^3$以上的较大型坝库。由进口段、陡坡段和消力池3部分组成，具体技术参照《水土保持治沟骨干工程技术规范》。

(2) 明渠式溢洪道。适用于坝高20m以下、库容$50\times10^4m^3$以下的小型坝库。具体技术参照《水土保持治沟骨干工程技术规范》。

7. 基础处理

根据坝型、坝基的地质条件、筑坝施工方式等，采取相应的基础处理方法。

(1) 水坠坝基础处理参照《水坠坝技术规范》。

(2) 碾压坝基础处理参照《碾压式土石坝设计规范》。

(3) 浆砌石坝基础处理参照《浆砌石坝设计规范》。

四、排洪渠设计

排洪渠是为了保证项目区生产建设安全而兴建的、排除周边坡面及区域内洪水危害的工程设施。排洪渠一般修建在项目区周边，项目区内各类场地、道路和其他地面排水，应结合排洪渠，进行统一布置。

排洪渠设计应首先调查排洪渠周边下垫面情况及气象和水文资料，作必要地质勘探、水文分析；确定产流场地的面积和产流参数，生产运行排出的各类水量；明确其防护和综合利用任务。然后，根据基础资料，选定排洪渠的线路、规模和布局，提出其结构形式和布置方式。

1. 排洪渠的布置原则

排洪渠在总体布局上，应保证周边或上游来洪安全排走，并尽可能与项目区内的排水设计结合起来。

（1）排洪渠道渠线布置，宜走原有山洪沟道或河道。若天然沟道不顺直或因开发项目区规划要求，必须新辟渠线，宜选择地形平缓、地质稳定、拆迁少的地带，并尽量保持原有沟道的引洪条件。

（2）排洪渠道应尽量设置在开发项目区一侧或周边，避免穿绕建筑群，这样能充分利用地形，减少护岸工程。

（3）渠道线路尽量缩短距离，减少弯道，最好将洪水引导至开发项目区下游。

（4）当地形坡度较大时，排洪渠应布置在地势较低的地方；当地形平坦时，宜布置在汇水面的中间，以便扩大汇流范围。

（5）排洪道采用何种形式（排洪渠或排洪涵洞），应结合具体情况确定。一般最好采用排洪渠。但对通过开发项目区内或市区内的排洪道，由于建筑密度较大，交通量大，一般应采用排洪涵洞；反之，对通过郊区或新建工业区，或厂区外围的排洪道，可采用排洪渠，以节省工程费用。

2. 排洪渠的设计原则

（1）排洪渠设计应遵循安全经济兼顾的原则，确定合理的防洪标准。防洪标准可参照国家标准（GB 50201—94）的规定执行（表 6-1）。

表 6-1 工矿企业等级和防洪标准

等级	工矿企业规模	防洪标准（重现期/年）
Ⅰ	特大型	200～100
Ⅱ	大型	100～50
Ⅲ	中型	50～20
Ⅳ	小型	20～10

注：①各类工矿企业的规模，按国家现行规定划分；②如辅助厂区（或车间）和生活区单独进行防护的，其防洪标准可适当降低

（2）排洪渠设计纵坡，应根据渠线、地形、地质，以及与山洪沟连接要求等因素确定。当自然纵坡大于 1∶20 或局部高差较大时，可设置陡坡式跌水。

（3）排洪渠断面变化时，应采用渐变段衔接，其长度可取水面宽度变化之差的 5～20 倍。

（4）排洪渠进出口平面布置，宜采用喇叭口或八字形导流翼墙。导流翼墙长度可取设计水深的 3～4 倍。

（5）排洪渠的安全超高可依据表 6-2 确定，在弯曲段凹岸应考虑水位壅高的影响。

表 6-2 防洪建筑物安全超高 （单位：m）

建筑物名称	建筑级别			
	1	2	3	4
土堤、防洪墙、防洪闸	1.0	0.8	0.6	0.5
护岸、排洪渠、渡槽	0.8	0.6	0.5	0.4

注：①安全超高不包括波浪爬高；②越浪后不造成危害的，安全超高可适当降低

（6）排洪渠宜采用挖方渠道。修建填方渠道时，填方应按堤防要求进行设计。

（7）排洪渠弯曲段和弯曲半径，不得小于最小允许半径及渠底宽度的 5 倍。最小允许半径可按式（6-1）计算。

$$R_{min}=1.1v^2\sqrt{A}+12 \tag{6-1}$$

式中，R_{min}为最小允许半径（m）；v为渠道中水流流速（m/s）；A为渠道过水断面面积（m^2）。

（8）当排洪渠水流流速大于土壤最大允许流速时，应采用防护措施防止冲刷。防护形式和防护材料应根据土壤性质和水流流速确定。

（9）排洪渠进口处宜设置沉砂池，拦截山洪泥沙。

3. 排洪渠的类型

根据排洪渠建筑材料的不同，可分土质排洪渠、三合土排洪渠和浆砌石排洪渠3种类型。

（1）土质排洪渠：在有洪水危害的山坡的坡面或下部，按设计断面半挖半填，修成土质排洪渠，不加衬砌，结构简单，就地取材，节省投资。适用于坡面洪水流量较小，危害不大的地方。

（2）三合土排洪渠：排洪渠的填方部分用三合土分层填筑，夯实而成。适用于有高含沙山洪的地方。

（3）浆砌石排洪渠：土质排洪渠的底部和边坡都用浆砌石衬砌，厚0.3～0.5m。适用于排泄冲刷较强的山洪。

4. 洪峰流量的确定

（1）清水洪峰流量：根据各地水文手册中的有关参数，按公式（6-2）计算：

$$Q_b=0.278KiF \tag{6-2}$$

式中，Q_b为最大清水洪峰流量（m^3/s）；K为径流系数；i为平均1小时降雨强度（mm/h）；F为山坡集水面积（km^2）。

（2）高含沙洪峰流量：山洪容重为1.1～1.5t/m^3时，采用式（6-3）和式（6-4）计算。

$$Q_s=Q_b(1+\varphi) \tag{6-3}$$

$$\varphi=(\gamma_c-1)/(\gamma_h-\gamma_c) \tag{6-4}$$

式中，Q_s为高含沙山洪洪峰流量（m^3/s）；Q_b为最大清水洪峰流量（m^3/s）；γ_c为高含沙山洪容重（t/m^3）；γ_h为高含沙山洪中固体物质容重（t/m^3）；φ为修正系数。

5. 渠道断面的确定

（1）一般采用梯形断面。渠内过水断面水深按均匀流公式计算。

（2）梯形填方渠道断面，顶宽1.5～2.5m，内坡1∶1.5～1∶1.75，外坡1∶1～1∶1.5。

（3）安全超高按明渠均匀流公式算得水深后，增加安全超高。

（4）排洪渠纵断面设计应将地面线、渠底线、水面线、渠顶线绘制在纵断面设计图中。

五、涵洞设计

排洪涵洞是从地面以下排除洪水的建筑物，适合当坡面或沟道洪水与项目区的道路、建筑物、堆渣物等发生交叉时采用。涵洞由进口、洞身和出口3部分组成，其顶部往往填土，一般不设闸门。

排洪涵洞应在调查、勘测的基础上，明确排洪涵洞的任务，综合排洪、过水、交通等因素，比选确定涵洞的线路、布局和型式。通过水文水力计算，确定涵洞具体的断面型式、排洪量和构造；明确建筑材料的采料场位置及运输路线。

1. 排洪涵洞的设计要求

（1）排洪涵洞纵坡变化处，应注意避免上游产生壅水，断面变化宜改变渠底宽度，深度保持不变。

(2) 排洪涵洞检查井的间距，可取 50～100m，涵洞走向变化处应加设检查井。

(3) 涵洞中每隔 10～20m 设置一道沉陷缝，并做好止水设施，避免由于地基的不均匀沉陷而发生裂缝。

(4) 排洪涵洞为无压流时，设计水位以上的净面积不应小于过水断面积的 15%。

(5) 季节性冻土地区的涵洞基础埋深不应小于土壤冻结深度，进出口基础应采取适当的防冻措施。

(6) 排洪涵洞出口受河水或潮水顶托时，宜设防洪闸，防止洪水倒灌。

2. 排洪涵洞的类型与结构

排洪涵洞根据其洞内水流的状态，可分为有压、无压或半有压 3 种类型。涵洞的型式一般分为浆砌石拱形涵洞、钢筋混凝土箱形涵洞、钢筋混凝土盖板涵洞和圆形管涵 4 种类型。

1) *浆砌石拱形涵洞*　其底板和侧墙用浆砌块石砌筑，顶拱用浆砌粗料石砌筑。当拱上垂直荷载较大时，采用矢跨比为 1/2 的半圆拱；当拱上荷载较小时，采用矢跨比小于 1/2 的圆弧拱。

2) *钢筋混凝土箱形涵洞*　其顶板、底板及侧墙为钢筋混凝土整体框形结构，适合布置在项目区内地质条件复杂的地段。箱形涵洞洞顶可填厚土。箱形涵洞跨度可根据排水量确定，单孔跨度应小于 2～3m，大于此值应做成双孔或多孔。单孔箱涵壁厚一般为跨度的 1/12～1/8；双孔顶板厚度为其跨度的 1/10～1/9。侧墙厚度为其高度的 1/13～1/12，隔墙可小些。

3) *钢筋混凝土盖板涵洞*　涵洞边墙和底板由浆砌块石砌筑，顶部用预制的钢筋混凝土板覆盖。盖板涵洞应考虑填土的抗力，以节省工程量。底板视地基条件，可分为分离式或整体式。盖板厚度为跨径的 1/12～1/5，盖板设 2%的坡度向两侧倾斜，以利排水。

4) *圆形管涵*　多采用混凝土和钢筋混凝土修筑。管涵水力条件和受力条件较好，结构简单，工程量小，施工方便。可根据需要采用单管、双管或多管。

3. 排洪流量

涵洞排洪流量计算方法参见排洪渠的洪峰流量确定。

4. 排洪涵洞断面

涵洞孔径及下游连接段的型式和断面尺寸由水力计算确定。水力计算之前首先应判别水流状态。无压涵洞洞身断面尺寸较大，但进水口壅高较小；有压涵洞洞身断面尺寸较小，进水口壅高较大；半有压涵洞介于两者之间。

当上游来水面较大、洪水历时长时，应采用无压涵洞的水力计算确定断面尺寸；当洪水历时短时，可按半有压涵洞的水力计算确定；排洪涵洞一般不采用有压涵洞，应尽可能设计为无压涵洞，以便使涵洞有较大的比降，以利洪水和淤积物的排出，一般选择在 1∶100～1∶500 内。沟道入口衔接段在渡槽进口前需有 15～20 倍槽宽的直线引流段，与渡槽进口平滑衔接。

涵洞净高应在水力计算的水深基础上，加一定高度的安全超高。

六、堤防工程设计

防洪堤是沿沟岸、河岸布设的，避免项目区遭受洪水危害，保障生产安全的防洪建筑物。

防洪堤设计应重点考察和勘测河（沟）道，以及岸边的地形、地质、水文情况，结合项目的防洪要求，明确其防护和综合利用任务；根据必要深度的地质勘探、水文分析，比选确定堤线、规模、结构型式、布置方式、断面尺寸及筑堤材料的采料场位置和运输路线。

1. 防洪堤防洪标准

1）防洪标准的确定　防洪标准应符合国家防洪标准（GB 50201—94）规定。具体设计时，应根据本工程在防洪中所起的作用，对不同防洪标准可减免的洪灾经济损失与所需防洪费用进行对比分析，并考虑社会、经济、环境等因素，进行综合权衡论证，进一步分析确定。

2）安全加高与安全系数

（1）防洪堤工程的安全加高，应根据工程级别，参照表 6-3 选定。

表 6-3　防洪堤工程级别划分表

拦洪堤级别	1	2	3	4	5
安全加高/m	1.0	0.8～0.9	0.7	0.6	0.5

（2）土堤的抗滑稳定安全系数，不小于表 6-4 规定的数值。

表 6-4　防洪堤稳定安全系数表

运用条件	防洪堤工程的级别				
	1	2	3	4	5
设计条件	1.30	1.25	1.20	1.15	1.10
地震条件	1.10	1.05	1.00	—	—

2. 防洪堤选线

为充分发挥防洪堤防洪功能，保证防洪堤在使用期间的稳定与安全，应合理地选线，尽量减小防洪堤的设计高度与断面尺寸。

防洪堤应布设在土质较好、比较稳定的滩岸上，沿高地或一侧傍山布置，尽可能避开软弱地基、深水地带、古河道和强透水层地基。

防洪堤堤线走向力求平顺，各堤段用平缓曲线相连接，不宜采用折线或急弯。

堤线布设应保留适当宽度的滩地，走向与河势相适应，并与大洪水的主流线大致平行。

堤线应尽量选择在拆迁房屋、工厂等建筑物较少的地带，并考虑到建成后便于管理养护和防汛抢险。

防汛区内各防护对象的防洪标准差别较大时，可修建隔堤分别防护。

3. 防洪堤堤距

（1）堤距应根据河流地形、地质条件、水文泥沙特性、河床特点及冲淤变化规律，分别拟定不同堤距进行水力学（流速、水面线）等计算，根据不同堤距、堤型的工程量、工程投资等技术经济指标，考虑对设计有重大影响的自然因素和社会因素，综合分析确定（图 6-1）。

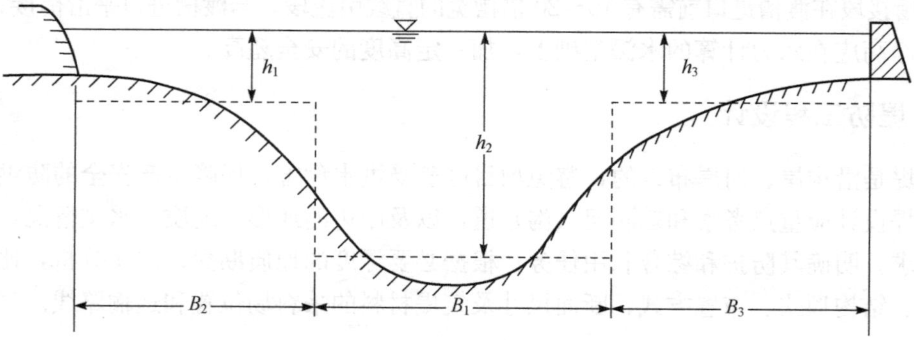

图 6-1　堤距示意图

（2）根据河段防洪规划及其治导线确定堤距，上下游、左右岸统筹兼顾，保障必要的行洪宽度，使设计洪水从两堤之间安全通过。河段两岸防洪堤之间的距离（或一岸防洪堤与对岸高地之间的距离）应大致相等，不宜突然放大或缩小。

（3）确定堤距时，要考虑现有水文资料系列的局限性、滩区的滞洪淤沙作用、社会经济发展要求，留有余地。

（4）利用河道上原有堤防时，应以不影响行洪安全为前提。

（5）堤距计算。洪水验算可按均匀流公式计算，对冲淤变化较大的河流可建立一维饱和（或非饱和）输沙模型推求水面线。均匀流计算按滩槽分别计算。计算方法如下：

$$
\begin{aligned}
B&=B_1+B_2+B_3\\
Q&=Q_1+Q_2+Q_3\\
Q_1&=(1/n_1)B_1h_1^{5/3}J^{1/2}\\
Q_2&=(1/n_2)B_2h_2^{5/3}J^{1/2}\\
Q_3&=(1/n_3)B_3h_3^{5/3}J^{1/2}
\end{aligned}
\tag{6-5}
$$

式中，Q为设计流量（m^3/s）；J为水面比降；n为糙率；B为河宽（m）；h为平均水深（m）；Q、B、n、h等符号的角标1、2、3分别代表主槽和两边河漫滩。

4. 堤型选择

防洪堤可采用土堤（包括均质土堤和分区填筑的非均质土堤）、土石混合堤或石堤。堤型选择应根据当地土石的数量、质量、分布范围、运输条件、工程造价、堤址地质、施工场地及工程的重要性等因素综合考虑，经技术、经济比较后确定。

（1）当有足够筑堤土料时，应优先采用均质土堤，土料不足时，也可采用土石混合堤。

（2）非均质土堤可分别采用斜墙式、心墙式或混合式。

（3）在地质条件、石料储备及工程的重要性等条件具备时，应考虑建造浆砌石堤。

（4）同一堤线的各堤段根据具体条件分别采用不同堤型。在堤型变换处应处理好结合部位工程连接。

5. 堤防设计水位线

在拟建堤防区段内沿程有接近设计流量的观测水位资料时，根据控制站设计水位和水面比降推算堤防沿程设计水位，并考虑桥梁、码头、跨河、拦河等建筑物的壅水作用。当沿程无接近设计流量的观测水位资料时，根据控制站设计水位推求水面线来确定堤防沿程设计水位。在推求水面曲线时，应根据实测或调查洪水资料推求糙率，并利用上、下游水文站实测水位进行检验。

6. 土堤堤身断面设计

（1）土堤堤顶和堤坡依据地形地质、设计水位、筑堤材料及交通条件，分段确定。可参照已建成的防洪堤结构初步选定标准断面，经稳定分析与技术经济比较后，确定堤身断面结构及尺寸。

（2）堤顶高程按设计洪水位、风浪爬高、安全超高三者之和确定。当土堤临水面设有坚固的防浪墙时，防浪墙顶高程可视为设计堤顶高程。土堤堤顶应高于设计水位0.5m以上。土堤预留沉降加高，通常采用堤高的3%～8%。地震沉降加高一般可不考虑，但对于特别重要堤防的软弱地基上的堤防，须专门论证确定。

（3）堤顶宽度根据防汛、管理、施工、结构等要求确定。一般Ⅰ、Ⅱ级堤防顶宽6m，Ⅲ级以下堤防不小于3m。堤顶有交通和存放物料要求时，须专门设置回车场、避车道、存料场等，其间距和尺寸根据需要确定。

(4) 堤顶路面结构根据防汛的管理要求确定。常用结构形式有粘土、砂石、混凝土、沥青混凝土预制块等。堤顶应向一侧或两侧倾斜，坡度2%～3%。

(5) 堤坡根据筑堤材料、堤高、施工方法及运用情况，经稳定分析计算确定。土堤常用的坡比为1∶2.5～1∶4。

(6) 土堤戗台尺寸根据堤身结构、防渗、交通等因素，并经稳定分析后确定。堤高超过6m时可设置2～3m的戗台。

(7) 土堤临水面应有斜坡防护工程。斜坡防护工程应坚固耐久、就地取材、造价低、便于施工和维修。

(8) 土堤背水坡及临水坡前有较高、较宽滩地或为不经常过水的季节性河流时，应优先选择草皮护坡。

7. 浆砌石防洪堤

(1) 在地形狭窄的河（沟）道中，水流流速较大，防洪要求高时，应修建浆砌石防洪堤。

(2) 堤顶高程设计与土堤相同。

(3) 堤顶宽度。浆砌石堤顶一般宽0.5～1.0m，迎水面边坡1∶0.3～1∶0.5，堤顶安全超高0.5m，石堤基础埋深应在水流的冲刷深度以下，且不小于0.5m。

(4) 堤坡。参照挡土墙设计。浆砌石防洪堤沿长方向应预留变形缝。

8. 防渗体

(1) 防渗体的位置应使堤身浸润线和背水坡渗流逸出比降下降到允许范围之内，并满足结构与施工要求。

(2) 防渗体主要有斜墙、心墙等型式。堤身其他防渗设施的必要性及型式，应根据渗流计算及技术经济比较选定。

(3) 土质防渗体断面自上而下逐渐加厚。其顶部最小水平宽度不小于1m，如为机械施工，可依其要求确定。底部厚度斜墙不小于设计水头的1/5，心墙不小于设计水头的1/4。防渗体的顶部在设计水位以上的最小超高为0.5m。防渗体的顶部和斜墙临水面应设置保护层。

(4) 填筑土料的透水性不相同时，应将抗渗性好的土料填筑于临水面一侧。

七、护岸护滩工程设计

护岸护滩是为了防止项目区因洪水冲淘沟岸、河岸，而导致沟（河）岸坍塌、加剧洪水危害所修建的工程。护岸护滩应尽量与淤滩造地等综合利用结合起来。

护岸护滩工程设计，应在详细考察河岸、沟岸地形、地质、气象及水文情况和防护要求，明确采取护岸护滩措施的地段；做必要深度的地质勘探、水文分析，比较选定布置线路、规模，提出结构型式、布置方式、断面尺寸。

1. 护岸护滩的设计及要求

护岸护滩工程主要包括坡式护岸、坝式护岸护滩和墙式护岸3类，根据各地具体条件分别采用不同的型式。工程布设之前，应对河道或沟道的两岸情况进行调查研究，分析在修建护岸护滩工程之后，下游或对岸是否会发生新的冲刷。工程应大致按地形设置，外沿顺直，力求没有急剧弯曲。工程高度应能保证高于最高洪水位，并考虑工程背水面有无塌岸可能。如有，则应预留出堆积崩塌砂石的余地。在河流的弯道处，凹岸水位比凸岸水位高，高出的数值可按式(6-6)进行近似计算：

$$H=\frac{v^2B}{gR} \tag{6-6}$$

式中，H 为凹岸水位与凸岸水位之差（m）；v 为水流流速（m/s）；B 为河（沟）道宽度（m）；R 为弯道曲率半径（m）；g 为重力加速度（m/s^2）。

2. 护岸护滩工程的型式

1）*坡式护岸* 坡式护岸分护坡和护脚两种情况，枯水位与洪水位之间采用斜坡防护工程，枯水位以下采取护脚工程。斜坡防护工程参见本章第四节斜坡防护工程。护脚工程有抛石护脚、石笼护脚、柴枕护脚、柴排护脚等几种型式。应根据水流速度、河岸坡度、建筑材料来源等选用。

（1）抛石护脚。抛石护脚是较为经济的一种护脚型式，抛石直径一般为20～40cm，适宜流速在1～2m/s，水流冲击较小的河岸采用。

抛石范围，上部自枯水位开始，下部根据河床地形而定，对深泓线距岸较远的河段，抛石至河岸底坡坡比达1∶3～1∶4的地方即可。对深泓线逼近岸边的河段，应抛至深泓线。

抛石护脚的边坡，应小于块石体在水中的临界休止角（1∶1.4～1∶1.5，根据当地实测资料确定，一般不大于1∶1.5～1∶1.8），等于或小于饱和情况下河（沟）岸稳定边坡。抛石的厚度，一般0.4～0.8m，相当于块石直径的2倍，在接坡段紧接枯水位处，加抛顶宽2～3m的平台，岸坡陡峻处（局部坡比大于1∶1.5，重点险段大于1∶1.8）需加大抛石厚度。

（2）石笼护脚。石笼护脚多用于河沟流速大于2～3m/s，岸坡较陡的地方；石笼是用铅丝、木条等做的笼子，内装块石、砾石或卵石，放在河岸底部用于防止水流冲刷河岸；铺设厚高，一般0.4～0.5m，其他技术要求与抛石护脚相同。

（3）柴枕护脚。柴枕护脚范围，上端应在常年枯水位以下1m，其上加抛接坡石，柴枕外脚加抛压脚大块石或石笼；柴枕规格应根据防护要求和施工条件确定，一般枕长10～15m，枕径0.6～1m，柴石体积比约为7∶3。柴枕一般做成单层抛护，根据需要也可用取双层或三层抛护。

（4）柴排护脚。用于沉排护岸，其岸坡不大于1∶2.5，排体上端在枯水位以下1m。排体下部边缘，根据估算的最大冲刷深度，并达到使排体下沉后，仍可保持大于1∶2.5的坡度，相邻排体之间向下游搭接不小于1m。

2）*坝式护岸护滩* 坝式护岸护滩主要有丁坝、顺坝两种型式，以及丁坝与顺坝结合的拐头坝及T字型坝。根据具体情况分析选用。

丁坝、顺坝可依托滩岸修建，丁坝一般按河流治导线在凹岸成组布置，丁坝坝头位置在规划的治导线上；顺坝沿治导线布置。丁坝、顺坝为河道整治建筑物，目的是稳定主槽，在由于主槽变动对堤防造成威胁时采用。由于丁坝、顺坝对河势影响很大，因而其布设必须符合河道整治规划的要求，并征得河道主管部门的认可后，方可进行。按结构及水位关系、水流影响，可采用淹没或不淹没坝，透水或不透水坝。

（1）丁坝。丁坝根据与水流走向的关系，可分为上挑丁坝和下挑丁坝。应根据河岸、沟岸的实际情况选用。丁坝多采用浆砌石，有时也用土心丁坝。丁坝间距一般为坝长的1～3倍，可根据防护要求确定。

浆砌石丁坝：坝顶高程一般高于设计水位1m左右；坝体长度根据工程的具体条件确定，以不影响对岸滩遭受侧冲为原则；坝顶宽度为1～3m；两侧坡度1∶1.5～1∶2。

土心丁坝：坝身用壤土、砂壤土填筑，坝身与护坡之间设置垫层，一般采用砂石、土工织物做成；坝顶高度一般 5～10m，根据工程的需要可适当增减；裹护部分的外坡一般为 1∶1.5～1∶2，内坡与外坡相同或适当变陡；坝顶面护砌厚度为 0.5～1m。

（2）顺坝。顺坝是顺河岸、沟岸修筑的防洪建筑物，其轴线方向与水流方向接近平行，或略有微小交角。根据建坝材料，顺坝可分为土质顺坝、石质顺坝和土石顺坝 3 类。

土质顺坝：坝顶宽 2～5m，一般 3m 左右，外坡不小于 1∶2，内坡1∶1～1∶1.5。

石质顺坝：坝顶宽 1.5～3m，外坡 1∶1.5～1∶2，内坡 1∶1～1∶1.5。

土石顺坝：坝基为细砂河床的，应设沉排，沉排伸出坝基的宽度，外坡不小于 6m，内坡不小于 3m。

3）*墙式护岸*　墙式护岸是安全坚固、造价较高的一种护岸工程，一般用于特殊重要的防护地段。墙式护岸临水面采取直立式，背水面可采取直立式、斜坡式、折线式、卸荷台阶或及其他型式。墙体材料可采用钢筋混凝土、混凝土、浆砌石等。断面尺寸及墙基嵌入河床下的深度，根据具体情况及稳定性验算分析确定。具体设计计算可参考挡土墙要求进行。

墙式护岸墙后与岸坡之间应回填砂、砾石，并与墙顶相平。墙体设置排水孔，排水孔处设反滤层。沿墙式护岸长度方向及地基条件改变处设计变形缝，其分段长度：钢筋混凝土结构 20m，混凝土结构 15m，浆砌石结构 10m，岩基上的墙体分段可适当加长。

墙式护岸嵌入岸坡以下的墙基结构，可采用地下连续结构或沉井结构。地下连续墙要采用钢筋混凝土结构，断面尺寸根据结构分析计算确定；沉井一般采用钢筋混凝土结构，其应力分析计算可采用沉井结构计算方法。

八、泥石流排导工程设计

泥石流是松散土石和水的混合体在重力作用下沿坡面或沟道流动的现象。开发建设项目由于本身特点或地理条件限制，项目建设在泥石流易发的沟道或坡面下游，受泥石流危害的危险性增大；或项目在开发建设期大量弃土弃渣，加剧泥石流的潜在危险，应采取泥石流防治工程。泥石流防治应以保护建设项目、保障项目区下游安全为主，结合流域综合治理。应根据泥石流分区，采取不同的措施。

1. 地表径流形成区

坡面是地表径流的主要策源地。因此，防治措施主要是针对坡面，本区的防治工程主要有坡耕地治理、荒坡荒地治理、小型蓄排工程和沟头沟边防护工程等，具体包括修建梯田、保土耕作、造林种草、封山育林育草和坡面小型蓄排工程等，目的是减少坡面的地表径流，减缓流速，削弱形成泥石流的水源或动力。

1）*坡耕地治理*　以小流域为单元，对坡耕地进行全面治理，有关规划、设计、施工等技术可参照国家标准《水土保持综合治理技术规范坡耕地治理技术》（GB/T16453.1—2008）。

2）*荒地治理*　对于荒坡荒地，首先应布置造林工程，其中的荒山宜林地，可营造水土保持经济林、薪炭林、用材林和饲料林等；对于荒坡荒地中适宜种草的非宜林地和水保规划中用于发展牧业生产的土地，可采取人工种草；对于残林、疏林和退化草地，采取封山、封坡、育林育草的封育治理，并搞好有关的工程管理与技术管理。具体技术要求参照国家标准《水土保持综合治理技术规范荒地治理技术》（GB/T16453.2—2008）。

3）*小型蓄排工程*　对于雨量较多、坡面径流较大的土石山区和丘陵区，坡耕地和荒地治理还应配合截水沟、排水沟、沉砂池、蓄水池、路旁水窖、涝池等小型蓄水工程，减少暴雨径流。具体技术要求参照国家标准《水土保持综合治理技术规范小型蓄排引水工程》（GB/

T16453.4—2008）。

4）*沟头沟边防护工程*　小流域侵蚀沟的沟头、沟边，还应根据不同条件，修建围埂式、跌水式、悬臂式等不同类型的防护工程。具体技术要求参照国家标准《水土保持综合治理技术规范沟壑治理技术》（GB/T16453.3—2008）。

2. 泥石流形成区

泥石流形成区主要是指滑坡和崩塌严重的沟道，它是泥石流固体物质产生的策源地。故应在沟道中修建谷坊、淤地坝，营造沟底防冲林，在坡面上修筑斜坡防护工程。目的是巩固沟床，稳定沟坡，减轻沟蚀，控制和减少崩塌、滑塌等重力侵蚀产生的固体物质。具体技术要求参照国家标准《水土保持综合治理技术规范沟壑治理技术》（GB/T16453.3—2008）。

3. 泥石流流通区

泥石流流通区，分布在沟道的中、下游，应在适宜的位置修建各种类型的格栅坝和桩林等工程，拦截水流中的石砾、漂石等固体物质，使泥石流中固体物质含量降低，以减小泥石流的冲击力。在需要排泄泥石流或控制泥石流走向和堆积的地方，修建排导工程。根据不同条件，分别采用排导槽或渡槽等型式。

4. 泥石流拦挡工程

1）*格栅坝*　在沟中用混凝土、钢筋混凝土或浆砌石修成重力坝，其过水部分，用钢材或其他建材做成格栅，拦截泥石流中的巨石与大漂砾而使其余泥水下泄，减小石砾冲撞。

格栅坝上的过流格栅有梁式、耙式和齿状等多种型式（图 6-2）。

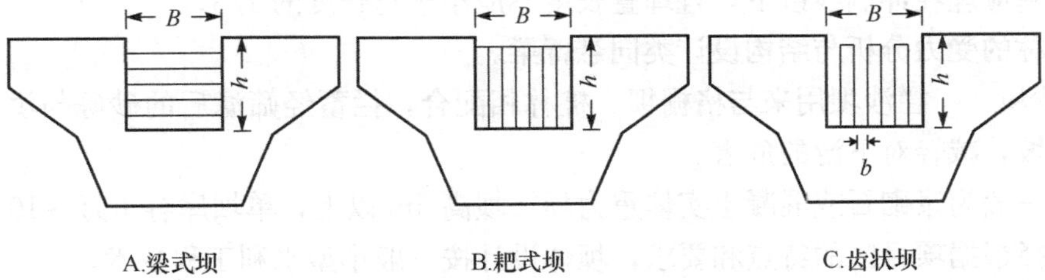

图 6-2　格栅坝断面型式图

2）*梁式坝*

（1）在重力坝中部做溢流口，口上用钢材做横梁，形成格栅，梁的间隔应能上下调整，以便根据坝后淤积和泥石流活动情况及时将梁的间隔放大或缩小。

（2）溢流口尺寸一般为矩形断面，高 h 与宽 B 之比为 1.5～2。

（3）筛分率 e 按式（6-7）计算

$$e=\frac{V_1}{V_2} \tag{6-7}$$

式中，V_1为次泥石流过程中库内的泥沙滞留量（m^3）；V_2为通过坝体下泄的泥沙量（m^3）。

（4）使用正常的梁式坝筛分效果一般应达到：当下泄粒径 $D_c=0.5D_m$时，滞留库内的泥沙百分比为 20%（D_m为流体中的最大粒径）。

（5）同一沟段布置的梁式坝，筛孔由大到小，依次向下布置成坝系，并使此坝系有最高的筛分效率。

3）*耙式坝*

（1）坝和溢流口与梁式坝相同。不同的是，在溢流口处用钢材做成耙式竖梁，形成格栅。

(2) 筛分率 e 计算与梁式坝相同。

4) 齿状坝

(1) 将重力坝的顶部做成齿状溢流口，齿口采用窄深式的三角形、梯形或矩形断面。

(2) 齿口尺寸，主要确定齿口的深宽比，一般要求深：宽=1：1～2：1。

(3) 齿口密度要求：$0.2 < \sum b/B < 0.6$ [B 为溢流口总宽度（m）；b 为齿口宽度（m）]。当 $\sum b/B = 0.4$ 时，调节量效果最佳。

(4) 齿口宽与拦截作用关系。设 D_{m1} 与 D_{m2} 分别为中小洪水与大洪水可挟带的最大粒径。则当 $b/D_{m1}>2$ 和 $b/D_{m2}\leqslant 1.5$ 时，拦截效果最佳。

(5) 齿口宽与闭塞条件，设 D_m 为洪水中挟带的最大粒径，则 $b/D_m>2$ 时不闭塞，$b/D_m\leqslant 1.5$时闭塞。

5) 桩林

(1) 在泥石流间歇发生，暴发频率较低的沟道中、下游，在沟中用型钢、钢管或钢筋混凝土桩，横断沟道成排地打桩，形成桩林，拦阻泥石流中粗大石砾和其他固体物质，削弱其破坏力。

(2) 垂直于沟中流向，布置两排或多排桩，每两排桩上下交错成“品”字型。设 D_m 为洪水中挟带的最大粒径，桩间距为 b，要求 $b/D_m=1.5\sim 2$。

(3) 当桩基总长的地面外露部分在 3～8m 的范围时，要求桩高 h 为间距 b 的 2～4 倍。

(4) 桩基应埋在冲刷线以下，且埋置长度不应小于总长度的 1/3。

(5) 桩林的受力分析与结构设计类同悬臂梁。

6) 拦沙坝　拦沙坝用来与格栅坝、桩林相配合，拦蓄经筛滤后的砂砾与洪水，巩固沟床，稳定沟坡，减轻对下游的危害。

拦沙坝一般为浆砌石或混凝土实体重力坝，坝高 5m 以上，单坝库容 1 万～10 万 m^3。

坝址选择根据项目区的特点和要求，坝体设计按一般小型水利工程技术。

5. 泥石流排导工程

在需要排泄泥石流或控制泥石流走向和堆积的地方，修建排导工程。根据不同条件，分别采用排导槽或渡槽等型式。

1) 排导槽　排导槽主要修建在泥石流的堆积扇或堆积阶地上，使泥石流按一定路线排泄。

(1) 排导槽自上而下由进口段、急流段和出口段 3 部分组成。进口段做成喇叭形，并有渐变段，以利于与急流段相衔接。

(2) 根据排导流量，确定排导槽的断面和比降，保证泥石流不漫槽。

(3) 排导槽出口以下的排泄区要比较顺直或通过裁弯取直能变得比较顺直，或者通过一定的工程措施创造足够的坡度，保证泥石流在排导槽内不淤不堵，顺畅排泄。

(4) 排泄区以下要有充足的停淤场所，以保证泥石流通过排导槽导流后不带来新的危害。

2) 渡槽　在铁路、公路、水渠、管道或其他线形设施与泥石流的流通区或堆积区交叉处，需修建渡槽，使泥石流从渡槽通过，避免对各类建筑物造成危害。

(1) 采用渡槽需具备以下条件：①泥石流暴发较为频繁，高含沙水流与洪水交替出现，且沟道常有冲刷；②泥石流最大流量不超过 $200m^3/s$，其中固体物粒径最大不超过 1.5m 的中、小型泥石流；③进口顺畅，基础有足够的承载力并具有较高的抗冲刷能力；④具备足够的地形落差，能满足设施立体交叉净空的要求。

(2) 不宜采用渡槽的条件：①沟道迁徙无常；②冲淤变化剧烈；③洪水流量、容重和含固体物粒径变化幅度很大的高粘性泥石流和含巨大漂砾的水石流。

(3) 渡槽由沟道入流衔接段、进口段、槽身段、出口段和沟道出流衔接段等 5 个部分组成。各部分布设要求：①沟道入流衔接段，在渡槽进口以上需有 15～20 倍于槽宽的直线引流段，沟道顺直，与渡槽进口平滑地连接；②渡槽进口段，采用梯形或弧形断面的喇叭口，从沟道入流衔接段渐变到槽身段，渐变段长度一般大于槽宽的 5～10 倍，且不应小于 20m，其扩散角应小于 8°～15°；③槽身段，做成均匀的直线形，其宽度根据槽下的跨越物而定，其长度比跨越物的净宽再增加 1～1.5 倍；④渡槽出口段，与沟道出流衔接段顺直相连，避开弯曲沟道，避免在槽尾附近散流停淤；⑤沟道出流衔接段，其断面与比降要求能顺畅通过渡槽出口排出的泥石流，不产生淤积或冲刷，保证渡槽的正常使用。

6. 泥石流堆积区

泥石流堆积区主要分布在沟道的下游和沟口，应修建停淤工程，控制泥石流对沟口和下游河床、川道及开发建设项目的危害。根据泥石流停淤场位置，分为侧向停淤场、正向停淤场和凹地停淤场。

1) *侧向停淤场*　当堆积扇和低阶地面较宽、纵坡较缓时，将堆积扇径向垄岗或宽谷一侧山麓修筑成侧向围堤，在泥石流流动方向构成半封闭的侧向停淤场，将泥石流控制在预定范围内停淤。其布置要求为以下几方面。

(1) 入流口布置在沟道或堆积扇纵坡转折变化处，并略偏向下游，使上部纵坡大于下部，便于布置入流设施并使泥石流获得较大落差。

(2) 在弯道凹岸中点偏上游处布置侧向溢流堰，沟底修筑并适当抬高潜槛，以实现侧向入流与分流。在低水位时侧向溢流堰必须使洪水顺沟道排泄，高水位时也能侧向分流，使泥石流的分流与停淤达到自动调节。

(3) 停淤场入流口处沟床设计横向坡度，必须使进入停淤场内的泥石流迅速散开，铺满沟床并立即流走，以免在堰首发生拥塞、滞流，并防止累积性淤积而堵塞入流口。

(4) 停淤场应具有开阔、渐变的平面形状，采取修整措施消除阻碍流动的急弯和死角。

2) *正向停淤场*　当泥石流出沟口后，下游有公路或其他需保护的建筑物时，在堆积扇的扇腰处垂直于流向修建正向停淤场。布置要点如下。

(1) 正向停淤场由齿状拦挡坝与正向防护围堤结合而成。拦挡坝的两端出口，齿状拦挡坝与公路、河流之间修筑防护围堤，形成高低两级正向停淤场。

(2) 拦挡坝两端不封闭，两侧预留排泄道，在堆积扇上形成第一级高阶停淤场，具有正面阻滞停淤、两侧泄流的功能，以加快停淤和水土（石）分离。

(3) 拦挡坝顶部修筑疏齿状溢流口，在拦挡石砾的同时，将分选不带石砾的洪水排向下游。

(4) 在齿状拦挡坝下游河岸（公路路基上游）修建围堤，构成第二级低阶停淤场。经齿状拦挡坝排入的洪水在此处停淤。

(5) 沿堆积扇两侧开挖排洪沟，引导停淤后的洪水排入河道。

3) *凹地停淤场*　泥石流活跃、沿主河槽一侧有扇间凹地时，修建凹地停淤场。按下列要求布置。

(1) 在堆积扇上修建导流堤，将泥石流引入扇间凹地停淤。凹地两侧受相邻两个堆积扇挟持约束，形成天然围堤。

（2）根据凹地容积及泥石流总量确定是否在下游出口处修筑拦挡工程，以及拦挡工程的规模。

（3）在凹地停淤场出口以下开挖排洪渠，将停淤后的洪水排入下游河道。

第三节 降水蓄渗工程

降水蓄渗工程是指针对建设屋顶、地面铺装、道路、广场等硬化地面导致区域内径流量增加，所采取的雨水就地收集、入渗、储存、利用等措施。该措施既可有效利用雨水，为水土保持植物措施提供水源，也可以减少地面径流，防治水土流失。

在干旱、半干旱地区及西南石山区的新建、改建、扩建工程更应加强雨水利用工程的设计和建设内容。北京、天津等地区已制定有关文件，规定在城市建设项目的水土保持设计文件中必须进行雨洪利用设计，要求雨水集蓄利用设施与主体建设工程同时设计、同时施工和同时投入使用。

开发建设活动对原地面漫流和河槽汇流均产生较大影响。在坡面汇流方面，因基本建设施工活动和生产运行，使土壤性状、土壤湿度、土层剖面特性、植被、地形、土地利用等下垫面条件发生变化，硬化地面、开挖裸露面等使地面糙率和入渗系数降低，入渗减少，冲刷能力加剧，地下水补给减少，破坏了局地水文循环。同时施工期间的回填土方、堆置土方等因排水不良，对边坡稳定产生不利影响。在河槽汇流方面，由于地面漫流大大增加，排洪量加剧，河流汇流量暴涨，加剧防洪压力。因此，降水蓄渗工程应用于大型开发建设项目以及城镇建设或开发区建设，具有改善局地水循环、节约用水、减免雨洪灾害等重要作用。

一、降水蓄渗工程类型

对产生径流的坡面，应根据地形条件，采取水平阶、窄条梯田、鱼鳞坑等蓄水工程；对径流汇集的局部坡面，应根据地形条件，采取水窖、涝池、蓄水池、沉砂池等径流拦蓄工程；项目区位于干旱、半干旱地区及西南石质山部分地区，应结合项目工程供水排水系统，布置专用于植被绿化的引水蓄水、灌溉工程。降水蓄渗利用工程总体上讲就是两种方式，一是就地入渗，二是贮存利用。常见方式如下。

（1）地面硬化利用类型为建筑物屋顶：其雨水应集中引入地面透水区域（如绿地、透水路面等）形成蓄渗回灌，也可引入储水设施蓄存利用。

（2）地面硬化利用类型为建设工程场地：庭院、广场、停车场、人行道、步行街和自行车道等场地，应首先按照建设标准选用透水材料铺装，直接形成蓄渗回灌；也可设计构筑汇流设施，将雨水引入透水区域实现蓄渗回灌，或引入储水设施蓄存利用。

（3）地面硬化利用类型为城市主干道、交通主干道等基础设施，路面雨水应结合沿线的绿化灌溉，设计构筑雨水利用设施。

建设工程的附属设施应与雨水利用工程相结合；景观水池应设计为雨水储存设施，草坪绿地应设计为雨水滞留设施。用于滞留雨水的绿地须低于周围地面，但与地面高差最大不应超过 20cm。

二、基本原则

对于因开发建设项目建设和生产运行引起的坡面漫流和河槽汇流增大等问题，采取降水蓄渗措施，如渗水方砖、框格种草、集雨工程等，并与其他工程相结合，形成完整的防御体系，有效防止径流损失，并对雨水加以利用。

硬化面积宜限制在项目区空闲地总面积的1/3以下，地面和人行道路的硬化结构宜采用透水形式。

应恢复并增加项目区植被面积、林草植被覆盖率，以达到项目区空闲地总面积的2/3以上。

三、集流工程

1. 供水标准的确定

开发建设项目硬化地面集蓄的雨水，一般存在轻度或微度污染，只考虑作为绿地灌溉、小型加工业和工业供水水源。

（1）绿地灌溉供水量应根据本地区树、草的需水特性和可能集蓄的雨水量，采用非充分灌溉的原理，确定补充灌溉的次数及每次补灌量。

$$M_d=\beta(N-10P_e-W_s)/\eta \tag{6-8}$$

式中，M_d为全年灌溉水量（m^3/hm^2）；β为非充分灌溉系数，取0.3～0.6；N为农作物、果树或林草全年需水量（m^3/hm^2）；P_e为农作物、果树或林草生育期有效降水量（mm）；W_s为灌溉前土壤有效储水量（m^3/hm^2），缺乏实测资料的地区可按N的15%～25%估算；η为灌溉水利用系数，可取0.8～0.95。

（2）小型加工业供水应按照节约用水、提高回收利用率的原则，根据生产实际需要确定或参照《农村给水设计规范》进行。

（3）工业供水应按照节约用水、提高回收利用率的原则，根据生产实际需要确定。

2. 集流面面积确定

（1）供水保证率应按表6-5的规定取值。

表6-5　雨水集蓄利用工程供水保证

供水项目	集雨灌溉	小型加工业
保证率/%	50～75	75～90

（2）仅有一种用途的雨水集蓄利用工程集流面的面积按式（6-9）计算：

$$\sum_{i=1}^{n}S_ik_i \geqslant 1000W/P_P \tag{6-9}$$

式中，W为仅有一种用途的年供水量（m^3）；S_i为第i种材料的集流面面积（m^2）；P_P为保证率为P时的年降水量（mm）；k_i为第i种材料的年集流效率（%）；n为材料种类数。

（3）几种用途雨水集蓄利用工程的集流面总面积按式（6-10）计算：

$$S_i=\sum_{j}^{m}S_{ij} \tag{6-10}$$

式中，S_i为第i种材料集流面总面积（m^2）；S_{ij}为第j种用途第i种材料的集流面面积（m^2）。

（4）年集流效率应根据各种材料在不同降雨情况下试验观测资料确定。缺乏资料时，可参考表6-6取值。

表6-6 不同材料集流面在降雨量200～500mm地区的年集流效率

集流面材料	降雨量200～500mm地区年集流效率/%
混凝土	75～85
水泥瓦	65～80
机瓦	40～55
手工制瓦	30～40
浆砌石	70～80
良好的沥青路面	70～80
乡村常用土路、土碾场和庭院地面	15～30
水泥土	40～55

3. 集雨工程设计

集流工程应由集流面、汇流沟和输水渠组成。当集流面较宽时，宜修建截流沟拦截降雨径流并引入汇流沟。

屋顶集流面可采用接水槽或在屋檐下的地面上修建汇流沟汇流。利用道路、广场等硬化地面作为集流面时，均应修建汇流沟。汇流沟可采用混凝土现浇或预制、块（片）石、砖衬砌的矩形渠、U形渠或土渠。汇流沟的纵向坡度应根据地形确定，衬砌渠（沟）一般不宜小于1/300，土渠（沟）不宜小于1/500，断面尺寸应按汇流量确定。

四、蓄存工程

降水蓄存工程主要有蓄水池、水窖、涝池等，用来蓄积集流工程收集的降雨径流。

1. 蓄水工程容积的确定

蓄水工程容积可按式（6-11）计算：

$$V=\frac{KW}{1-\alpha} \tag{6-11}$$

式中，V为蓄水容积（m^3）；W为全年供水量（m^3）；α为蓄水工程蒸发、渗漏损失系数，取0.05～0.1；K为容积系数，半干旱地区灌溉供水工程可取0.6～0.9，湿润、半湿润地区可取0.25～0.4。

2. 蓄水池

蓄水池一般布设在坡脚或坡面局部低凹处与集雨工程相连，蓄水池的分布与容量根据坡面径流总量、蓄排关系和修建省工使用方便等原则，因地制宜具体确定。一个坡面的蓄排工程系统可集中布设一个蓄水池，也可分散布设若干蓄水池，单池容量从数百立方米到数万立方米不等，蓄水池的位置应根据地形有利、岩性良好（无裂缝暗穴砂砾层等）、蓄水容量大、工程量小、施工方便等条件具体确定。

3. 水窖

水窖一般布设在村旁、路旁及有足够地表径流来源的地方，窖址应有深厚坚实的土层，距沟头、沟边20m以上，距大树根10m以上。石质山区的水窖，应修在不透水的基岩上。

水窖分井式水窖和窑式水窖两类。一般来水量不大的路旁，可修井式水窖，单窖容量30～50m^3；在路旁有土质坚实的崖坎且要求蓄水量较大的地方，可修窑式水窖，单窖容量

100m³以上。

井式水窖窖体由窖筒、旱窖、水窖3部分组成（图6-3）。

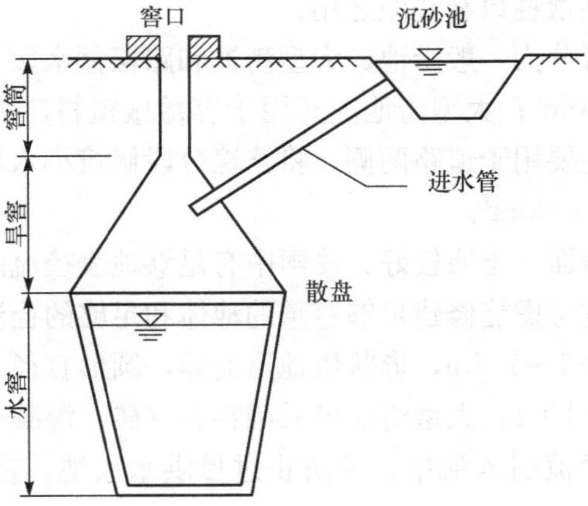

图6-3　井式水窖断面示意图

窖筒上接地面，窖口供取水用，直径为0.6～0.7m，深1.5～2m；旱窖为不蓄水部分，上部与窖筒相连，深2～3m，直径向下逐步放大，到散盘处直径3～4m；水窖部分为蓄水部分，深3～5m，从散盘处向下，直径逐步缩小，到底部直径2～3m。

窑式水窖窖体由水窑、窑顶、窑门3部分组成（图6-4）。

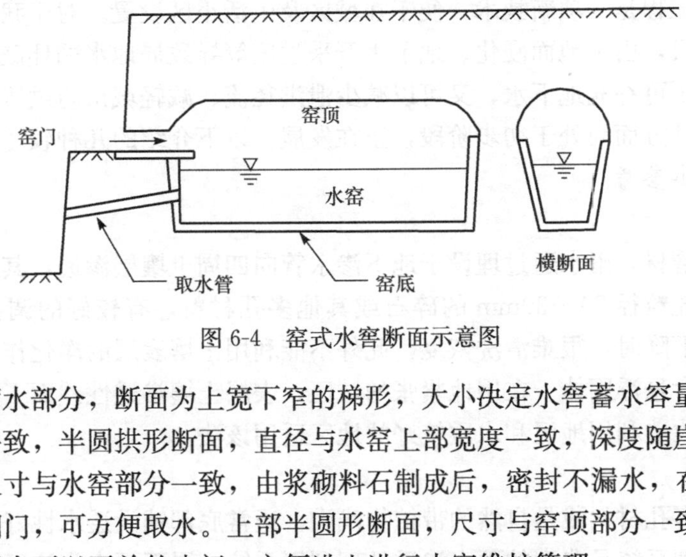

图6-4　窑式水窖断面示意图

水窑部分为蓄水部分，断面为上宽下窄的梯形，大小决定水窖蓄水容量；窑顶为不蓄水部分，长度与水窑一致，半圆拱形断面，直径与水窑上部宽度一致，深度随崖坎高度而异；窑门下部梯形断面，尺寸与水窑部分一致，由浆砌料石制成后，密封不漏水，在离地面约0.5m处埋一水管，外装阀门，可方便取水。上部半圆形断面，尺寸与窑顶部分一致，由木板或其他材料做成，木板中部有可以开关的小门，方便进入进行水窖维护管理。

水窖地面建筑物由窖口、沉砂池、进水管3部分组成。窖口直径0.6～0.7m，用砖或石砌成，高出地面0.3～0.5m；沉砂池位于来水方向，距窖口4～6m，池体成矩形，根据来水含砂情况确定沉砂池长、宽、高；进水管多采用圆形，直径0.2～0.3m，在沉砂池从地表向下深约2/3处，以一定坡度向下与旱窖相连。

水窖的施工由窖口（窑门）开始按照各部设计尺寸进行开挖。开挖完成后，需根据当地原材料情况，进行窖体防渗。窖体防渗常见有胶泥捶壁防渗、水泥抹面防渗，在有条件地方可采用浆砌石、混凝土或钢筋混凝土防渗，具体技术要求参照国家标准《水土保持综合治理技术规范小型蓄排引水工程（GB/T16453.4—2008）》。

4. 涝池

涝池主要修于路旁（或道路附近或改建的道路胡同之中），用于拦蓄道路径流，防止道路冲刷与沟头前进，同时可供饮牲口和洗涤之用。

根据涝池容量，涝池可分为一般涝池、大型涝池和路壕蓄水堰等。一般涝池多沿途多处分散布设，单池容量100～500m^3；大型涝池主要用于容蓄城镇村庄大量来水，单池容量数千到数万立方米。路壕蓄水堰主要用于道路两侧，将路壕分段修筑小水坝，作为畜水堰，拦蓄暴雨径流，畜水容量可达500～1000m^3。

涝池应选在路旁低于路面、土质较好、暴雨中有足够地表径流的地方，距沟头、沟边10m以上；大型涝池池址应着重考虑能修建足够容量的池体和足够的径流来源。

一般涝池多为土质，深1～1.5m，形状依地形而异，圆形直径10～15m，方形、矩形边长10～20m，四周边坡一般为1：1。大型涝池可采用料石（砖、混凝土板）衬砌。布设在适当位置，可通过修建引水渠将径流引入池中。为防止过量洪水入池，在池的进水口前应设置退水设施。

涝池的施工，一般土质涝池按设计尺寸开挖，土方挖出的土料，可在池周做成土埂（留下进水口），增加蓄水容量。池底要用粘土防渗，如发现细小裂缝，应及时灌浆处理。大型涝池需用石料衬砌的，应按照与蓄水池衬砌有关要求进行。

五、蓄渗工程

降水渗透利用工程是一项新技术，便于在城区及生活小区设置。对于我国大城市和开发区及大型开发建设项目，由于地面硬化、地下水开采过度等导致局地水循环破坏的地区，通过降水渗透利用工程，既可补充地下水，又可以减少泄洪径流、减轻城市防洪压力。目前降水雨水渗透利用技术在设计方面尚处于初步阶段，正在发展。以下介绍的几种较适用于我国城市建设与开发建设项目，供参考。

1. 渗水管

渗水管是多孔管材，雨水通过埋设于地下渗水管向四周土壤层渗透，其主要优点是占地面积少，管材四周填充粒径20～30mm的碎石或其他多孔材料，有较好的调蓄能力。缺点是发生堵塞或渗透能力下降时，很难清洗恢复，此外不能利用土壤表层的净化作用。该方法对水质有一定要求，应不含悬浮固体。在用地紧张的城区，表层土壤渗透性差而下层土壤渗透性好的地区、旧排水管网改造利用地区和水质较好的地区适用该法。

2. 渗水沟

渗水沟是采用多孔材料或是自然的带植物浅沟，通常底部铺设透水性好的碎石层。屋顶花园加浅草沟雨水处理系统是典型的雨水渗透处理利用系统。屋面雨水先流经屋顶花园进行渗透净化，而后与道路雨水一并进入凹式绿地，流入浅草沟。浅草沟由上至下可分为两层，上层为种植草类植物的浅水洼，下层为渗透渠。通常水洼层铺设活土，深度不超过0.3m，通过土壤与植物的处理作用净化雨水，同时种植的植被绿色可以很好融入建筑周围的生态景观当中。下层渗透渠一般填充高渗透性的棱柱状颗粒，如砾石或熔岩颗粒等，可储存大量雨水，并逐渐将雨水释放以补充地下水，超过渗透能力的雨水排入市政管网。

3. 渗水地面

渗水地面分为天然渗水地面和人工渗水地面。前者以绿地为主，其透水性好，能美化环境并对雨水中的污染物有较强的截留和净化作用，但其渗透流量受土壤性质的限制。人工透水地面是人工铺设的透水性地面，如多孔沥青地面、碎石地面和草坪砖地面等，多铺设在道路两侧的透水人行道、停车场等地段。其主要优点是利用了表层土壤对雨水的净化能力，对预处理要求低，技术简单；缺点是渗透能力受土质所限，需要较大的透水面积。渗水地面在现代城市建设中已得到越来越广泛的应用。

4. 渗水洼塘

渗水洼塘即利用天然或人工修筑的池塘或洼地进行雨水渗透，补给地下水。种植草坪的洼地对雨水不仅有调蓄作用，还可以去除水中的污染物，同时具有很好的观赏价值。渗水洼塘一般是人工修建的比洼地深的雨水滞蓄和入渗设施，其周围一般种植树木，也有较好的景观效果。

5. 渗水浅井

渗水浅井类似于普通的检查井，但井壁做成透水的，在井底和四周铺设10～30mm的碎石，雨水通过井壁、井底向四周渗透。其主要优点是占地面积和所需的空间小，便于集中管理；缺点是净化能力低，不能含过多的悬浮固体，需要预处理。渗水浅井适用于拥挤的城区地面和地下可利用空间小，表层土壤渗透性差而下层土壤渗透性好的场合。渗水浅井的另一作用是雨水地下入渗。地下入渗是在土地有限的情况下，或者表层有较浅的不透水层时，挖穿不透水层，在透水层开入渗沟，沟内铺设带孔的透水管，周围填装直径16～32mm的砾石，透水管连接浅水井。渗水浅井将收集到的屋顶或道路等不透水地面产生的雨水，用管道输送到入渗沟内的透水管，沟内充填的砾石和管道有一定的蓄水空间，可存储一部分雨水，并使雨水通过周围的土壤下渗。

以上工程可以与雨水收集结合，经自然净化处理排入预定入渗区域。这种整体的雨水收集与入渗系统可分散控制来缓解城市排水管网的负担，并涵养地下水资源。该技术较符合我国实际情况，可广泛应用于以生态建设为目标的城市。但是，这种技术完全依赖自然的净化机理处理雨水，它需要占用较多的城市空间，无法适应建筑密度高且改建困难的城市；另一方面，由于该技术对雨水的净化效果有限，所以当地雨水回用水质要求较高时，就必须经过进一步的深度处理才能使用。

第四节 斜坡防护工程

一、工程类型与设计要求

在工业、农业、能源、交通、水利、城市、村镇等基础设施建设过程中，开挖、回填、弃土（石、砂、渣）形成的坡面，由于原地表植被遭到破坏，裸露地面在风力、重力或水力等外营力侵蚀作用下，容易产生水土流失。

斜坡防护工程就是为了稳定开挖地面或堆置固体废弃物所形成的不稳定高陡边坡，有时也要对局部非稳定自然边坡进行加固，或对滑坡危险地段采取水土保持护坡措施。

常见的防护工程类型有挡墙、削坡开级、工程护坡、植物护坡、综合护坡、坡面固定、滑坡防治等。

1. 基本原则

（1）斜坡防护工程应根据开挖、回填、弃土（石、砂、渣）形成的非稳定边坡的高度、坡度、岩层构造、岩土力学性质、水文条件、施工方式、行业防护要求等因素，分别采取不同的护坡措施。

（2）不同的斜坡防护工程，防护功能不同，造价相差很大，必须进行充分的调查研究和分析论证，做到既符合实际，又经济合理。

（3）稳定性分析是斜坡防护工程设计的关键性问题，大型斜坡防护工程应进行必要的勘探和试验，并采用多种分析方法比较论证，实现工程稳定、技术合理。

（4）斜坡防护工程应在满足护坡要求的前提下，充分考虑植被恢复和重建，特别是草灌植物的应用，尽力把工程措施和植被措施很好地结合起来。

2. 适宜范围

依土质情况，通过稳定计算确定边坡的坡度值，并根据边坡的高度和坡度等不同条件，分别采取不同的斜坡防护工程。主要有以下几种。

（1）对边坡高度大于4m、坡度大于1∶1.5的，应采取削坡开级工程。

（2）对边坡小于1∶1.5的土质或沙质坡面，可采取植物斜坡防护工程。

（3）对堆置物或山体不稳定处形成的高陡边坡，或坡脚遭受水流淘刷的，应采取工程护坡措施。

（4）对条件较复杂的不稳定边坡，应采取综合斜坡防护工程。

（5）对滑坡地段应采取滑坡治理工程。

3. 设计要求

边坡防护须以安全稳定为第一要求，无论选择哪种护坡型式，首先保证工程实施后的安全稳定。对于非稳定坡面，需要用工程方法加固稳定之后再进行植物护坡或综合护坡。其次，斜坡防护工程的设计须注重生态功能的改善，工程护坡与植物护坡相辅相成，与周边的自然景观相一致，布设的植物品种要符合自然演替的规律。边坡防护型式的选择，要因地制宜，经济合理，运用立体防护的理念，形成上下呼应的综合防护体系。

二、边坡稳定验算

1. 影响边坡稳定的因素

斜坡在自身重量及外力作用下，坡体内将产生切向应力，当切应力大于土的抗剪强度时，就会产生剪切破坏。开发建设项目基建工程中经常遇到斜坡稳定问题，如果处理不当，斜坡失稳产生滑动，不仅影响工程进展，而且可能导致工程事故甚至危及生命安全，应当引起足够重视。

影响斜坡稳定的因素很多，包括斜坡的边界条件、岩（土）质条件和外界条件等。具体因素如下。

（1）边坡坡角。坡角越小就越安全，但不经济；坡角太大，则经济而不安全。

（2）坡高。试验研究表明，其他条件相同的土坡，坡高越小，土坡越稳定。

（3）岩（土）的性质。岩（土）的性质越好，斜坡越稳定。

（4）地下水的渗透力。当土坡中存在与滑动方向一致的渗透力时，对斜坡不利。

（5）震动作用。强烈地震、工程爆破和车辆震动等，都有可能引起边坡应力的瞬时变化，会使岩（土）的强度降低，对斜坡稳定性产生不利影响。

（6）施工不合理。对坡角的不合理开挖或超挖，将使坡体的被动抗力减小。

（7）人类活动和生态环境的影响。

2. 工程护坡的安全稳定性校核

斜坡防护工程的稳定性校核包括边坡表层滑动稳定性分析和边坡深层滑动稳定性分析，常见的边坡稳定计算方法有瑞典圆弧滑动法、条分法、毕肖普法、泰勒图表法等，各方法的具体应用请参照相关资料和规范。目前，斜坡防护工程的稳定性校核已经有了较为成熟的计算软件，可直接利用软件进行计算，以提高设计质量。

3. 无需稳定性校核的护坡工程

当开挖或填筑边坡在规范规定的稳定边坡范围内时，斜坡防护工程可不进行稳定安全校核。各种土类填土边坡以及碎石土边坡的稳定坡度见表 6-7 和表 6-8。

表 6-7　各种土类填土边坡的稳定坡度（高度：水平距离）

填土高度/m	粘土	粉砂	细砂	中砂～碎石	风化岩屑（页岩、千枚岩等）
＜6	1：1.5	1：1.75	1：1.75	1：1.5	1：1.5～1：1.75
6～12	1：1.75	1：2	1：2	1：1.5	1：1.75～1：2
12～18	1：2	1：2.5	1：2	1：1.75	1：2～1：2.25
20～30	1：2	—	—	1：2	—
30～40	1：2	—	—	1：2.25	—

表 6-8　碎石土边坡的稳定坡度参考值（高度：水平距离）

土体结合密实程度		边坡高度		
		＜10m	10～20m	20～30m
胶结的		1：0.3	1：0.3～1：0.5	1：0.5
密实的		1：0.5	1：0.5～1：0.75	1：0.75～1：1
中等密实的		1：0.75～1：1	1：1	1：1.25～1：1.5
松散的	大多数块径＞40cm	1：0.5	1：0.75	1：0.75～1：1
	大多数块径＞25cm	1：0.75	1：1	1：1～1：1.35
	块径一般＜25cm	1：1.25	1：1.5	1：1.5～1：1.75

三、削坡开级

削坡是削掉非稳定边坡的部分岩土体，以减缓坡度，削减助滑力，从而保持坡体稳定的一种护坡措施。开级则是通过开挖边坡，修筑阶梯或平台，达到相对截短坡长，改变坡型、坡度、坡比，降低荷载重心，维持边坡稳定目的的又一护坡措施。二者可单独使用，亦可合并使用，主要用于防止中小规模的土质滑坡和石质崩塌。当非稳定边坡的高度大于 4m，坡比大于 1：1.5 时，应采用削坡开级措施。

削坡开级措施应重点研究岩土结构及力学特性、周边暴雨径流情况，分析论证边坡稳定性，然后确定工程的具体布设、结构型式、断面尺寸等技术要素。在采取削坡工程时，必须布置山坡截水沟、平台截水沟、急流槽、排水边沟等排水系统，防止削坡坡面径流及坡面上方地表径流对坡面的冲刷，大型削坡开级工程还应考虑地震问题。根据岩性，削坡分为土质边坡削坡和石质边坡削坡两种类型。

（一）土质边坡的削坡开级

土质高陡边坡的削坡开级型式主要有 4 种，即直线型、折线型、阶梯型和大平台型。

1. 直线型

直线型实际上是从上到下，对边坡整体削坡（不开级），使边坡坡度减缓，并成为具有同一坡度的稳定边坡的削坡方式。其适用于高度小于15m、结构紧密的均质土坡，或高度小于10m的非均质土坡。对有松散夹层的土坡，其松散部分应采取加固措施。

2. 折线型

折线型是仅对边坡上部削级，保持上部较缓、下部较陡，剖面呈折线形的一种削坡方式。其适用于高12～15m、结构比较松散的土坡，特别适用于上部结构较松散、下部结构较紧密的土坡。折线形削坡的高度和坡比，应根据边坡坡型、上下部高度、结构、坡比和土质情况经具体分析确定，以削坡后能保证稳定为原则。

3. 阶梯型

阶梯型就是对非稳定边坡进行开级，使之成为台、坡相间分布的稳定边坡，对于陡直边坡，可先削坡然后再升级。其适用于高12m以上，结构较松散；或高20m以上，结构较紧密的均质土坡。阶梯型开级的每一阶小平台的宽度和两平台间的高差，根据当地土质与暴雨径流情况具体研究确定。一般小平台宽1.5～2m，两台间高差6～12m。干旱、半干旱地区，两台间高差大些；湿润、半湿润地区，两台间高差小些。开级后应保证土坡稳定，并能有效地减轻水土流失。

4. 大平台型

大平台型是开级的特殊型式，其适用于高度大于30m，或在8°以上的高烈度地震区的土坡。大平台一般开在土坡中部，宽4m以上，以达到稳定边坡的目的；亦可在削坡的基础上进行。平台具体位置与尺寸，需根据《地震区建筑技术规范》对土质边坡高度的限制，结合边坡稳定性验算，慎重确定。

（二）石质边坡的削坡开级

石质边坡的削坡适用于坡度陡直或坡型呈凸型、荷载不平衡，或存在软弱交互岩层且岩层走向沿坡体下倾的非稳定边坡。除岩石较为坚硬、不易风化的边坡，一般削坡后的坡比应小于1∶1。石质边坡一般只削坡，不开级，但应留出齿槽，齿槽间距3～5m，齿槽宽度1～2m。在齿槽上修筑排水明沟和渗沟，深10～30m，宽20～30m。

1. 坡脚防护

削坡后因土质疏松而产生岩屑、碎石滑落或发生局部塌方的坡脚，应修筑挡土墙予以保护。无论土质削坡或石质削坡，都应在距坡脚1m处开挖防洪排水沟，深0.4～0.6m，上口宽1～1.2m，底宽0.4～0.6m；具体尺寸应根据坡面来水情况确定。

2. 坡面防护

削坡开级后的坡面，应根据土质情况，因地制宜种植草灌乔，采取植物护坡措施。在阶梯型的小平台和大平台中，应选择种植适宜的乔木、灌木或经济树种，其余坡面可种植草本或灌木。

在坡面上方距开挖（或填筑）边缘线2m以外布置山坡截水沟工程；在阶梯形和大平台形削坡平台布置平台截水沟；顺削坡面或坡面两侧布置急流槽或明（暗）沟工程，将山坡截水沟和平台截水沟中径流排泄至排水边沟，防止削坡坡面径流及坡面上方地表径流对坡面的冲刷。截（排）水工程设计与施工可参照截水渠设计及有关规范。

四、护坡

对堆置固体废弃物或山体不稳定的地段，或坡脚易遭受水流冲刷的地方，应采取工程护坡，其具有保护边坡，防止风化、碎石崩落、崩塌、浅层小滑坡等的功能。工程护坡省工、速度快，但投资高。

斜坡防护工程应重点考察和勘测与坡体稳定性有关的各项特征因子，详细进行稳定分析，并根据周边防护设施的安全要求，确定合理的稳定性设计标准，坡脚易遭受洪水冲刷的应进行水文计算。然后比选斜坡防护工程方案，明确工程布设、结构型式、断面尺寸及建筑材料。

（一）工程护坡

工程护坡主要包括砌石护坡、混凝土护坡、喷浆护坡和抛石护坡等几种型式。

1. 砌石护坡

砌石护坡有干砌石和浆砌石两种型式，干砌石适用于易受冲刷、有地下水渗流的土质边坡，稳固性较差，但投资低；浆砌石护坡坚固，适宜于多种情况，但投资高。可根据不同需要分别采用。

1）*干砌石护坡*

(1) 坡面较缓（1：2.5～1：3）、受水流冲刷较轻的坡面，采用单层干砌块石护坡或双层干砌块石护坡。

(2) 坡度小于1：1、坡体高度小于3m、坡面有涌水现象时，应在护坡层下铺设15cm以上厚度的碎石、粗砂或砂砾作为反滤层。封顶用平整块石砌护。

(3) 干砌石护坡的坡度根据土体的结构性质而定，土质坚实的砌石坡度可陡些，反之则应缓些。一般坡度1：2.5～1：3，个别可为1：2。

2）*浆砌石护坡*

(1) 坡比在1：1～1：2，或坡面位于沟岸、河岸，下部可能遭受水流冲刷，且洪水冲击力强的防护地段，宜采用浆砌石护坡。

(2) 浆砌石护坡由面层和起反滤作用的垫层组成。面层铺砌厚度为25～35cm；垫层又分单层和双层两种，单层厚5～15cm，双层厚20～25cm。原坡面如为砂、砾、卵石，可不设垫层。

(3) 对长度较大的浆砌石护坡，应沿纵向每隔10～15m设置一道宽约2cm的伸缩缝，并用沥青或木条填塞。

2. 混凝土护坡

在边坡极不稳定、坡脚可能遭受强烈洪水冲淘的较陡坡段，采用混凝土（或钢筋混凝土）护坡，必要时需加锚固定，常见的混凝土护坡主要有编织布模袋和预制混凝土块，其中编织布模袋因属柔性防护而应用较多。编织布模袋有两种类型：一种为有排水点型，适用于平均厚度15cm以下的斜坡防护工程；第二种为无排水点型，适用于平均厚度16cm以上的斜坡防护工程；预制混凝土块是一种使混凝土或砂浆按设计形状要求成形的临时模具，耐久性差，接缝多，不能保证地基长期稳定。

(1) 边坡介于1：0.5～1：1的、高度小于3m的坡面，用一般混凝土砌块护坡，砌块长、宽各30～50cm；边坡陡于1：0.5的，用钢筋混凝土护坡。

(2) 坡面有涌水现象时，用粗砂、碎石或砂砾等设置反滤层。涌水量较大时，修筑排水盲沟。盲沟在涌水处下端水平设置，宽 20～50cm，深 20～40cm。

3. 喷浆护坡

在易风化岩石或泥质岩层坡面，若基岩只有细小裂隙且无大崩塌危险，可采用喷浆机进行喷浆或喷混凝土护坡，以防止基岩风化剥落。通常在采用削坡卸荷稳定边坡工程之后，便可采取喷浆护坡，使岩石与喷浆在共同变形的过程中取得自身的稳定，有效控制岩石变形，使部分砂浆渗入岩石的节理、裂隙，重新将松动岩块胶结起来，起到加固岩石的作用，防止岩石风化，堵塞渗水通道，填补缺陷和平整表面。注意不要在涌水和冻胀严重的坡面喷浆或喷混凝土。

（1）喷射水泥砂浆厚度为 5～10cm，喷射混凝土厚度为 10～25cm。在冻融地区喷射厚度最好在 10cm 以上；在地质软弱、温差大的地区，喷射厚度应相应增厚。

（2）喷射水泥砂浆的砂石料最大粒径 15mm，水泥和砂石的重量比为 1∶4～1∶5，水灰比 0.4～0.5。速凝剂的添加量为水泥重量的 3%左右。

（3）喷射混凝土时，灰砂石比为 1∶3∶1～1∶5∶3，水灰比为 0.4～0.5。在坡面高、压送距离长的坡面上喷射时，采用易于压送的配合比标准，灰砂石比为 1∶4∶1，水灰比用 0.5。喷混凝土的力学指标：混凝土标号不低于 C20，抗拉强度不低于 1.5MPa（15kg/cm^2），抗渗标号不低于 S8，喷层与岩层的粘结强度在中等以上的岩石中不宜小于 0.5MPa（5kg/cm^2）。

（4）喷浆前必须清除坡面上松动岩石、废渣、浮土、草根等杂物，填堵大缝隙、大坑洼。

（5）破碎程度较轻的坡段，可根据当地土料情况就地取材，用胶泥喷涂护坡，或用胶泥作为喷浆的垫层。

4. 抛石护坡

当边坡坡脚位于河（沟）岸，暴雨条件下可能遭受洪水淘刷作用时，对枯水位以下的部分采取抛石斜坡防护工程。抛石的范围和粒径应根据水深、流速来确定，坡度不应陡于所抛石料浸水后的天然休止角，石料应符合质地坚硬、不易风化的要求，常见的主要形式有散抛块石、石笼抛石和草袋抛石 3 种。其技术要求可参照本章“护岸护滩工程”中的有关规定执行。

（二）植物护坡

对于一切稳定和非稳定的人工边坡及自然裸露边坡，都应在工程防护的基础上，尽可能创造条件恢复植被，这不仅能控制水土流失，维护坡面稳定，保养斜坡防护工程，而且对生态环境改善具有重要意义。但植被护坡具有一定的局限性，对于坡度较陡（＞50°）的边坡，必须与工程措施相结合。采用植物防护，就是利用植物比较发达的根系，深入土层，使表土固结，植物也覆盖坡面，可以调节表土的湿润程度，防止扬尘风蚀；同时地表植被还可阻断地面径流，减缓冲刷。对于边坡坡度或削坡开级后坡度缓于 1∶1.5 的土质或沙质坡面，应采取植物护坡措施，主要分为种草护坡和造林护坡两种类型。

1. 种草护坡

对坡比小于 1∶1.5，土层较薄的沙质或土质坡面可采取种草护坡工程。

（1）种草护坡应先将坡面进行整治，并选用生长快的低矮匍匐型草种。

（2）种草护坡应根据不同的坡面情况采用不同的方法。一般土质坡面采用直接播种法；密实的土质边坡上，采取坑植法；在风沙坡地，应先设沙障，固定流沙，再播种草籽。

（3）种草后 1～2 年内，进行必要的封禁和抚育措施。

2. 造林护坡

对坡度10°～20°，在南方坡面土层厚15cm以上、北方坡面土层厚40cm以上、立地条件较好的地方，采用造林护坡。

(1) 造林护坡应采用深根性与浅根性相结合的乔灌木混交方式，同时选用适应当地条件、速生的乔木和灌木树种。

(2) 在坡面的坡度、坡向和土质较复杂的地方，将造林护坡与种草护坡结合起来，实行乔、灌、草相结合的植物或藤本植物护坡。

(3) 坡面采取植苗造林时，苗木宜带土栽植，并应适当密植。

（三）综合护坡措施

综合护坡措施是在布置有拦挡工程的坡面或工程措施间隙上种植植物，不仅具有增加坡面工程强度、提高边坡稳定性的作用，而且具有绿化美化的生态功能。综合护坡措施是植物和工程有效结合的护坡措施，适宜于条件较为复杂的不稳定坡段。

综合护坡措施应在稳定性分析的基础上，比选工程与植物结合和布局的方案，确定使用工程物料的形式、重量，并选择适宜的植物种，在特殊地段布局上还应符合美学要求。常见的综合护坡型式有砌石草皮护坡、框格植草护坡、蜂巢式网格护坡和喷混植生植物护坡等。

1. 砌石草皮护坡

在坡度小于1∶1，高度小于4m，坡面有渗水的坡段，可采取砌石草皮护坡措施。砌石草皮护坡主要有两种型式：一种是在坡面下部1/2～2/3处采取浆砌石护坡，上部采取草皮护坡；另一种是在坡面从上到下，每隔3～5m沿等高线修一条宽30～50cm砌石条带，条带间的坡面种植草皮。砌石部位一般在坡面下部的渗水处或松散地层出露处，在渗水较大处应设反滤层。

2. 框格植草护坡

框格防护通常用混凝土、浆砌块（片）石等材料，在边坡上形成格状骨架，框格内覆土植草或灌木，起到稳固坡面和绿化边坡的目的。框格的应用目的，在于防止坡面汇水冲刷下形成冲沟，提高边坡表面地表粗度系数，减缓坡面水流的速度，使冲刷仅限于框格内的局部范围。采用框格防护与种草或灌木防护结合起来的方法，提高了防护效果，同时美化了环境。框格防护多用于填方边坡，是一种综合性的防护措施，框格形状可根据人们对美的追求，做出各式各样的造型，如菱形、拱形、矩形等。框格防护也可用于挖方土质边坡防护。

其中，钢筋混凝土框架内填土植被护坡是在边坡上现浇钢筋混凝土框架或将预制构件铺设于坡面形成框架，在框架内回填客土并采取措施使客土固定于框架内，然后在框架内植草以达到护坡绿化的目的。该方法适用于那些浅层稳定性差且难以绿化的高陡岩坡和贫瘠土坡。

此外，浆砌片石骨架植草护坡是采用浆砌片石在坡面形成框架，结合铺草皮、三维植被网、土工格室、喷播植草、栽植苗木等方法形成的一种护坡技术。浆砌片石骨架根据形状的不同，可以分为方格形、拱形、人字形等型式。该技术一般用于各类土质边坡，强风化岩质边坡也可应用，常用坡比为1∶1～1∶1.5，坡比超过1∶1时慎用，每级坡高以不超过10m的深层稳定边坡为宜。

当新型材料被广泛应用之后，又出现了土工格室植草护坡技术。其技术原理基本与上述格状框条护坡一致，土工格室主要是由PE、PP材料制成工程所需的片材，经专用焊接机焊接形成的立体格室。土工格室植草护坡是在展开并固定在坡面上的土工格室内填充改良客土，然后在格室上挂三维植被网，进行喷播施工的一种护坡技术。此技术可为植物以后的生长提供稳定、良好的生存环境；用于开发建设项目边坡防护，可使新形成的边坡充分绿化，带孔的格室还能增加坡面的排水性能。

在路旁或人口聚集地，坡度大于1∶1的土质、沙质坡面，均可采用框格护坡。用浆砌石在坡面上做成网格状，网格尺寸一般为$2m^2$，或将每格上部做成圆拱形，上下两层网格呈“品”字形排列；浆砌石部分宽0.5m左右。也可采用混凝土或钢筋混凝土预制构件修筑格式建筑物，预制构件规格为宽20～40cm，长1～2m；为防止格式建筑物沿坡面向下滑动，必须固定框格交叉点或在坡面深埋横向框条。

3. 蜂巢式网格护坡

蜂巢式网格护坡是一项类似于干砌片石护坡的边坡防护技术。它是在修整好的边坡坡面上拼铺正六边形混凝土框预制构件形成蜂巢式网格后，在网格内铺填种植土。然后再在砖框内栽草或种草的一项边坡防护措施。所用框砖可在预制场批量生产，其受力结构合理，拼铺在边坡上能有效地分散坡面雨水径流，减缓水流速度，防止坡面冲刷，保护草皮生长。这种护坡施工简单，外观齐整，造型美观大方，具有边坡防护、绿化双重效果，工程造价适中，略高于浆砌片石骨架护坡，多用于填方边坡的防护。

4. 喷混植生植物护坡

喷混植生植物护坡是喷锚护坡和液压喷播植草的有机结合。它是在稳定岩质边坡上先施工短锚杆、铺挂镀锌铁丝网后，再采用专用喷射机，将拌和均匀的种植基材喷射到坡面上，植物依靠“基材”生长发育，形成植物护坡的施工技术，具有防护边坡、恢复植被的双重作用，可以取代传统的喷锚防护、片石护坡等圬工措施。

该技术使用的种植基材由种植土、混合草灌种子、有机质、肥料、团粒剂、保水剂、稳定剂、pH缓解剂和水等组成，其种植基材的配方（基质配置）是成功的关键，良好的配方能够达到在陡于1∶0.75的岩质边坡上既具备一定的强度保护坡面和抵抗雨水冲刷，又具有足够的空隙率和肥力以保证植物生长。除此之外，基质保护、植物选择和工后保养也不容忽视。目前已广泛应用于铁路、公路、水利等各类岩石边坡绿化防护工程。

此外，另一种类似的方法就是客土植生植物护坡技术，是在边坡坡面上挂网后，机械喷填（或人工铺设）一定厚度适宜植物生长的土壤或基质（客土）和种子的边坡植物防护技术。该技术的特点是可根据地质和气候条件进行基质和种子配方，从而具有广泛的适应性，多用于基质条件较差的边坡。客土可以由机械拌和，挂网实施容易，因此施工的机械化程度高、速度快，无论从效率和成本上都比浆砌片石和挂网喷砼防护优越，而且植被防护效果良好，基本不需要养护即可维持植物的正常生长。该技术在我国开发建设项目边坡防护中已被大量应用，在日本等国家也已经作为边坡防护与绿化的常规方法加以应用。

另外还有一种类似的方法，称为厚层基材喷射植被护坡，是国外近十多年新开发的一项集坡面加固和植物防护于一体的复合型边坡植物防护技术，近年来在国内开发建设项目边坡防护中得到推广应用。厚层基材喷射植被护坡是采用混凝土喷射机把基材与植物种子的混合物按照设计厚度均匀喷射到需防护的工程坡面的护坡技术，其基本构造包括锚杆、网和基材混合物。该项技术首先通过混凝土搅拌机或砂浆搅拌机把绿化基材、种植土、纤维及混合植被种子搅拌均匀，形成基材混合物，然后输送到混凝土喷射机的料斗，在压缩空气的作用下，基材混合物由输送管道到达喷枪口与来自水泵的水流汇合使基材混合物团粒化，并通过喷枪喷射到坡面，在坡面形成植物的生长层，以达到护坡的目的。

上述方法适用于开挖后的岩石坡面的植被恢复，尤其对不宜进行植被恢复的恶劣的地质环境，如砾石层、软岩、破碎岩及较硬的岩石，有比较明显的效果。

挖沟植草护坡施工工序：平整坡面→测量放线→安装锚杆→固定植生袋→固定铁丝网→喷布有机基材→喷播草种→盖无纺布→炼苗揭布→前期养护。

五、滑坡综合防治

由于开挖和人工扰动地面，致使坡体稳定失衡，形成的滑坡潜发地段，应采取固定滑坡的护坡措施。主要有削坡反压、排除地下水、滑坡体上造林、抗滑桩、抗滑墙等措施，这些措施也可结合使用。

滑坡地段护坡措施的可行性研究和初步设计，应重点调查和勘测滑坡潜发地段的人为挖损破坏情况及地下地表水、岩层构造、塑性滑动层状况。分析影响滑坡的主要因素，验算坡体稳定性，科学地预测滑坡的危险性及防治的重点区域，比选确定护坡措施的型式、组合、布局、结构、断面尺寸等，确定工程材料、适宜栽种的树种及草种。

1. 削坡反压

削坡反压适用于上陡下缓的移动式滑坡。就是在坡脚修抗滑挡土墙，稳定坡体，将上部陡坡挖缓，取土反压在下部缓坡，使整个坡面受力均匀，控制上部向下滑动的一种滑坡防治措施（图 6-5）。

2. 拦排地表水、排除地下水

在地面径流及渗流、地下水较易导致滑坡的地段，采取拦排水工程。首先在滑坡体外边缘开挖截水沟并布置排水沟，将来自滑坡体外围的地表径流截（排）到滑坡体下游坡脚以外。同时，在坡脚修抗滑挡土墙，墙后设排水渗沟，墙下设排水孔，排除滑坡体内的地下水。其设计按防洪排水工程规定执行。

3. 滑坡体上造林

在滑坡体基本稳定，但在人为挖损的条件下，仍有滑坡潜在危险的坡面，可在滑坡体上造林。首先，应在滑坡体上部修筑排水沟，排除外来径流；然后，在滑坡体上种植深根性乔木和灌木，利用植物根系固定坡面，同时可利用植物蒸腾耗水作用，减少地下水对滑坡的促动（图 6-6）。

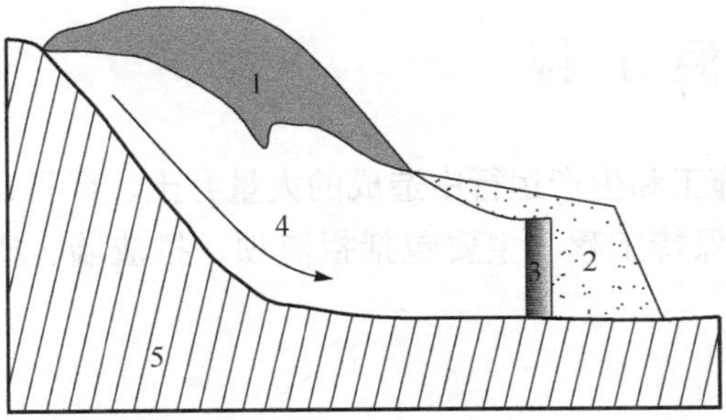

图 6-5　削坡反压示意图

1. 削土减重部位；2. 卸土修堤反压；3. 渗沟；4. 滑坡体；5. 不透水层

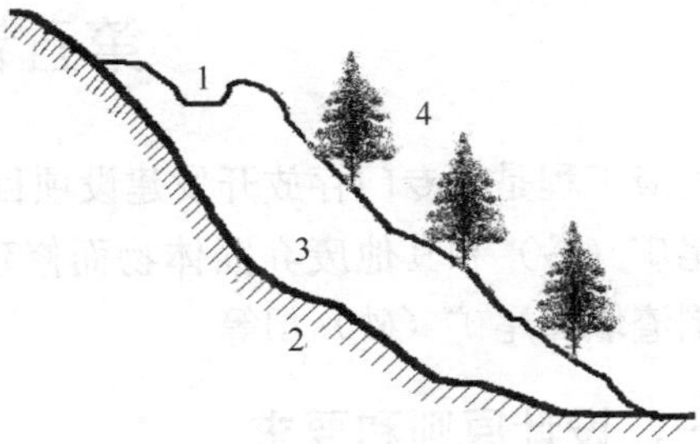

图 6-6　滑坡体造林

1. 排水沟；2. 不透水层；3. 滑坡体；4. 坡面造林

滑坡体上造林是稳定边坡的重要措施。滑坡体上护坡林的配置，应从坡脚到坡顶依次为乔木林、乔灌混交林和灌木纯林。

4. 抗滑桩

当坡面有两种风化程度不同的软弱岩层交互相间分布时，软岩层极易形成塑性滑动层，也就是说，两种斜向岩石夹层间若有塑性滑动层，开挖坡脚后就有可能引起上部剧烈滑动和位移。通过在地基内打桩加固滑坡土体稳定坡面，或在滑动层与基岩间打入楔子，可阻止滑坡体滑动，稳定坡面（图 6-7）。

抗滑桩应符合下列要求。

（1）抗滑桩主要适用浅层及中层非塑滑坡前缘，不宜用于塑流状深层滑坡。

（2）根据作用于桩上的土体特性、下滑力大小及施工条件等，确定抗滑桩断面及布设密度。

（3）根据下滑推力、滑床土体物理力学性质，通过桩结构应力分析确定抗滑埋深。

（4）根据滑坡体的具体情况，可在抗滑桩间加设挡土墙和其他支撑建筑物，与抗滑桩共同作用。

5. 抗滑墙

当滑坡比较活跃，急需有效控制时，应在滑坡体坡脚将抗滑挡土墙向上延伸，修筑块石护坡（图 6-8）。

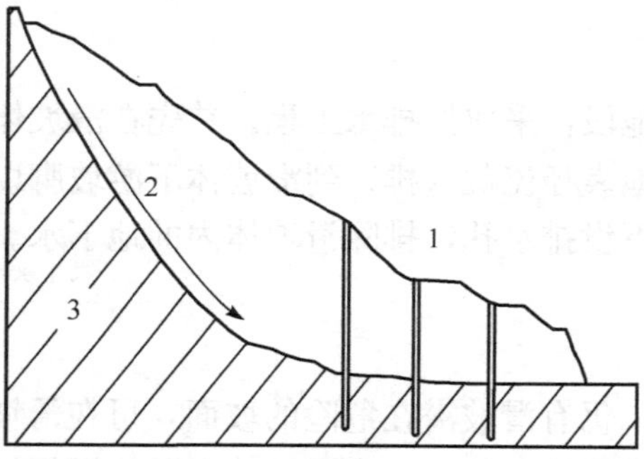

图 6-7 抗滑桩

1. 抗滑桩；2. 滑坡体；3. 不透水层

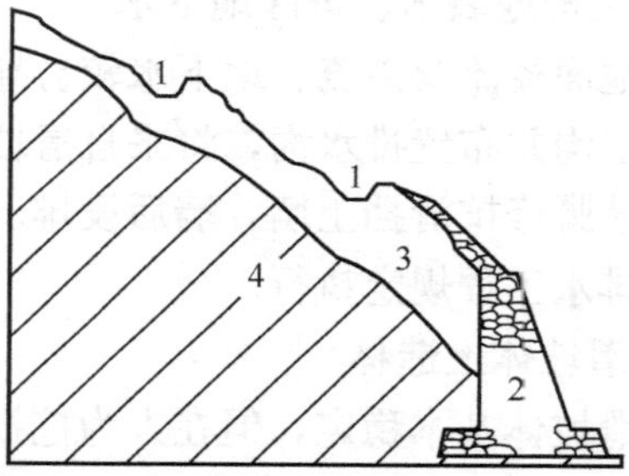

图 6-8 抗滑墙

1. 排水沟；2. 抗滑墙并块石护坡；3. 滑坡体；4. 不透水层

第五节 拦渣工程

拦渣工程是为专门存放开发建设项目在基建施工和生产运行中造成的大量弃土、弃石、弃渣、尾矿（砂）和其他废弃固体物而修建的水土保持工程。主要包括拦渣坝、拦渣墙、拦渣堤、围渣堰和尾矿（砂）坝等。

一、设计原则和要求

1. 基本原则

（1）开发建设项目在基建施工期和生产运行期造成大量弃土、弃石、弃渣、尾矿和其他废弃固体物质时，必须布置专门的堆放场地，将其集中堆放，并修建拦渣工程。

（2）拦渣工程应根据弃土、弃石、弃渣量的堆放位置和堆放方式，结合堆放区域的地形地貌特征、水文地质条件和建设项目的安全要求，在设计时妥善确定与其相适宜的拦渣工程型式。

(3) 拦渣工程主要有拦渣坝、挡渣墙、拦渣堤 3 种型式，其防洪标准及建筑物等级，应按其所处位置的重要程度和河道的等级分别确定，并应进行相应的水文计算、稳定计算。

(4) 拦渣工程布设应首先满足《开发建设项目水土保持技术规范》、《挡土墙设计规范》、《堤防工程设计规范》等技术标准的要求。对在防洪、稳定、防止有毒物质泄露等方面有特殊要求的开发建设项目，如冶炼系统的尾矿（砂）库、赤泥库等，应参照有关行业部门的设计规范，在分析论证的基础上，相应提高设计标准。

(5) 拦渣工程在总体布局上必须考虑河（沟）道行洪和下游建筑物、工厂、城镇、居民点等重要设施的安全，应根据国家标准，结合当地的具体情况确定适当的防洪标准。拦渣工程选址、修建，应少占耕地，尽可能选择荒沟、荒滩、荒坡等地方。

(6) 对于含有有害元素的尾矿（灰渣等），拦挡设施的设计必须符合其特殊要求，尾水处理必须符合有关废水处理的规定，以防使废水下泄给下游带来危害。

2. 设计要求与适用范围

在可行性研究阶段拦渣工程设计要求包括：①根据主体工程设计和调查核实弃渣量，初步明确弃渣任务与规模，初步拟定可行的弃渣方式和场所；②进行必要的水文和地质查勘，从技术、经济多方面比选分析弃渣及防护方案，包括工程类型、规模、数量、位址、布局及建筑材料来源等；③对周边环境安全产生较大影响的特大型弃渣场，应进行专门调查与研究，水土保持设计应结合环境保护要求。

在初步设计阶段拦渣工程设计要求包括：①进一步复核弃渣方案，确定拦渣工程规模、数量、位址、型式、结构、断面剖面尺寸及计算工程量；②确定弃渣场的施工组织方案。

主要拦渣工程的适用范围：①拦渣坝适用于坝控流域面积较小（一般不超过 $3km^2$）、库容和工程地质条件满足要求的沟道，尾矿库尚应根据尾矿类型和物理、化学性质满足环境保护要求；②挡渣墙适用于防洪要求不高的大多数地段，堆置在坡顶及斜坡面时，必须修建挡渣墙；③弃土、弃石、弃渣堆置于河（沟）道，妨碍河道行洪或可能因冲刷流入河道时，必须布设拦渣堤，拦渣堤堤线的平面位置不得越过防洪治导线。

二、拦渣坝

拦渣坝是在沟道中修建的拦蓄固体废弃物的建筑工程。目的是避免淤塞河道，减少入河入库泥沙，防止引发山洪、泥石流。修建时应妥善处理河（沟）道水流过坝问题，可允许部分或整个坝体渗流和坝顶溢流。

1. 坝址选择

(1) 坝址应位于渣源附近，其上游流域面积不宜过大，废弃物的堆放不会影响河道的行洪和下游的防洪，也不增加对下游河（沟）道的淤积。

(2) 坝址地形要口小肚大，沟道平缓，适合布置溢洪道、竖井等泄水建筑物，且有足够的库容拦挡洪水、泥沙和废弃物，库区淹没和浸没损失相对较小。

(3) 地质条件良好，坝基和两岸有完整的岩石或紧密的土基地层，无断层破碎带，无地下水出露，库区无大的断裂构造。尽量选择岔沟、沟道平直和跌水的上方，坝端不能有集流洼地或冲沟。

(4) 坝址附近筑坝所需土、石、砂料充足，且取料方便，风、水、电、交通、施工场地条件能满足施工要求。

2. 防洪标准

拦渣坝防洪标准的确定可参照工矿企业的尾矿库来确定，根据库容或坝高的规模分为 5 个等级，各等级的防洪标准参照《防洪标准》GB 50201—94 的规定确定（表 6-9）。

表 6-9 拦渣坝的等级和防洪标准参考表

等级	工程规模		防洪标准（重现期/年）	
	库容/亿 m^3	坝高/m	设计	校核
Ⅰ	具备提高等级条件的Ⅱ、Ⅲ等工程			1000～2000
Ⅱ	⩾1	⩾100	100～200	500～1000
Ⅲ	0.1～1	60～100	50～100	200～500
Ⅳ	0.01～0.1	30～60	30～50	100～200
Ⅴ	⩽0.01	⩽30	20～30	50～100

沟道中的拦渣坝防洪标准还应符合水土保持治沟骨干工程的规定（表 6-10）。

表 6-10 治沟骨干工程等级划分及设计标准

工程等级	五	四
总库容/万 m^3	50～100	100～500
设计洪水重现期/年	20～30	30～50
校核洪水重现期/年	200～300	300～500
设计淤积年限/年	10～20	20～30

拦渣坝一旦失事对下游的城镇、工矿企业、交通运输等设施造成严重危害，或有害物质会大量扩散时，应比规定确定的防洪标准提高一等或二等。对于特别重要的拦渣坝，除采用Ⅰ等的最高防洪标准，还应采取专门的防护措施。

3. 拦渣坝上游洪水的处理

（1）拦渣坝上游洪水较小时，设置导洪堤或排洪渠，将区间洪水排泄至拦渣坝的溢洪道或泄洪洞进口，使洪水安全排泄至下游。

（2）拦渣坝上游有较大洪水并对拦渣坝构成威胁时，应在拦渣坝上游修建拦洪坝。在此情况下，拦渣坝溢洪道、泄洪洞的溢洪、泄水总量应与其上游拦洪坝的排洪、泄水建筑物的泄洪总量统一考虑，即由拦洪坝下泄流量与两坝之间的区间洪水流量组合调节确定。

（3）拦渣坝上游来洪量较大且无条件修建拦洪坝时，应修建防洪拦渣坝，该坝同时具有拦渣和防洪双重作用。经技术经济分析之后，择优确定可靠、经济、合理的设计和施工方案。

4. 拦泥库容的确定

与上述 3 种情况相对应，根据坝址控制区的水土流失情况，拦渣坝本身应有一定的拦泥库容。

拦泥库容 V_s 由拦渣坝上游汇水面积 F，年侵蚀模数 S，平均拦泥率 K_s 和使用年限 n 决定。即

$$V_s = n \cdot K_s \cdot S \cdot F \tag{6-12}$$

拦泥率应根据上游综合治理面积占流域面积的百分比确定，或参照《水土保持综合治理技术规范》确定。

5. 拦渣库容的确定

(1) 根据项目建设和生产运行情况，确定每年的排渣量；由每年排渣量和拦渣坝的使用年限，确定其拦渣库容。

(2) 由于每年来渣、来泥经常交错进行，实际拦渣库容与拦泥库容难以截然分开，但确定坝高与库容时可分开计算。

6. 滞洪库容的确定

1) *洪水总量和洪峰流量的计算*　洪水总量和洪峰流量是调洪演算的基本资料，计算方法应根据国家标准《水土保持综合治理技术规范》，结合项目所在地区的实际情况确定。以下用小流域经验法为例说明其计算步骤：

设计暴雨量 H_{24P} 计算频率为 P 的 24h 暴雨量

$$H_{24P}=K_P \cdot H_{24} \tag{6-13}$$

设计洪峰流量 Q_P 计算频率为 P 的洪峰流量

$$Q_P=C_1 \cdot H_{24P} \cdot F^{2/3} \tag{6-14}$$

设计洪水总量 W_P 计算频率为 P 的洪水总量

$$W_P=K \cdot P \cdot F \tag{6-15}$$

式中，K 为小面积洪水折减系数；F 为汇水面积；P 为设计频率；C_1 为洪峰地理参数；R 为年径流模数；H_{24} 为最大 24h 暴雨量均值；K_P 为皮尔逊Ⅲ型曲线模比系数。

2) *调洪演算*　常用的方法有概化三角形求解法、图解分析法、全图解法和图解法等。

7. 总坝高与总库容的确定

总坝高由 4 部分组成：

$$H_{总}=H_{泥}+H_{渣}+H_{滞洪}+H_{超高} \tag{6-16}$$

式中，$H_{总}$ 为总坝高；$H_{泥}$ 为拦泥坝高；$H_{渣}$ 为坝前废渣高；$H_{滞洪}$ 为滞洪坝高；$H_{超高}$ 为坝的安全超高。

由坝高（H）-库容（V）关系曲线，得到相应的 V 总库容，超高可由表 6-11 查得。

表 6-11　坝高与超高关系表

坝高	<10	10～20	>20
超高	0.5～1	1～1.5	1.5～2

8. 坝型选择

坝型分为一次成坝与多次成坝。根据坝址区地形、地质、水文、施工、运行等条件，结合弃土、弃石、弃渣、尾矿等排弃物的岩性，综合分析确定拦渣坝（尾库坝）的坝型。

拦渣坝坝型主要根据拦渣的规模和当地的建筑材料来选择。一般有土坝、干砌石坝、浆砌石坝等型式。选择坝型时，应进行多方案比较，做到安全经济。

1) *土坝*　实际工程中最常用是均质土坝，即整个坝体都用同一种透水性较小的土料筑成，一般采用壤土、砂壤土。均质土坝构造简单，便于施工，尤其是在大型开发项目区，多具有大型推筑、碾压设备，最适于修建土坝。

碾压式土石坝坝型选择及断面设计可参考《碾压式土石坝设计规范》规定，可利用弃土、弃石、弃渣、尾矿等修筑心墙或斜墙坝，以降低工程造价。水坠坝坝型选择及断面设计可参考

《水坠坝技术规范》要求确定。

2）*浆砌石坝* 浆砌石坝适用于石料丰富的地方，可以就地取材，抗冲能力大，坝顶可以溢流，不必在两岸另建溢洪道，易于施工。此外，由于砌石的整体作用，上、下游坝坡不会产生滑动，因而坡度比土坝陡。但浆砌石坝需一定数量的水泥，施工比土坝复杂，需要一定的砌石技术，对地基的要求比对土坝高，一般要求建在较好的岩基上。

浆砌石重力坝常由溢流段和非溢流段两部分组成。通常在沟槽部分布置溢流段，两侧接非溢流坝段，两段连接处用导水墙隔开。当基础为坚硬完整的新鲜岩石时，宜选择布置浆砌石坝。浆砌石坝的设计应参考《砌石坝设计规范》(SL25—2006) 中的有关规定。

9. 拦渣坝的稳定性分析

拦渣坝在外力作用下遭到破坏，一般有以下几种情况：①坝基摩擦力不足以抵抗水平推力，因而发生滑动破坏。②在水平推力和坝下渗透压力的作用下，坝体绕下游坝址的倾覆破坏；坝体强度不足以抵抗相应的应力，发生拉裂或压碎。③在设计时，不允许坝内产生拉应力，或者只允许产生极小的拉应力，因此，对于坝体的倾覆破坏，通常不必进行核算。一般所谓的坝体稳定分析，均指抗滑稳定。

根据不同的坝型分别采用不同的坝体稳定分析方法。

(1) 水坠坝的稳定计算，用《水坠坝技术规范》中的计算方法。

(2) 碾压式土石坝稳定计算，用《碾压式土石坝设计规范》中的计算方法。

(3) 浆砌石坝稳定分析，用《砌石坝设计规范》中计算方法。

10. 拦渣坝排洪建筑物

根据坝址两岸地形地质条件、泄洪流量等因素，确定溢洪道、放水工程的型式。

常用岸边溢洪道可分为正槽溢洪道、侧槽溢洪道、井式溢洪道等，在实际工程中广泛采用正槽溢洪道。放水工程分为卧管式、竖井式两种型式。溢洪道设计可参照《溢洪道设计规范》、《水土保持治沟骨干工程技术规范》中规定。放水工程设计可参考《水土保持治沟骨干工程技术规范》中规定，但应特别注意排、放水流量的确定。

11. 基础处理

根据坝型、坝基的地质条件、筑坝施工方式等，采取相应的基础处理方法。

(1) 水坠坝基础处理可参考《水坠坝技术规范》中的规定和要求。

(2) 碾压坝基础处理可参考《碾压式土石坝设计规范》中的规定和要求。

(3) 浆砌石坝基础处理可参考《浆砌石坝设计规范》中的规定和要求。

三、挡渣墙

挡渣墙是为了防止固体废弃物堆积体被冲蚀，或易发生滑塌、崩塌，或稳定人工开挖形成的高陡边坡，或避免滑坡体前缘再次滑坡而修建的水土保持工程。挡渣墙可行性研究和初步设计的关键是稳定性问题，为此，必须作详尽的调查及必要的勘测。对于拦渣墙下部有重要设施的，应提高设计标准，其稳定性应采用多种方法分析论证。

1. 挡渣墙选线选址

为充分发挥挡渣墙拦挡废渣的作用，保证挡渣墙在使用期间的稳定与安全，应合理选线，尽量减小挡渣墙的设计高度与断面尺寸。

(1) 墙址一般选在弃土、弃石、弃渣坡脚处且沿地形等高线布置，在坡高较大的坡面上布置挡渣墙时，应当通过削坡开级放缓坡面坡度，降低挡渣墙的高度。地基宜为新鲜不易风化的岩石或密实土层。

(2) 挡渣墙沿线地基土层应均匀单一，含水量较小，避免地基不均匀沉陷引起墙体断裂等型式的变形。为安全起见，在具体施工时，应沿挡渣墙长度方向预留伸缩缝和沉降缝。

(3) 挡渣墙的布设要尽可能避免横断沟谷和水流，如无法避免时，应修建排水建筑物。

(4) 墙线宜顺直，转折处应用平滑曲线相连接。

2. 挡渣墙上部洪水处理

(1) 当挡渣墙及渣体上游集流面积较小、坡面径流或洪水对渣体及挡渣墙冲刷较轻时，可采取排洪渠、暗管、导洪堤等排洪工程将洪水排泄至挡渣墙下游。排洪渠、暗管、涵洞、导洪堤等排洪工程设计与施工技术要求，见第六章第二节。

(2) 当挡渣墙及渣体上游集流面积较大，坡面径流或洪水对渣体及挡渣墙造成较大冲刷时，应采取引洪渠、拦洪坝等蓄洪引洪工程，将洪水排泄至挡渣墙下游或拦蓄在坝内有控制地下泄。引洪渠、拦洪坝等工程设计与施工技术要求，见第六章第二节。

3. 挡渣墙型式

挡渣墙按墙断面几何形状及受力特点一般分为重力式、悬臂式和扶壁式 3 种型式。根据拦渣数量、渣体岩性、地形地质条件、建筑材料等因素选择确定墙型。选择墙型应在防止水土流失、保证墙体安全的基础上，按照经济、可靠、合理、美观的原则，进行多种设计方案分析比较，选择确定最佳墙型。

1) 重力式挡渣墙　　重力式挡渣墙用浆砌块石砌筑或混凝土浇筑，依靠自重与基底摩擦力维持墙身的稳定。适用于墙高小于 8m，地基土质较好的情况。重力式挡渣墙构造由墙背、墙面、墙顶、护栏等组成。

(1) 墙背：重力式挡渣墙墙背有仰斜式、俯斜式、直立式、衡重式等型式（图 6-9）。仰斜墙背所受土压力小，故墙身断面经济，墙身通体与边坡贴合，开挖量和回填均小，但注意仰斜墙背的坡度不宜缓于 1∶0.3，以免施工困难。俯斜式挡渣墙采用陡直墙面，墙背所受的土压力较大，必要时俯斜墙背可砌筑成台阶形，从而增加墙背与渣体间的摩擦力。直立式墙背主动土压力介于仰斜式和俯斜式两者之间。凸形折线墙背是仰斜式挡渣墙上部墙背改为俯斜式，以减小上部断面尺寸，多用于较长斜坡坡脚地段的陡坎处，如路堑。衡重式墙上下墙之间设衡重台，并采用陡直的墙面，适用于山区地形陡峻处的边坡，上墙俯斜墙背的坡度为 1∶0.25～1∶0.45，下墙仰斜墙背在 1∶0.25 左右，上下墙的墙高比一般采用 2∶3。

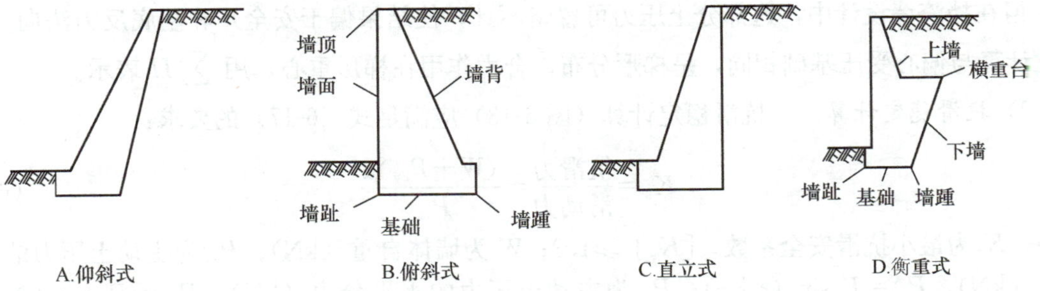

图 6-9　重力式挡渣墙的断面型式

(2) 墙面：一般均为平面，其坡度与墙背协调一致，墙面坡度直接影响挡渣墙的高度。因此，在地面横坡较陡时，墙面坡度一般为 1∶0.05～1∶0.2，矮墙可采用陡直墙面；地面平缓时，一般采用 1∶0.2～1∶0.35，较为经济。

(3) 墙顶：浆砌挡渣墙顶宽不小于 50cm，另还需做厚度≥40cm 的顶帽，若不做顶帽，墙顶应以大块石砌筑，并用砂浆勾缝。

(4) 护栏：为保证安全，在交通要道、地势陡峻地段的挡渣墙顶部应设护栏。

2) *悬臂式挡渣墙*　当墙高超过 5m、地基土质较差、当地石料缺乏、在堆渣体下游又有重要工程时，可采用悬臂式钢筋混凝土挡渣墙。悬臂式挡渣墙由立壁和底板组成，具有 3 个悬壁即立墙、趾板和前趾板（图 6-10）。这种结构型式的特点：主要依靠趾板上的填土重量维持结构稳定性，墙身断面小，自重轻，节省材料，适用于墙高较大的情况。

3) *扶壁式挡渣墙*　当防护要求高、墙高大于 10m 时，可采用由钢筋混凝土建造的扶壁式挡渣墙。其主体是悬壁式挡渣墙，沿墙长度方向每隔 0.8～1m 做一个与墙高等高的扶壁，以保持挡渣墙的整体性，加强拦渣能力（图 6-11）。扶壁式挡渣墙在维持结构稳定、断面面积等方面与悬臂式挡渣墙基本相似。

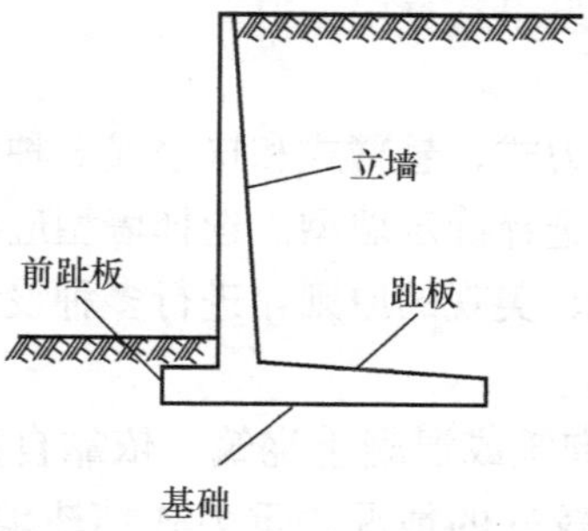

图 6-10　悬臂式挡渣示意图

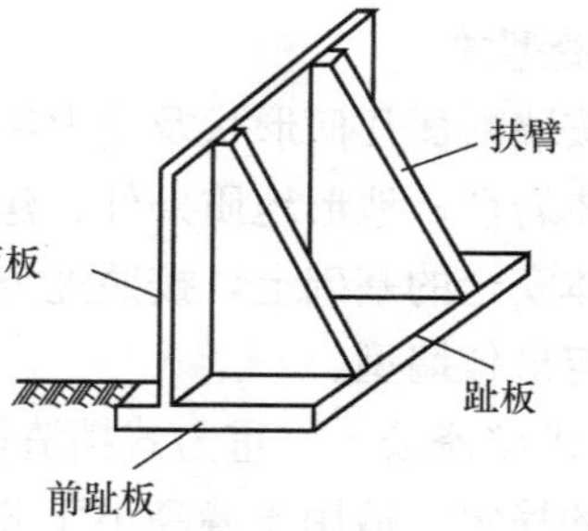

图 6-11　扶臂式挡渣示意图

4. 重力式挡渣墙的断面设计

挡渣墙的最小高度一般在 3m 左右，重力式挡渣墙的断面尺寸采用试算法确定。由地形地质条件、拦渣量及渣体高度、弃渣岩性、建筑材料等，先根据经验初步拟定断面尺寸，然后进行抗滑、抗倾覆和地基承载力稳定验算。当拟定的断面既符合规范规定的抗滑、抗倾覆和地基承载力要求，而断面面积又小时，即为合理的断面尺寸。下面就墙体稳定分析的基本力学原理作以介绍。

1) *挡渣墙受力分析*　挡渣墙受力分析如图 6-12 所示。墙身自重 W，垂直向下，作用在墙体重心上；墙背的主动土渣压力 P_a（如基础有一定埋深，则墙面埋深部分有被动土压力 P_p，但在挡渣墙设计中，这部分土压力可忽略不计，使结果偏于安全）和基底反力法向分力，简化计算与偏心受压基础相同，呈梯形分布，合力作用在梯形重心，用 $\sum H$ 表示。

2) *抗滑稳定计算*　抗滑稳定计算（图 6-13）应满足式（6-17）的要求：

$$K_s=\frac{抗滑力}{滑动力}=\frac{(W+P_{ay})\mu}{P_{ax}} \tag{6-17}$$

式中，K_s为最小抗滑安全系数，$[K_s]\geqslant 1.3$；W 为墙体自重（kN）；P_{ay}为主动土压力的垂直分力（kN），$P_{ay}=P_a\sin(\delta+\varepsilon)$；$P_{ax}$为主动土压力的水平分力（kN），$P_{ax}=P_a\cos(\delta+\varepsilon)$；$P_a$为主动土压力（kN）；$\mu$ 为基底摩擦系数；δ 为墙摩擦角；ε 为墙背倾斜角度。其中，ε、δ、μ 可由试验测定，或参考表 6-12。

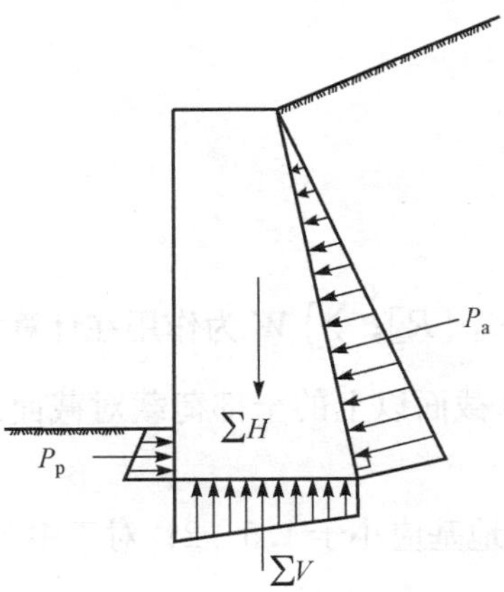

图 6-12 挡土墙受力分析图

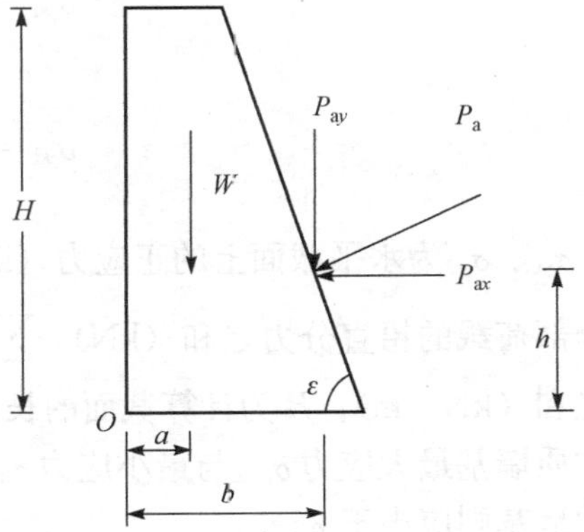

图 6-13 挡渣墙稳定性分析图

表 6-12 挡渣墙基底对地基的摩擦系数 μ 值

土的类别		摩擦系数
粘性土	可塑	0.25～0.30
	硬塑	0.30～0.35
	坚硬	0.35～0.45
粉土	$S_r \leqslant 0.50$	0.30～0.40
中砂，粗砂，砾砂		0.40～0.50
碎石土		0.40～0.50
软质岩土		0.40～0.60
表面粗糙的硬质岩石		0.65～0.75

注：① S_r 是与基础形状有关的形状系数，$S_r = 1-0.4B/L$；② B 为基础宽度（m）；③ L 为基础长度（m）

若验算结果不满足 $K_s \geqslant 1.3$，则应采取以下措施加以解决：修改挡渣墙断面尺寸，加大 W；在挡渣墙底面铺沙、石垫层，加大 μ；将挡渣墙底做成逆坡，利用滑动面上部分反力抗滑；如在软土地基上，其他方法无效或不经济时，可在墙踵后加筑拖板，利用拖板上的渣重增加抗滑力，拖板与挡渣墙之间用钢筋连接。

3）抗倾覆稳定计算　在挡渣墙满足 $K_s \geqslant 1.3$ 的同时，还应满足抗倾覆稳定性（图 6-13）。即对墙趾 O 点取力矩，必须满足式（6-18）：

$$K_t = \frac{\text{抗倾覆力矩}}{\text{倾覆力矩}} = \frac{Wa + P_{ay}b}{P_{ax}h} \tag{6-18}$$

式中，K_t 为最小安全系数，$[K_t] \geqslant 1.5$；Wa 为墙体自重 W 对 O 点的力矩（kN·m）；$P_{ay}b$ 为主动土压力的垂直分力对 O 点的力矩（kN·m）；$P_{ax}h$ 为主动土压力的水平分力对 O 点的力矩（kN·m）；其他符号同前。

若不满足 $K_t \geqslant 1.5$ 的要求，则应采取以下措施：加大 W，即增加工程量；加大 a，可增设前趾，当前趾长度大于厚度时应配钢筋；减小渣压力，墙背做成仰斜，但施工要求较高。

4）地基承载力验算　基底应力应小于地基承载力，地基允许承载力 $[R]$ 通过试验或参考有关设计手册确定。基底应力采用下列偏心受压公式计算：

$$\sigma_{yu}=\frac{\sum W}{B}+\frac{6\sum M}{B^2} \tag{6-19}$$

$$\sigma_{yd}=\frac{\sum W}{B}-\frac{6\sum M}{B^2} \tag{6-20}$$

式中，σ_{yu}、σ_{yd}为水平截面上的正应力（kN/m^2），σ_{yu}、$\sigma_{yd}\leqslant[R]$；$\sum W$为作用在计算截面以上的全部荷载的铅直分力之和（kN）；$\sum M$为作用在计算截面以上的全部荷载对截面形心的力矩之和（kN·m）；B为计算截面的长度（m）。

软质墙基最大应力σ_{max}与最小应力σ_{min}之比，对于松软地基应小于1.5～2；对于中等坚硬、紧密的地基则应小于2～3。

在实际应用中，应在采用上述基本原理分析的基础上，灵活选择适宜的稳定分析方法，常用的稳定分析方法有瑞典圆弧法、条分法等。对于一些重要的挡渣墙工程，还需分别用多种稳定分析方法进行比较才能最终确定其稳定安全系数。

5. 基础处理及其他

1）基础处理　重力式挡渣墙的基础十分重要，处理不当会引起挡渣墙毁坏，应作详细的地质调查，必要时要挖探或钻探，以确定埋置深度，一般应在冻结深度以下，不小于0.25m（不冻胀土除外），埋置最小尺寸见表6-13。

表6-13　重力式挡渣墙埋置最小尺寸　（单位：m）

地层类别	埋入深度	距斜坡地面水平距离
较完整的硬质岩层	0.25	0.25～0.50
一般硬质岩层	0.60	0.60～1.50
软质岩层	1.00	1.00～2.00
土层	≥1.00	1.50～2.50

2）伸缩沉陷缝　挡渣墙常因不均匀沉降而引起墙身开裂，应根据地质条件、气温条件、墙高和墙身断面变化设置沉降缝和伸缩缝。设计时，一般将二者合并设置，沿墙线方向每隔10～15m设置一道，缝宽2～3cm，缝内可填塞胶泥；但渗水量大和冻害严重地区，宜用沥青麻筋或涂沥青的木板。

3）清基　施工过程中必须将基础范围内风化严重的岩石、杂草、树根、表层腐殖土、淤泥等杂物清除。基底应开挖成1%～2%的倒坡，以增加基底摩擦力。

4）墙后排水　挡渣墙还应根据具体情况设置各种排水设施，以保证其稳定性。当墙后水位较高时，应将渣体中出露的地下水以及由降水形成的渗透水流及时排除，有效降低墙后水位，减小墙身水压力，增加墙体稳定性，应设置排水孔等排水设施。排水孔径5～10cm，间距2～3m，排水孔出口应高于墙前水位，以免倒灌。排水孔的设计，可参考《挡土墙设计规范》确定。

四、拦渣堤

拦渣堤是指修建于沟岸或河岸的，用以拦挡建设项目基建与生产过程中排放的固体废弃物的建筑物。因为拦渣堤一般同时兼有拦渣与防洪两种功能，堤内拦渣，堤外防洪，故拦渣堤可行性研究和初步设计的关键是选线、基础和防洪标准，对于下游有重要设施的拦渣堤，应充分论证分析，提高防洪标准和稳定系数。

1. 拦渣堤的类型

根据拦渣堤修筑的位置不同，主要有以下两种。

(1) 弃土、弃石、弃渣堆放于沟道岸边时，采用沟岸拦渣堤，其建筑物防洪要求相对较低。

(2) 弃土、弃石、弃渣堆放于河滩及河岸时，采用河岸拦渣堤，其建筑物防洪要求相对较高。

2. 拦渣堤防洪标准及设计要求

拦渣堤宜选择在河道较宽处，不宜在河流凹岸侧建设。宜少占用河床的面积，尤其在河漫滩地上建设拦渣堤，不得影响河道的行洪宽度。拦渣堤选线、堤距、堤型、堤防沿程设计水位、拦渣堤结构等均可参照“防洪堤”的设计规定执行。但是，拦渣堤堤顶高程的确定应同时满足防洪和拦渣要求。

1) *拦渣要求*

(1) 根据项目在基建施工或生产运行中弃土、弃石、弃渣的具体情况，确定在规定时期内拦渣堤应承担的堆渣总量。

(2) 根据堤身长度与堆渣总量，算得顺堤单位长度（每米）的堆渣量。

(3) 根据堤后地面坡度、堆渣型式与顺堤单位长度的堆渣量，算得堆渣高度，并按 1m 超高，确定堤顶高度。

(4) 拦渣堤的建设过程中，泥土石不得进入河道。在弃渣堆置过程中，不能有弃渣进入河道。

2) *防洪要求*　拦渣堤建设前，应按照《河道管理条例》的要求，征得相应河道管理部门的批准。拦渣堤防洪标准可参照“防洪堤”的防洪标准执行，对弃渣安全有特殊要求的可结合行业标准适当提高。

3) *堤顶高程*　根据拦渣要求和防洪要求，分别算出相应的堤顶高程，取二者中较大值，作为所求的堤顶高程。堤顶高程按设计洪水位、风浪爬高、安全超高确定。

五、围渣堰

1. 断面设计

1) *堰顶高程*　围渣堰的防洪水位必须高于堰外河道防洪水位，堰顶超高应按照《水利水电工程等级划分及洪水标准》的相关规定来具体确定。

2) *堰顶宽度*　根据交通、施工条件、拦渣量、筑堰材料和稳定分析等，确定堰顶宽度，土石围堰顶宽一般为 4～5m，堰顶有其他要求时，按其要求确定。

3) *围渣堰内外坡度*　先初步拟定堰坡，然后进行稳定分析，确定安全可靠、经济合理的堰体断面。

2. 稳定性分析

土石围堰可参考《碾压式土石坝设计规范》中的方法进行稳定分析，砌石围堰参照《浆砌石坝设计规范》中的方法进行计算。

3. 基础处理

土石围堰参照《碾压式土石坝设计规范》中的方法进行基础处理，砌石围堰参照《浆砌石坝设计规范》中的方法进行基础处理。

六、贮灰场、尾矿库、尾砂库、赤泥库

选矿厂选出矿石后，产生的大量脉石“废渣”即尾矿，通常是以矿浆状态排出的，个别情况下也有以干砂状态排出的。矿石冶炼后的“废渣”即尾砂。为妥善存放和处理大量的尾矿（砂）而修建的挡拦建筑物，称为尾矿（砂）坝，它和尾矿（砂）存放场地，统称为尾矿（砂）库。

在比选尾矿库的型式和布置方案前，必须收集和调查建设项目的生产工艺、尾矿（砂）本身的性质，当地的水文、气象、地质资料，以及自然环境、社会环境等资料。在此基础上，对选定方案的尾矿（砂）库再进行详尽的勘查和测量。

尾矿（砂）库的防洪标准、上游洪水处理等与前述拦渣坝设计基本一致。

1. 坝型选择

尾矿（砂）库一般修建在沟道或低洼地方，多由堤坝围堰而成，并设有排水建筑物，以排出库内水流。尾矿（砂）库的型式通常分为山谷型、山坡型和平地型 3 大类型。山谷型初期坝工程量小，管理维护简单，应优先选用；山坡型初期工作量大，管理维护复杂，无可选山谷作尾矿库时采用；平地型是四周筑堤，工作量大，用于平原地区，应尽量选择凹地。

尾矿（砂）库的坝型分为均质坝、非均质坝。非均质坝分为心墙坝和斜墙坝。根据坝址处地形地质条件、当地筑坝材料、施工条件、尾矿（砂）岩性和数量，选择经济、合理、可靠、美观的坝型，并采用废土、废石、废砂、废渣等废弃物修筑非均质坝。尾矿（砂）坝一般由初期坝、堆积坝两部分组成。

2. 布置原则

（1）尽量不占或少占耕地，尽可能不拆迁或少拆迁居民住宅；尾矿（砂）库与厂区和居民点的距离，应符合工业、卫生、环保等各方面的有关规定。

（2）距选矿厂近，应尽可能自流输送尾矿（砂），并有足够的贮存尾矿（砂）的容积。

（3）尾矿（砂）库的汇水面积要尽可能小，库区内工程地质条件要好，库区内部的纵坡坡度要尽量平缓，以减少工作量。

（4）库区附近要有足够的土、石筑坝材料。

（5）尾矿（砂）库排出的水流，必须经过处理，达到国家废水排放标准后才能排入河流。

3. 尾矿（砂）库库容与等级

1）*尾矿库库容*　尾矿库库容计算公式为

$$V=\frac{W\cdot N}{\gamma_{\mathrm{a}}\cdot\eta_{\mathrm{z}}}\tag{6-21}$$

式中，V 为尾矿（砂）库所需总库容（m^3）；W 为选矿厂每年排出的尾矿（砂）量（t/年）；N 为选矿厂的设计生产年限（年）；η_z为尾矿（砂）库终期库容利用系数，与尾矿（砂）库的形状、尾矿（砂）粒度、排放方法有关；γ_a为尾矿（砂）堆积干容重的平均值（$\mathrm{t/m^3}$）。

2）*尾矿库等级和防洪标准*　按尾矿（砂）库的规模（总库容，总坝高）和重要性确定等级，根据这一等级即可按有关规范或规定，确定其防洪标准及库内建筑物的级别，作为设计的基本依据（表 6-14）。

表 6-14　尾矿（砂）库等级标准

总库容或坝高	尾矿（砂）库等级	防洪标准（重现期/年）	
		设计	校核
具备提高等级条件的Ⅱ、Ⅲ等工程	Ⅰ		2000～1000
$V>10^8 m^3$或$H>100m$	Ⅱ	200～100	1000～500
$V=10^7\sim10^8 m^3$或$H=60\sim100m$	Ⅲ	100～50	500～200
$V=10^6\sim10^7 m^3$或$H=30\sim60m$	Ⅳ	50～30	200～100
$V<10^6 m^3$或$H<30m$	Ⅴ	30～20	100～50

4. 尾矿（砂）坝组成

尾矿（砂）坝是尾矿（砂）库的主要建筑物，一般由初期坝和堆积坝两部分组成。

1）*初期坝*　初期坝是在尾矿库运用之前用当地土石料建造而成。

2）*堆积坝*　当尾矿（砂）堆积到初期坝设计堆积高程时，必须加高加固坝体，以满足拦蓄尾矿（砂）的要求，加高坝即为堆积坝。一般采用尾矿（砂）或土石修筑加高，但当尾矿（砂）颗粒很细而不能用于筑坝或尾矿库周边有大量石料（采场废石利用最为经济）时，整个坝体可全部用当地土石材料筑成。

尾矿（砂）坝设计与施工应参照《碾压式土石坝设计规范》、《浆砌石坝设计规范》或其他国家及行业标准进行相关设计。分期加高加固坝设计与施工可参照《碾压式土石坝设计规范》的相关规定进行相关设计。

5. 排洪排水系统

1）*排洪排水系统的布置*　尾矿库排水系统主要任务是排出库内澄清水，排洪系统则是排泄上游汇集洪水。排洪排水系统一般由排水井（塔）、排水管、消力池、溢洪道及截（排）洪沟、谷坊、拦水坝、蓄水池及坡面水土流失治理工程等构筑物组成（图 6-14）。排水系统中进水建筑物的布置，应保证在使用过程中，在任何时候，都能使尾矿（砂）水澄清且达到要求。

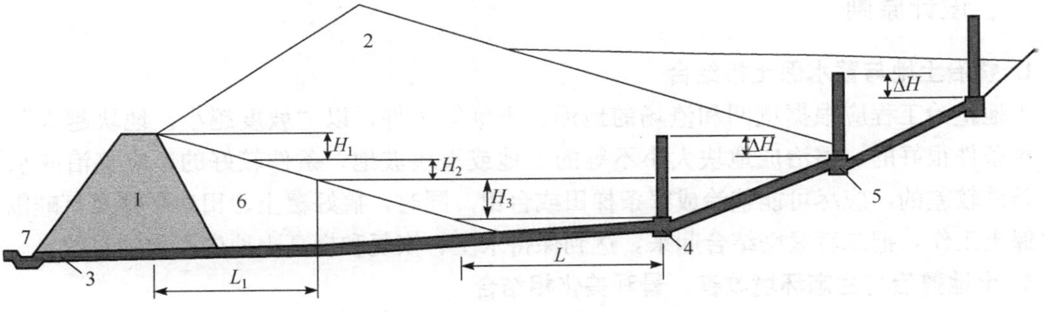

图 6-14　排洪排水系统布置示意图

1. 初期坝；2. 堆积坝；3. 排水管；4. 第一个排水井；5. 后续排水井；6. 尾矿堆积滩；7. 消力池；H_1. 安全超高；H_2. 调洪高度；H_3. 蓄水高度；ΔH. 井筒重叠高度；L_1. 沉积滩干滩长度；L. 澄清距离

2）*排洪排水系统水力计算*　通常计算方法是首先确定水流在管路中流态，即自由式泄流、半有压流和有压流状态，然后参考有关专业手册中的计算公式和相关图表进行水力计算。根据库坝防洪标准及建筑物的等级，参照《水利工程设计洪水计算规范》或相关行业规范和手册，分析计算库坝设计及校核洪水总量、洪峰流量等；然后参考《水利工程水利计算规范》及其他有关专业手册计算，通过水力学计算确定水道水流流态和主要结构尺寸。

3）排洪排水蓄水系统

（1）排水系统进水建筑物的位置：应保证在运用期顺畅排除尾矿（砂）澄清水。

（2）排水建筑物的型式：排水井的型式有窗口式、井圈叠装式、框架挡板式、浆砌块石式。排洪量较小的采用前两种型式，排洪量较大时采用后两种型式。常用排水道形式有圆形、拱形、矩形。尾矿水应循环利用。

4）基础处理　碾压式土石坝基础处理，需参照《碾压式土石坝设计规范》的规定进行设计，浆砌石坝基础处理可参照《浆砌石坝设计规范》中的规定设计。

6. 基础处理设计

（1）拦渣坝（墙、堤）基础处理应满足渗流控制、稳定、变形和耐久性要求。

（2）应充分了解地基的地质与水文地质资料，地基如有暗沟、动物巢穴、墓坑、窑洞、井窖、房基、淤泥、渣土等均应探明，加以处理。

（3）各类不良地基处理设计可参考有关手册。

第六节　土地整治工程

土地整治是对被破坏或压占土地采取措施，使之恢复到所期望的可利用状态的活动或过程。开发建设项目水土保持工程中的土地整治是指对因生产、开发和建设损毁的土地，进行平整、改造、修复，使之达到可开发利用状态的水土保持措施。土地整治的重点是控制水土流失，充分利用土地资源，恢复和改善土地生产力。

土地整治工程包括 3 个方面：一是坑凹回填，一般应利用废弃土石回填整平，并覆土加以利用，也可根据实际情况直接改造利用；二是渣场改造，即在固体废弃物存放地终止使用以后，进行整治利用；三是整治后的土地根据其土地质量、生产功能和防护要求，确定利用方向，并改造使用。

一、设计原则

1. 整治土地与蓄水保土相结合

土地整治工程应根据坑凹和渣场的地形、土壤等条件，以“坡度越小，地块越大”为原则。对条件很好的，整治成地块大小不等的平地或平缓坡地；条件较好的，应整治成水平梯田；条件较差的，应尽可能整治成窄条梯田或台田。同时，搞好覆土、田块平整及打畦围堰等蓄水保土工作，把二者紧密结合起来，达到保持水土、恢复和提高土地生产力的目的。

2. 土地整治与生态环境改善、景观美化相结合

整治后的土地利用应注意生态环境改善，合理划分农、林、牧用地比例，尽力扩大林草面积，同时在有条件的情况下，根据需要布设各种景点，改造和美化景观。

3. 土地整治与防洪排水工程相结合

坑凹回填物和弃渣场都是人工开挖、堆置形成的松散堆积体，易产生沉陷，加大产流汇流。必须把土地整治与坑凹、渣场本身及其周边的防洪排水工程结合起来，才能保障土地的安全。

4. 土地整治与水土污染防治相结合

开发建设项目特别是矿山开采、选矿和冶炼，对水土资源的污染尤为严重。应尽可能把土地整治与水土污染防治结合起来，首要的是对污染物及水质的处理；其次是土地整治，如包埋、填压等处置方式，防止有毒物质毒化土壤、影响地面径流的水质及植物生长，这一点主要是环境保护的要求。

二、坑凹回填

坑凹是基建和生产过程中挖掘形成的，主要可分为两种情况，一是剥离坑凹，如取土场、取石场、取沙场、路基两侧取土后未回填的基坑、小型浅层露天采场和大型深层露天采场等；二是塌陷凹地，如井巷开采产生塌陷地等。

（一）剥离坑凹

剥离坑凹的土地整治主要是回填（填埋）、推平或垫高，适应新的地形，形成新的合适坡度，并尽可能覆土。实施程序是：回填→整平→覆土。

1. 坑凹回填工程布局

坑凹回填应充分利用废弃土、石料或矿渣，力争回填后坑平渣尽；坑凹回填应根据坑凹容积与废土、弃石体积，合理安排废土、弃石的倒运路线与倾倒方式，提高回填工效；坑凹回填后，应进一步平整地面，表层覆土，并修建四周的防洪排水设施，为开发利用创造条件；有条件的地方可将坑凹改建为蓄水池或水面养殖塘，蓄积降雨，合理开发利用水资源。

例如，在流域中下游区，坑凹地多改造为水塘，对洼地边坡夯实，四周采取植物措施 流域上游地区的坑凹地多数改造成台地（梯地），按梯田建设的要求进行整治。

对矿坑地应采取回填、整平、覆土措施，复垦成为农林草用地。

2. 填埋方式

1）浅坑浅凹　一般采用条带式分条填埋，或任意工作线（面）回填，回填材料利用废弃土（石、砂、渣、灰）。回填方式根据坑凹地形地质、地层岩性、施工条件及其面积确定。降水量大的地方，浅坑浅凹地也要有配套排水工程。

2）深坑回填　有一定的工艺要求，如大型露天采坑，设计上采用挖填结合即采排结合的方式，闭矿采坑（采矿结束时的最后采坑）回填后成为内排土场。深坑深凹也可根据原工程设计中有关边坡和采场工作面稳定设计、采排方式及采场处理等设计，确定回填工程的方式。

此类项目的回填工艺设计一般是纳入主体设计之中的，但水土保持方案应论证其是否符合水土保持要求，并提出修正意见。

3. 整平工程

回填结束后，接着就是堆垫场地的整平工程，可分两步进行，一是粗整平，二是细平整。由于坑凹分布的位置、地形不同，整平方式也不同。平地和宽缓平地上的坑凹回填后，堆垫高度基本接近原地面，可全面进行粗整平，在沉降稳定之前，补填沉陷穴、沉陷裂缝，并进行细平整，以待覆土。坡地上的坑凹回填之前，可在坑凹下坡部位修筑必要的挡拦建筑物，采用分阶后退的方法，然后通过粗整平，形成平行于等高线的阶式梯田，之后进一步细平整，并考虑防排水等设施。

4. 覆盖物料和整治

土地整平工作结束之后，即可应用覆盖物料进行土地整治。黄土区或附近有取土条件的地方表层应覆土，厚度依据土地利用方向确定，农业用地 80～100cm，林业用地 50～80cm，牧业用地 30～50cm。取土困难的地方，可覆盖易风化物如页岩、泥岩、泥页岩、污泥等物料。

覆盖物顺序倾倒后形成“堆状地面”，若作为农业用地，必须进一步整平；若为林牧业用地，可直接采用“堆状地面”种植，具有自动填补沉陷裂缝、分散贮存地面径流的功能。

凹形采石（挖砂）场，如在干旱、半干旱地区，可首先利用岩石碎屑平整采石场坑凹，然后铺覆0.3m厚的粘土防渗层。在黄土区或有取土条件的地方，对平整土地表面覆土；在土料缺乏的地区，可先铺一层易风化岩石碎屑，改造为林草用地；在降水量丰沛、地下水出露地区，当凹形取石场（挖砂场）周边有充足土料时，采用岩屑、废砂填平坑凹、表层铺土，将取石场改造为农林用地，种植耐湿耐涝农作物或乔灌木，铺土厚度根据用地需求确定。若缺乏土料则采取坑凹平整和边坡修整加固工程，将其改造成蓄水池（塘）作为水产养殖用地。

对凹形取土场整治，可结合地形地质地貌条件、周边地表径流量大小情况，采用边坡防护工程、截（排）水工程、坡面水系工程和土地整治工程。对干旱、半干旱地区且无地下水出露的凹形取土场，采用生土填平坑凹，表层按农林草用地要求铺覆熟化土。若取土场周边无熟化土，则采取深耕、深松、增施有机肥、种植有机物含量高的农作物或草类等耕作措施改良土壤。对降水量丰沛、地下水出露地区，当土壤、水分等符合农林草类植物种植要求时，采取土地平整、覆土措施将取土场改造成为农地或林地，并种植适宜农作物或乔灌木，同时在周边布置截（引、排）水工程和边坡防护工程；当取土场内外水量丰富、水质较好，适合养殖水产品或种植水生植物时，可用粘土、砌石、砼等防渗处理工程，并修筑引水排水工程，将其改造成为养殖场或水生植物种植场；当土质较差时，采取边坡防护、场地粗平整和植被自然恢复工程。

（二）塌陷凹地

采空塌陷区因采矿使地面下沉，形成再塑地貌。与挖损地貌不同的是矿床以上岩体发生了位移，但地表物质数量及其组成基本不变，塌陷稳定后地貌在局部可能形成塌陷盆地、塌陷漏斗、塌陷裂缝。

采空塌陷与矿产地质、开采工艺、地下水等条件有着密切的关系，对于拟建矿应准确预测塌陷的范围、深度和危害的程度，并提出相应的对策。已形成的塌陷凹地，根据其深度，分别采取整治利用措施。塌陷深度小于1m的，推土回填平整，然后作为农业用地。对深度大于1～3m的，可采取挖深垫高的办法，挖深段可蓄水养鱼、种藕，垫高段进行农业利用。必须注意塌陷凹地在我国南北方差异很大，应因地制宜，采取相应的措施。

1. 采空区塌陷地整治步骤

（1）收集塌陷区的基础资料，如土壤资料（土壤类型及其分布、土壤物理性质等）、气象资料、水土保持林草植被资料、水文地质资料等。

（2）根据所收集的资料对塌陷区进行土地适宜性评价，通过评价确定土地利用方向。

（3）结合土地利用规划，落实具体的治理措施。

采空塌陷区的土地整治措施与挖损地貌的剥离坑凹基本相同，但采空塌陷区会出现地表裂缝，同时，采空塌陷区的浅层地下水一般都会受到破坏。

2. 整治措施

1）*采空塌陷区裂缝（漏斗）治理措施*　采空塌陷区裂缝宽度与矿藏深度、矿藏厚度、矿藏上覆地层地质特性等有关，最宽可达到1.5m左右。目前一般采取填充措施，就近取土填平恢复植被或种植农作物。较宽的裂缝可直接填充，裂缝很窄时需要在表层适当扩口后再填充。扩口目的一是探明裂缝是否上窄下宽，二是容易将裂缝下部填实。扩口开挖深度一般不超过3m为好。裂缝填充物也可以使用其他固体废弃物（如煤矸石），一般以不污染水源和土壤为原则。

2）塌陷盆地治理措施　再塑塌陷盆地地貌一般有两种，一种是积水塌陷盆地，该种盆地可有计划地改造为水域，供养殖或其他用途；另一种为漏水盆地，该种盆地应因地制宜进行整治，分别恢复为林地、草地和梯田等。改造为林地、草地和梯田的塌陷盆地应注意表土利用和土壤培肥。黄土高原土层深厚，可不考虑土壤剥离，但应进行土壤培肥改良。

三、渣场整治

渣场是指固体废弃物的存放场所，如排土场、矸石山、贮灰场、尾矿库、拦渣坝及各类弃渣弃土堆放的场地。排土场、矸石山及堆放弃土、弃石、弃渣、尾砂等的场地，在采取拦渣工程的基础上，终止使用后，应进行改造。渣场改造包括整治和覆土两部分内容。

1. 平（缓）地渣场整治

（1）以平地作为渣场且堆渣高度在3m左右时，周围修建的挡渣墙应高出渣面1m。长江流域达到0.3m或0.5m以上，以便覆土利用。

（2）堆渣场应先修筑挡渣墙，然后从墙脚开始逐层向后延伸（每层厚0.5～0.6m），堆渣至最终高度时，渣面应大致平整，以便覆土改造利用。

（3）渣场表面平整后，先铺一层粘土并碾压密实作为防渗层，再覆表土。

（4）铺土厚度一般为：农地0.5～0.8m，林地≥0.5m，草地≥0.3m。在土料缺乏的地区，可先铺一层风化岩石碎屑，改造为林草用地。

（5）选择土层深厚处作为渣场改造土料的取土场，取土后及时平整处理，减小新的破坏。

（6）拦渣坝和拦渣堤内弃土（石、砂、渣）填满后，须采取渣面平整或覆土措施，按上述方法改造成为可利用地。

2. 坡地渣场整治

（1）以坡地作为排土（石、砂、渣）场时，除对排弃物自然边坡及坡脚采取斜坡防护工程外，渣场顶部应平整，外沿修筑截（排）水工程，内侧修建排水系统，中间作为造林、种草用地。

（2）根据用地需要，将渣面修整成为窄条梯田、梯地、反坡梯田等，再用熟化土逐台铺垫。

3. 尾矿（砂）、粉煤灰、赤泥等场地整治

（1）对尾矿（砂）库中有毒有害物质必须采取净化处理措施，防止库内污水下泄给下游河流及环境造成污染。

（2）尾矿（砂）库、粉煤灰场、赤泥库排废期满后，先铺设粘土或其他类型的防渗层，然后铺熟化土，改造成为农林草用地或其他用地，防止有毒有害物质对种植物的污染危害。

（3）粘土防渗层厚度≥0.3m，表土铺设厚度同前。

（4）沟中洪水处理应符合防洪标准的规定。

4. 开挖破损面整治

（1）对破损坡面采取斜坡防护工程，并在距开挖边缘线10m以外布置截（排）水工程，避免取土场上方地表径流对边坡坡面的冲刷，保证边坡稳定。斜坡防护工程的型式宜采月植物护坡。对取土场平面采取平整、覆土等土地整治工程，同时采取农业技术措施，尽快恢复和提高土地生产力。

(2) 山坡坡地取土场。施工前应将表土集中堆放，施工与生产取土之后及时对取土场平面进行平整，并铺覆熟化土，改造成农林牧或其他用地，铺土厚度同上。

(3) 山坡取石场。利用取石过程中废弃的细颗粒碎石、岩屑等平整取石场平面，其上铺设不小于0.25m的粘土防渗层，然后根据用地需要铺覆熟化土，改造成农林草用地或其他用地。在缺乏土料的地区铺垫一层风化岩石碎屑之后，将取石场平面作为林草用地或其他用地。铺土厚度同上。

四、整治土地开发利用

整治后的土地应根据其地理区位条件、坡度、土地生产力及所在区域的人口、经济和社会状况等，进行土地适宜性评价，确定土地利用方向，并提出恢复土地生产力的措施。对于拟建项目土地利用方向的确定是预测性的或具有设计意义，对于已建或投产项目，则是现实的评价。

1. 土地适宜性评价

土地适宜性评价是确定土地利用方向的基础，同时起着规范土地整治的作用和指导布局水土保持措施。土地适宜性评价时，首先，确定土地评价单元和可能的土地利用方式；其次，选择参评因子和确定评价标准，最终确定土地利用方向。

土地评价应遵循以下原则。

1) 综合分析原则　根据生产建设的工艺、区域自然条件、社会经济发展水平、水土保持要求，综合分析整治后土地的质量和利用价值。

2) 主导因子原则　对各种可能影响土地质量的因子进行筛选，选择主导因子，特别是选择限制性因子，分析评价土地适宜性。

3) 土地质量与土地利用相结合原则　整治后的土地生产力提高需经过一个稳定的过程，土地生产力水平也是不断提高的，可在不同时段内采取不同的利用方式。初期土地质量差，可作为林草用地，随着土地质量的提高可改作农业利用。

4) 优先恢复为耕地、林草地的原则　在人口多、耕地少的地区，应优先将各种弃土(砂、石、渣) 场等废弃土地恢复为耕地。对原为荒地或不需改造成耕地的，宜恢复为林草地。

5) 效益优先原则　即基础效益、生态效益、经济效益最佳原则。

2. 整治后的土地利用

整治后的土地利用方向应符合下列规定。

1) 土地恢复　经整治后的土地应恢复其生产力，根据整治后土地的位置、坡度、质量等特点确定用途。土质较好，有一定水利条件的，可恢复为农地、林地、草地、水面和其他用地，但需进一步加工处理。

2) 农业利用　经整治形成的平地和缓坡地，土质较好，有一定水利条件的，可作为农业用地。

3) 林业和草业利用　整治后地面坡度大于或等于15°或土质较差的，可作为林业和草业用地，乔灌草合理配置，以尽快恢复植被，保持水土。

4) 水面利用　有水源的坑凹地和常年积水较深、能稳定蓄水的沉陷地，可修成鱼塘、蓄水池等，进行水面利用和蓄水发展灌溉。蓄水池位置应与地下采矿点保持较远的距离，以免对地下开采作业造成危害。

5) 其他利用　根据项目区的实际需要，土地经过专门处理后，可进行其他利用。

3. 土地生产力恢复措施

整治后的土地往往由于缺乏表土或覆盖土贫瘠，生产力很低，故必须采取有效措施，恢复和提高土地生产力。通常可采取下列土地改良措施。

1）*种植绿肥植物* 种植具有根瘤菌或其他固氮菌的植物，主要是豆科植物，改良土壤。

2）*加速风化措施* 土地表面为风化物时，采取加速土壤风化的措施，如城市污泥、河泥、湖泥、锯末等改良物质，接种苔藓、地衣促进风化。

3）*增施有机肥* 对于贫瘠土地，通过理化分析，确定氮磷钾比例，增施有机肥，改良土壤理化性质。

4）*调节 pH* 对于土壤 pH 过低或过高的土地，施加化学物料如黑矾、石膏、石灰等改善土壤。

第七节 植被建设工程

开发建设项目水土保持中的植被恢复与绿化工程包括对弃渣场、取土场、石料场及各类开挖扰动面的林草恢复工程，以及各类边坡绿化和生活区、厂区、管理区及施工道路等区域的植被绿化。

一、设计原则

(1) 开发建设项目应通过选线、选址和工程总体布置等进行方案比选，尽量避让人工林、天然林，以及自然保护区、草原保护区、湿地等自然植被；应尽量减少征占、压埋地表和植被的范围。对具有特殊功能的植被，应改变主体工程选线（址）或采取相应保护措施。

(2) 对各类开挖破损面、堆弃面、占压破损面、渣面工程不再使用的临时占地及各类边坡，在安全、稳定的前提下，应尽可能采取植物防护措施，恢复自然景观。对含有有害物质(指对植被生长有害）的扰动地块、高陡裸露岩石边坡等特殊场地也应采取攀缘植物分台阶实施的特殊措施恢复植被。

(3) 应根据工程项目所在区域和建设项目类型，分别确定植被建设目标。城市周边或对景观有特殊要求的区域，其植被建设应兼顾景观要求，偏远区域则以防护型为主。

(4) 在南方地形较缓或边坡稳定的地方，可采取封育管护措施恢复自然植被。北方干旱地区，在当前技术经济条件下无法人工恢复的地方，应采取相应的土地整治措施，创造条件进行自然恢复。

二、弃渣场、取土场、采石场等造林种草的设计

（一）弃渣场

弃渣按组成成分大体可分为两类，一类是以弃石（碎石、小块石）为主，一类是以弃土或土状物为主。具体设计时应根据弃渣组成采取相应的土地整治措施，然后按确定的土地利用方向进行植被恢复。

1. 以弃石为主的渣场植被恢复与绿化设计

在土石山区明挖、隧洞开挖形成的弃渣场，煤炭开采形成的矸石场（山）、铁矿开采形成的排石场、铜矿开采形成的毛石堆等，均以弃石为主。这类渣场需覆土（河泥、风化碎屑）或

实施客土措施才能恢复植被。

1）树（草）种选择

（1）应有较强的适应能力。对干旱、潮湿、瘠薄、盐碱、酸害、毒害、病虫害等不良土地因子有较强的忍耐能力，同时对粉尘污染、冻害、风害等气候条件有一定抵抗能力。

（2）栽植较容易，成活率高，或适宜播种、栽植时期较长、发芽力强且繁殖量大。

（3）地上部分生长迅速繁茂，能及早覆盖地面，并能长期大面积地覆盖地面，地下部分能尽快伸展，以便更好地稳固表土，有效地阻止风蚀和水蚀。

（4）具有固氮和改良土壤能力，有利于林草后期生长和土地生产力的持续提高。

2）栽植技术

（1）直播。适于弃石（渣）场覆土后的植被恢复，多用于草灌种植，乔木很少用。可采用条播、穴播和撒播的方法。

（2）植苗。一是有覆土条件的可覆土后进行植苗造林。覆土可分为薄覆盖（30cm 以下）和厚覆盖（30cm 以上）。前者开穴后，可将周边土置入穴内，相当于客土造林；后者可直接开穴栽植。当矸石风化壳 5～10cm，5mm 以下碎屑颗粒达 60%左右，小于 0.25mm 的颗粒达 10%以上时，可直接播种豆科与禾本科牧草，或采用薄覆盖方式种植（图 6-15A）。未风化或风化度很低的矸石复垦场地，必须盖土 50cm，即采用厚覆盖方式，进行植被恢复（图 6-15B）。图 6-15C 中的隔离层可以是粘土、碱性物料或其他物料。为防止漏水，可采用粘土作为隔水层，起保水保肥的作用；为防止酸害，可采用碱性物料作为隔离层，如石灰。

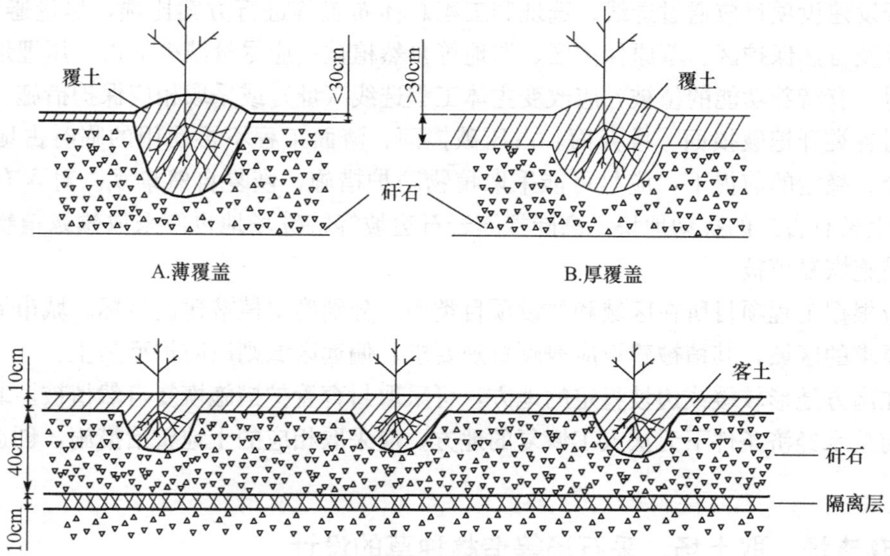

图 6-15 覆土种植模式

二是无覆土条件但有风化碎屑物质（如矸石）的，可提前（一年或半年挖坑）挖穴促进坑内矸石风化，将坑外的碎石、石粉填入坑内，将坑内未风化矸石捡出，这利于蓄水保墒，可直接栽植（图 6-16A）。无覆土条件但有土料、河泥等来源的，可采用客土栽植。即开穴后将土料或河泥等物质置于穴内栽植，也可采取大苗带土坨栽植。北方针叶造林或小苗造林最好采用容器苗（6-16B）。

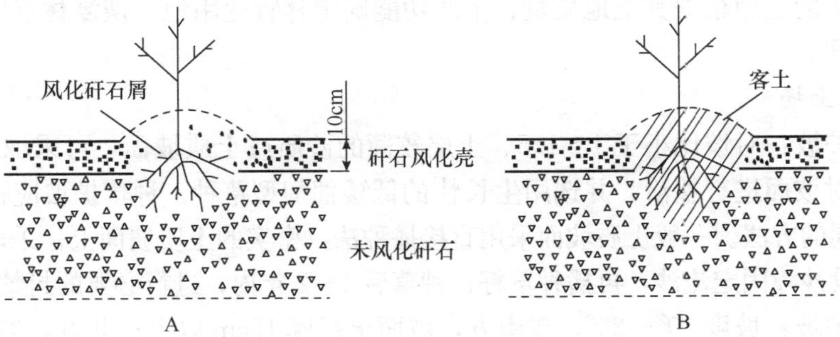

图 6-16　不覆土种植模式

2. 以弃土为主的渣场植被恢复与绿化设计

1）树（草）种选择　　在土层覆盖厚的黄土高原、丘陵、阶地、盆地、平原区，或下伏岩性为强风化层，以土或土状物为主的弃渣场（如黄土高原露天矿山排土场，公路、铁路或水工程开挖形成的弃渣场等），稍作土地整治即可确定土地利用方向，进行植被恢复，有的可直接恢复为耕地。

(1) 抗逆性强、耐瘠薄，抗旱、抗病虫害能力强。

(2) 根系发达、固土能力强，灌草最好有固氮能力。

(3) 对于排土场平台，首先覆土种植灌草，培养肥力，改善环境，后期可改造为农田、经济林等。

(4) 对于排土场边坡，应及时种植牧草和灌木以取得控制水土流失、加速生土熟化的效果。

2）栽植技术

(1) 弃土场边坡绿化，有条件情况下，可采取削缓边坡至 28°～35°，挖鱼鳞坑或水平阶整地植树种草，防止水土流失。

(2) 北方黄土高原可不覆土，直接造林种草；南方弃土场可根据树种不同，覆不同厚变的表土。

(3) 乔灌木栽植可采用鱼鳞坑、水平阶等整地方式。

（二）取土场

平原区取土场不能恢复成农田或鱼塘的，可种植耐水湿的速生树种；山区、丘陵区可根据整治后的立地条件进行林草恢复。取土场植被恢复应与附近的植被和景观等相适应。

1. 树（草）种选择

(1) 应选择抗逆性强、病虫害少、易成活和便于管护的树（草）种。

(2) 周边为农田时，树（草）种不应有与农作物相对的转主寄生病虫害。

(3) 草种应根据气候特点进行选择，选择适合当地生长的暖季型或冷季型。

(4) 应优先选择乡土树（草）种，适当考虑经济效益。

2. 林草配置及栽植技术

1）平（缓）地取土场

(1) 取土前，先将犁底层以上 25cm 熟化土集中起来，堆放在取土场旁，取土结束后平整取土场，将表土平铺于表面。

(2) 整治后的土地根据其土地质量、生产功能确定林牧业用地，恢复林草植被，栽植技术与常规技术相同。

2) *坡地取土场*

(1) 种草护坡：对坡比小于 1∶1.5、土层较薄的沙质或土质坡面，可采取种草护坡工程。种草护坡应先对坡面进行整治，并选用生长快的低矮匍匐型草种。种草护坡应根据不同的坡面情况，采用不同的方法。一般土质坡面采用直接播种法，密实的土质坡面上，采取坑植法；在风沙坡地，应先设沙障固定流沙，再播种草籽；种草后 1～2 年内，进行必要的封禁和抚育措施。

(2) 造林护坡：坡度 10°～20°，在南方，坡面土层厚 15cm 以上；北方，坡面土层厚 40cm 以上，立地条件较好的地方，采用造林护坡。造林护坡应采用深根性与浅根性相结合的乔灌木混交方式，同时选用适应当地条件、速生的乔木和灌木树种。在坡面的坡度、坡向和土质较复杂的地方，将造林护坡与种草护坡结合起来，实行乔灌草相结合的植物或藤本植物护坡。坡面采取植苗造林时，苗木宜带土栽植，并应适当密植。

3. 综合护坡工程

1) *砌石草皮护坡*

(1) 在坡比小于 1∶1、高度小于 4m、坡面有涌水的坡段，采用砌石草皮护坡。

(2) 砌石草皮护坡有两种型式：一种是在坡面下部 1/2～2/3 采取浆砌石护坡，上部采取草皮护坡；另一种是在坡面从上到下，每隔 3～5m 沿等高线修一条宽 30～50cm 砌石条带，条带间的坡面种植草皮。

(3) 砌石部位一般在坡面下部的涌水处或松散地层显露处，在涌水较大处设反滤层。

2) *格状框条护坡*

(1) 在路旁或人口聚居地的土质或沙土质坡面，采用格状框条护坡。

(2) 用浆砌石在坡面做成网格状，网格尺寸一般 2m 见方，或将每格上部做成圆拱形；上、下两层网格呈“品”字形排列，浆砌石部分宽 0.5m 左右。

(3) 在护坡现场直接浇制宽 20～40cm、长 12m 的混凝土或用钢筋混凝土预制构件，修成格式建筑物。为防止格式建筑物沿坡面下滑，应固定框格交叉点或在坡面深埋横向框条。

(4) 在网格内种植草皮。具体栽植技术可参考矸石渣场边坡植被设计部分。

(三) 采石场

1. 40°以下石壁的治理

一般采用直接挂网喷草技术，其步骤如下。

(1) 将石壁表面整修平整。

(2) 将各种织物的网（如土工网、麻网、铁丝网等）固定到石壁上，可以按一定的间距，在石壁上锚钉或用混凝土固定。

(3) 再向网内喷一定厚度的植物生长基（生长基包括可分解的胶结物、有机和无机肥料、保水剂等），最后将草籽与一定浓度的粘土液混合后，喷射到生长基上。

2. 40°～70°石壁的治理

一般采用喷混植生技术。

首先将有一定抗拉强度的钢丝网（抗拉强度低的网不能用）用锚钉固定到石壁上，然后在网下喷一层厚度为 5～10cm 的混凝土作为填层，再将草籽、肥料、粘合剂和保水剂等的混合物均匀地喷射到填层上。

3. 70°以上陡壁的治理

应在石壁上开凿人工植生槽，加填客土，栽植藤本植物，以接力的方式绿化石壁。植生槽的制作要充分利用石壁凹凸不平的微地形，因地制宜，见缝插针。必要时要对石壁做适当的处理，人工开凿成若干个长1～2m、宽0.4m、深0.4m的植生槽，并注意预留排水孔。藤本植物的选择要注意上爬与下垂品种的搭配。

具体设计参考高陡坡和裸岩绿化设计。

三、边坡绿化设计

（一）一般边坡的绿化设计

对于一切稳定和非稳定的人工边坡及自然裸露边坡，应尽可能恢复植被。植物护坡重点应对边坡所处的地理位置、坡向、坡高、坡比、土质、土层厚度、气候及水文等情况进行详细调查，分析论证各项特征值，评价和划分立地条件类型。选择适宜的植物种，并对草种、树种的混交方式、栽植密度等进行分析论证，提出结论性建议，比选和确定设计方案。

1. 种草护坡

种草是一种施工工艺简单、造价经济的坡面防护方法，可有效防止面蚀和细沟状侵蚀。由于草本植物之间的相互交叠，形成了一种类似屋顶瓦片的结构，从而在坡面水流通过时，可以保护土颗粒不随水流流失。另外，草皮护坡的一个极其重要的作用是草皮根系在土壤中的蔓延，固定了根系分布层的土体，从而起到一种“加筋”的作用，增加了工程的稳定性。

1）常规种草　种草护坡首先需要整治坡面，应根据坡面的土质状况采取相应的方法。当土质适宜时，可直接植草；若坡面土不宜于植草，应先铺垫土质适宜的种植土层。在风沙坡地应先布置沙障固定流沙，后播种草籽。

对坡比小于1∶1.5的土层较薄的沙质或土质坡面，高度在6m以内，宜采取常规种草斜坡防护工程。

常规种草时还应根据不同的坡面情况和不同的草种，采用不同的种植方法，一般有直播法和植苗法两种。直播法可采用穴播、沟播、水力播种等方法，通常采用草籽加土拌和后，均匀播种在表土适当翻松的坡面上；植苗法可采用穴植、沟植，苗木亦可采用裸根苗或带坨苗。

草的品种以根系发达，茎秆低矮，枝叶茂盛，生长力强，多年生为宜。

尽可能选择良好的植草期。一般情况下，暖季型草宜在春末至初夏种植，冷季型草宜在夏末种植，不应在入伏或入冬后种草，即宜在春秋季节内进行，不应在干燥的风季和暴雨季节播种。播种后及时洒水养护，坡土干燥时应连续数次洒水，以保持土中适宜的水分为度。洒水时间应在早晨和日落期间，不得在中午酷热时浇水。

大部分草种寿命为5～6年，为了防止退化，应尽可能采用多草种混播，使之生成一个良好的覆盖层。种草后1～2年内，应进行必要的封禁和抚育管理。

2）铺植草皮　铺草皮护坡，是将人工培育的优良的生长健壮草坪，用平板铲或起草皮机铲起，运至需绿化的坡面，按照一定的大小规格重新铺植；是一种可以使坡面迅速形成草坪的护坡绿化技术，也是设计应用最多的传统坡面植物防护措施之一，施工简单、工程造价较低。

铺草皮护坡具有成坪时间短、护坡功能见效快、施工季节限制少和前期管理难度大的特点。适用于附近草皮来源较易、保证养护用水持续供给性好的区域。其作用与传统种草措施相同，效果更好，一般常用于填方边坡。

在实际工程绿化中，各类土质边坡均可应用，可用于高陡的土坡上，亦可铺在严重风化的岩层和成岩作用差的软岩层边坡上。一般坡比不超过1∶1，局部可不陡于1∶0.75，坡高不超过10m的稳定边坡均可使用。

铺草皮护坡春季、夏季和秋季均可施工，适宜施工季节为春秋两季。施工工序为：平整坡面→准备草皮→铺草皮→前期养护。

3）*植生带植草*　植生带是采用专用机械设备，依据特定的生产工艺，把草种、肥料、保水剂等按一定的密度定植在可自然降解的无纺布或其他材料上，并经过机器的滚压和针刺的复合定位工序，形成的一定规格的产品。植生带护坡是一项新技术，在国外应用较早，我国20世纪80年代开始试制和应用，近年来在我国开发建设项目边坡防护中得到广泛推广。

植生带护坡具有以下特点：①植生带置草种与肥料于一体，播种施肥均匀，数量精确，草种、肥料不易移动；②具有保水和避免水流冲失草种的性质；③草种出苗率高、出苗整齐、建植成坪快；④采用可自然降解的纸或无纺布等作为底布，与地表吸附作用强，腐烂后可转化为肥料；⑤体积小、重量轻，便于贮藏，可根据需要常年生产，生产速度快，产品成卷入库，贮存容易，运输、搬运轻便灵活；⑥施工省时、省工，操作简便，并可根据需要任意裁剪。

与植生带技术类似的另一种新技术是生态植被毯，其利用稻草、麦秸等为原料作载体层，在载体层添加草种、保水剂、营养土等材料。植被毯的结构分上网、植物纤维层、种子层、木浆纸层和下网5层。植被毯可固定土壤，增加地面粗糙度，减少和减缓坡面径流，缓解雨水对坡面表土的冲刷；在植被毯中加入肥料、保水剂等材料，为植物种子出苗及后期生长创造良好的条件。在人工养护有一定困难的区域，生态植被毯的应用可大大减少后期的养护管理工作量。

植生带植草在我国各地均可应用，但在干旱、半干旱地区应保证养护用水的持续供给。一般用于土质填方坡高不超过10m的稳定边坡，如土质路堤边坡和土质路堑边坡；土石混合填方边坡经处理后可用。常用坡比1∶1.5～1∶2，坡比超过1∶2.5时应结合其他方法使用。

植生带植草施工一般在春季和秋季进行，应尽量避免在暴雨季节施工。其施工工序为：平整坡面→开挖沟槽→铺植生带→覆土、洒水→前期养护。

4）*三维植被网护坡*　三维植被网护坡是指利用活性植物并结合土工合成材料等工程材料，在坡面构建一个具有自身生长能力的防护系统，通过植物的生长对边坡进行加固的一门新技术。其可以根据边坡地形、土质和区域气候特点，在边坡表面覆盖一层土工合成材料并按一定的配比组合与间距种植多种植物。

三维植被网护坡具有以下特点：①固土性能优良；②消能作用明显；③网络加筋突出；④保温功能良好。

三维植被网护坡在我国各地均可应用，但在干旱、半干旱地区应保证养护用水的持续供给。每级坡高度不超过10m的各类稳定土质边坡均可应用（常用坡比1∶1.5，一般不超过1∶1，坡比大于1∶1时慎用），包括挖方和填方边坡，强风化岩石边坡也可应用，土石混合填方边坡经处理后可用。

三维植被网护坡施工一般在春季和秋季进行，应尽量避免在暴雨季节施工。其施工工序为：准备工作→铺网→覆土→播种→前期养护。

5）*挖沟植草护坡*　挖沟植草护坡是指在坡面上按一定的行距人工开挖楔形沟，在沟内回填改良客土，并铺设三维植被网（或土工网、土工隔栅），然后进行喷播绿化的一种护坡技术。该项技术是传统沟播、三维植被网和液压喷播3种护坡方法的有机结合，充分发挥了三者的优点，实现了优势互补，使得该项技术应用范围更广，特别是可用于坡比为1∶1的较陡边坡，并可用于泥岩、页岩等软岩边坡。

挖沟植草护坡具有以下特点：①适用范围广；②固土性能优良、消能作用明显；③成坪速度快，草坪覆盖度大，草坪均匀度大、质量高等。

挖沟植草护坡在我国各地均可应用，但在干旱、半干旱地区应保证养护用水的持续供给。通常适于泥岩、页岩及泥、页岩互层等易开挖沟槽的软质岩挖方稳定边坡，每级坡高度不超过10m；常用坡比1∶1～1∶2.5，坡比超过1∶1时应结合坡面锚杆使用，坡比不得超过1∶0.75。

挖沟植草护坡施工一般在春季和秋季进行，应尽量避免在暴雨季节施工。其施工工序为：平整坡面→排水设施施工→楔形沟施工→回填客土→三维植被网施工→喷播施工→盖无纺布→前期养护。

6）*液压喷播植草护坡*　液压喷播植草护坡是把优选出来的绿化草种、肥料、粘着剂、保水剂、纤维覆盖物、着色剂等与水按一定比例混合成喷浆，通过液压喷播机直接喷射到待绿化区域上的一种植草方法。其具有以下特点：①施工简单、速度快；②施工质量高，草籽喷播均匀，发芽快、整齐一致；③防护效果好，正常情况下，喷播一个月后坡面植物覆盖率可达70%以上，2个月后形成防护、绿化功能；④适用性广；⑤工程造价低。目前，国内液压喷播植草护坡在公路、铁路、路堤、城市建设等部门边坡防护与植被建设工程中使用较多。液压喷播植草在我国地区均可应用，但在干旱、半干旱地区应保证养护用水的持续供给。一般用于土质填方不超过10m的稳定边坡，土石混合填方边坡经处理后可用，也可用于土质挖方边坡。常用坡比1∶1.5～1∶2，坡比超过1∶2.5时应结合其他方法使用。

液压喷播植草护坡施工一般在春季和秋季进行，应尽量避免在暴雨季节施工。施工工序为：平整坡面→排水设施施工→喷播施工→盖无纺布→前期养护。

7）*生态植被袋生物护坡技术*　生态植被袋生物护坡技术是将选定的植物种子通过两层木浆纸附着在可降解的纤维材料编织袋的内侧，施工时在植被袋内装入营养土，封口后按照坡面防护要求码放，经过浇水养护，即能够实现边坡防护与绿化的目的。

8）*生态灌浆技术*　生态灌浆技术是沿用工程灌浆的一项新技术，主要使用于石质堆渣等地表物质呈块状、空隙大、缺少植物生长土壤物质基础的区域。应用时，先把植被恢复所需基质材料、粘土、水等根据一定的比例配置成浆状，然后对表层的植物生长层进行灌浆；这样不仅可使表层稳定，起到防渗作用，而且可给植物的生长提供土壤和肥力条件，使植物恢复成为可能。该技术主要用于石质堆渣高陡边坡的局部绿化。

9）*可选用的植物材料*　草种选择与树种选择相似，必须根据种草地的生境条件，主要是气候条件和土壤条件，选择适宜的草种，同时应做到生态与经济兼顾，就是说选择草种必须做到能发芽、生长、发育正常，且经济合理。如有些草种，种植初期表现好，但很快就出现退化；还有一些草种看上去生长很好，但管理技术要求高和投入太大，这都不能算正确的草种选择。当然，草种选择也要注意其定向目标，培育牧草选用较好的立地，培育水土保持草地时可选用较差的立地，乔灌草结合时应选择耐阴的草种。

草种选择的方法，一是调查现有草地（特别是人工草地）、草坪，获得草种生长状况的有关资料，如生物量、生长量、覆盖度等，比较分析，选择适宜的草种；二是通过试验研究，即在发展种草的地区，选择有代表性的地块，引进种植不同的草种，观察其生长情况，筛选出适宜的草种。由于草种生长周期短，第二种方法也是经常采用的方法。

黄河中游黄土地区土壤瘠薄，气候干旱，雨量较少，冬春多风，夏季最高温度可达40℃，冬季最低温度为−30℃，因此，适宜种植耐寒、耐旱、耐瘠薄、抗逆性强的草种，如紫苜蓿、草木樨、红豆草、毛叶苕子、野豌豆、沙打旺、无芒雀麦、羊茅、老芒麦、冰草等。南方地区，土壤肥力中等，气候温暖湿润，年降雨量丰富，昼夜温差中等，冬季与夏季的温差比北方地区小，夏季最高温度可以高达40℃，冬季最低温度很少低于−10℃。因此，南方地区适宜种植的草种应具有中等耐寒力、适当耐旱，有一定的耐瘠薄能力，喜欢温暖湿润，有一定的抗逆能力，生长快，再生性强，产量高，割后恢复覆盖快，畜、禽、鱼爱吃的草或水土保持功能强的草种，如红三叶、白三叶、紫苜蓿、草木樨、篙藤、黑麦草、鸡脚草、苏丹草、苇状羊茅等。南方的高山地区（海拔在800～2000m的山区），土壤肥力中等，气候温暖湿润，昼夜温差中等，冬夏温差也是中等，夏季最高温度为28～32℃，冬季最低温度为10～12℃，年降雨量高，一般为1500～1800mm，这些地区适宜的草种有红三叶、白三叶、杂三叶、多年生黑麦草、鸡脚草、苇状羊茅等。

草坪草种的选择除注重其生物学特性，还应注意其外观形态与草姿美观、植株低矮、绿叶期长、繁殖迅速容易等要求。

2. 造林护坡

造林护坡主要适用于土层相对较厚的坡面。造林是防治水土流失的重要措施，一般应采取较大的造林密度，乔灌混交或灌草混交，以提高蓄水保土功能。坡度在10°～20°的南方坡面土层厚度15cm以上，北方坡面土层厚40cm以上，立地条件较好的地方，均可采用造林护坡，如矿山植被恢复中经常采用造林护坡。在北方黄土高原地区，也可在更陡的坡面上造林，但必须在搞好整地措施的前提下与削坡开级结合。合理配置的护坡林对防止浅层块体运动有一定效果。其中，岩面垂直绿化是在普通坡面造林绿化技术基础上的延伸，是通过对坡度较陡、不适合采用其他绿化方式的裸岩，在岩体的坑洼部位种植攀缘植物的容器苗，实现岩体、挡墙绿化和生态修复的技术措施。这种技术延伸了以往只在岩体或挡墙下部种植攀缘植物的模式，结合工程措施在它们上部或中部种植木本攀缘植物。

通常情况下造林护坡要遵循以下原则。

（1）护坡造林宜采用深根性与浅根性相结合的乔灌木混交方式，并选用适应当地条件的、速生的、固土功能强的、耐旱、耐瘠薄的乔木和灌木树种。

（2）在地面坡度、坡向和土质较复杂的坡面，将造林护坡与种草护坡相结合，实行乔灌草相结合的植物或藤本植物护坡。

（3）采用植苗造林时，应选择优质苗木栽植，在立地条件极差的地方，应采用带土坨苗栽植，并适当密植。

（4）藤蔓植物护坡在各地均可应用，对边坡也没有限制。一般来说，藤蔓植物护坡多用于已修建的圬工砌体等构造物处、路堑边坡平台和坡比超过1∶0.3的岩石边坡。常用木本攀缘植物有爬山虎、美国爬山虎和常春藤等。

（二）高陡边坡绿化设计

1. 钢筋混凝土框架内填土植被护坡

1）适用范围　该法适用于各类边坡，但由于造价高，仅在那些浅层稳定性差且难以绿化的高陡岩坡和贫瘠土坡中采用。

2）技术要求

（1）整平坡面，清除坡面危石。预制埋于横向框架梁中的土工格栅。

（2）按一定的纵横间距施工，锚杆框架梁、竖向锚梁钢筋上预系土工绳，以备与土工格栅绑扎用。视边坡具体情况选择框架梁的固定方式。

（3）预埋用做加筋的土工格栅于横向框架梁中，土工格栅绑扎在横梁箍筋上，然后浇注混凝土，留在外部的用做填土加筋。按由下而上的顺序在框架内填土，根据填土厚度可设两道或三道加筋格栅，以确保加筋固土效果。

（4）当坡比陡于1：0.5时，须挂三维植被网，将三维网压于平台下，并用土工绳与土工格栅绑扎。三维网竖向搭接15cm，用土工绳绑扎；横向搭接10cm，搭接处用U形钉固定，坡面间距150cm。网与竖梁接触处回卷5cm，用U形钉压边，要求网与坡面紧贴，不能悬空或褶皱。

（5）采用液压喷播植草，将混有种子、肥料、土壤改良剂等的混合料均匀喷洒在坡面上，厚1～3cm，喷播完后，视情况覆盖一层薄土，以覆盖三维网或土工格栅为宜。覆盖土工膜并及时洒水养护边被，直到植草成坪。

2. 预应力锚索框架地梁植被护坡

1）适用范围　适用于边坡坡比大于1：0.5（高度不受限制）、稳定性很差的高陡岩石边坡，且无法用锚杆将钢筋混凝土框架地梁固定于坡面的，必须采用锚索加固边坡，同时将钢筋混凝土框架地梁固定到坡体上，然后在框架内植草护坡。

2）技术要求

（1）根据工程情况确定预应力锚索间距、锚杆间距。

（2）施工锚索，浇筑锚索反力座。反力座达到强度后，将锚索张拉到设计值。锚索头应埋入混凝土中。

（3）钻锚杆孔，浇筑框架地梁。锚索反力座和框架内都应配钢筋，浇筑反力座时应预留钢筋，以便和框架梁相连。张拉锚杆后，将锚头埋入混凝土中。整平框架内的坡面，视需要填入部分土质。

（4）采用厚层基材喷射植被护坡技术，在框架内喷射种植基和混合草种，根据工程情况和当地的气候条件选择草种。

3. 预应力锚索地梁植被护坡

1）适用范围　适用于浅层稳定性好但深层易失稳的高陡岩土边坡，不必用框架固定浅层，只用地梁即可。

2）技术要求

（1）开挖并平整坡面，在坡面上定出地梁位置并铺设模板，留出预应力锚索孔的位置，浇筑地梁，待地梁强度达到要求后钻锚索孔，清孔下锚索并给锚孔注浆，待浆体强度达到设计要求后按一根地梁上的锚索数量和设计的张拉工序张拉锚索到设计吨位。

（2）视情况在地梁之间采用浆砌片石等方法形成框架。

（3）采用液压喷播或厚层基材喷射植被护坡等方法进行护坡。

（4）对坡面植被进行养护直到长出茂盛的植被。

4. 厚层基材喷射植被护坡技术

1）适用范围　适用于无植物生长所需的土壤环境，也无法供给植物生长所需的水分和养分的坡面。

2）技术要求

（1）清理、平整坡面。清除坡面浮石、浮根，尽可能平整坡面，禁止出现反坡。

（2）钻孔。按设计布置锚杆孔位，用风钻凿孔，钻孔孔眼与坡面垂直，孔径25mm。

（3）安装锚杆。采用水泥砂浆固定锚杆，水泥砂浆应填满钻孔并捣实。

(4) 铺设、固定网。铺设时网应张拉紧，网间搭接宽度不小于 5cm，每隔 30cm 用 18 号铁丝绑扎，安装锚杆托板固定网。

(5) 拌和基材混合物。把绿化基材、纤维、种植土及混合植被种子按设计比例依次倒入混凝土搅拌机料斗搅拌，搅拌时间不应小于 1min。

(6) 上料。采用人工上料方式，把拌和均匀的基材混合物倒入混凝土喷射机。

(7) 喷射基材混合物。喷射尽可能从正面进行，避免仰喷，凹凸部及死角部分要充分注意。基材混合物的喷射应分两次进行，首先喷射不含种子的基材混合物，然后喷射含种子的基材混合物，含种子层厚度为 2cm。

四、园林式林草种植工程

开发建设项目水土保持工程经常涉及厂区、生活区、管理区的道路及园林小景，一般需采取园林式绿化。园林设计是一门单独学科，以下将结合开发建设项目水土保持工程设计作简单介绍。有关内容请参考园林设计有关规范。

(一) 园林植树（乔灌）方法

1. 孤植

1) 基本要求　单株树木孤植，要求发挥树木的个体美，作为园林构图中的主景，也可将数株同一树种密集种植为一个单元，效果与一株孤植大树相似。

2) 孤植位置　孤植树木的四周应留出最适宜的观赏视距，一般配置在大草坪及空地中央，地势开阔的水边、高地、庭园中、山石旁，或用于道路与小河的弯曲转折处。

3) 孤植树种　孤植树木宜选用树体高大、姿态优美、轮廓富于变化、花果繁茂、色彩艳丽的树种，如雪松、云杉、银杏、香樟、七叶树及国槐等。

2. 对植

1) 基本要求　采用同一树种的树木，垂直于主景几何中轴线对称（对应）栽植。

2) 对植位置　常用于大门入口处或桥头等地。

3) 对植的灵活处理　自然式园林布局，可采用非对称种植，允许树木大小、姿态有所差异，与中轴线距离不等，但须左右均衡，如左侧为一株大树，则右侧可为两株小树。

3. 丛植

1) 基本要求　将 2～3 株至十几株乔木加上若干灌木栽植在一起以表现群体美，同时表现树丛中的个体美。

2) 丛植树种　以庇荫为主时，树种全由乔木组成，树下配置自然山石、座椅等供人休憩。以观赏为主时，用乔木和灌木混交，中心配置具独特价值的观赏树。

4. 群植

1) 基本要求　将 20～30 株或更多的乔、灌木栽植于一处，组成一种封闭式群体，以突出群体美。林冠部分与林缘部分的树木，应分别表现为树冠美与林缘美。群植的配置应具有长期的稳定性。

2) 群植位置　主要布置在有足够视距的开阔地段，或在道路交叉角上，也可作为隐蔽、境界林种植。

5. 带植

1) 基本要求　布设成带状树群，要求林冠线有高低起伏，林缘线有曲折变化。

2）带植位置　布设于园林中不同区域的分界处，划分园林空间，也可作为河流与道路林道两侧的配景。

3）带植树种　用乔木、亚乔木、大小灌木及多年生花卉组成纯林或混交林。

6. 风景林

结合游览休憩活动的风景林，其疏密配合应恰当，疏林下或林中空地可结合布置草地或园林小品等，并适当配置林间小路，使其构成幽美环境。

风景林的布设应注意树种的组成及其色彩、形态的配合，对周围景物、地形变化，包括近景、远景等都应综合考虑，加以调节和利用，以充分发挥森林风景的效果。

7. 绿篱

1）基本要求　用灌木等紧密栽植的围篱或围墙，起间隔空间、遮蔽、防尘、减少噪音等作用。

2）树种要求　建造绿篱应选用萌蘖力和再生力强、分枝多、耐修剪、叶片小而稠密、易繁殖、生长较慢的树种。

3）绿篱种类　绿墙，高1.6m以上；高绿篱，高1.2～1.6m；中绿篱，高0.5～1.2m；低绿篱，高0.5m以下。

4）绿篱树种　绿篱，由常绿灌木组成；叶篱，由带叶灌木组成；花篱，由开花灌木组成；果篱，由赏果灌木组成；蔓篱，将种植的蔓生植物缠绕在制好的钢架或竹架上。

（二）园林花卉建植

（1）在广场中心、道路交叉处、建筑物入口处及其四周，可设花坛或花台。

（2）在墙基、斜坡、台阶两旁、建筑物和道路两侧，可设置花境。

（3）对一些需装饰的地物或墙壁可用凌霄等观赏为主的攀缘植物覆盖，建成花墙。

（三）园林草坪建植

1. 布设要求

（1）较大面积的草坪布设应与周围园林环境有机结合，形成旷达疏朗的园林环境，同时还应利用地貌的起伏变化，创造出不同的竖向空间境域。

（2）草坪的地面坡度应小于土壤的自然稳定角（一般为30°），如超过则应采取护坡工程。运动场草坪排水坡度在0.01左右，游憩草坪排水坡度一般为0.02～0.05，最大不超过0.15。

2. 草种选定

铺设草坪的草种，应具有耐践踏、耐修剪、抗旱力较强等特性，北方地区还应重视草种的耐寒性。

3. 种植技术

根据不同草种的特点，分别采取铺草皮和播草籽等不同的种植方式。

（四）园林植树（乔灌）栽植标准

（1）先栽植较大型主体树木，而后配置小乔木及灌木类。

（2）植物材料应垂直埋入土中，植深以低于植穴上线5～10cm为原则，不得过深或过浅，更应考虑新填土壤日久下陷的幅度。

（3）种植时植穴底部应先置松土10～20cm厚。回填应使用所定分量的肥料混合土，四周土壤应分次埋下，同时灌水充分夯实。夯实时应注意避免伤及根系及护根土球，然后表面再置一层松土，以利吸收水分和通气。

（五）种植穴开挖标准

（1）大乔木的植穴深度最好为1～2m，植穴最底层需有10～15cm厚的土层。

（2）灌木的植穴深度最好为35～45cm，植穴最底层需有10～15cm厚的土层。

（3）地被草坪的客土厚度至少10cm。

第八节 防风固沙工程

风沙区或易遭受风蚀的地区进行开发建设，因开挖地面、破坏植被，必然加剧风蚀和风沙危害，对此危害不进行防治，项目区的开发建设也会受到影响。因此必须采取防风固沙工程来控制其危害。

一、设计原则

我国遭受风沙危害的地区可分为3种类型，不同地区的风蚀和风沙危害特点不同，防风固沙的基本原则和措施也不一样。开发建设项目区的防风固沙工程应与保护建设工程紧密结合起来，应根据项目区所在地风沙危害的不同特点，布置防风固沙工程，并应符合下列要求：

1. 北方风沙区

北方风沙区主要分布在“三北”地区大部分省（自治区），区内沙漠、沙化土地和风蚀严重（极易沙化）的地区，存在着流动沙丘、半固定沙丘、固定沙丘及易风蚀的沙化土地。防风固沙应以植被措施为主，同时结合人工沙障，特别重要的地段，又无法恢复植被的，可采用化学固沙，有条件的地区可平整沙丘和引水拉沙造地。

2. 黄泛沙区

黄泛区古河道沙地及河流沿岸沙地或次生沙地，应研究沙地的成因，在害风方向设置防风林带，堵截风源，并采取翻土压沙、植被固沙等措施，将沙地改造成果园地或农田。

3. 东南沿海风沙区

东南沿海风沙主要发生在海水潮涨的海岸线，风源是沿海大风，故应顺海岸线选择抗风性强的树种，采用客土造林法，营造海岸防风林带。

二、固沙工程措施

（一）沙障固沙

沙障又叫风障，是用柴草、秸秆、粘土、树枝、板条、卵石等物料在沙面上做成的障蔽物，是消减风速、固定沙表的有效的工程固沙措施。主要作用是固定流动沙丘和半流动沙丘。

（二）造林种草固沙

1. 造林固沙

风沙区的开发建设项目，应尽可能采用造林固沙，只有这样才能改变生态环境。在项目区周围应营造防风固沙林带，风口地带进行风口造林，林带间和风口内沙地进行成片造林。

2. 种草固沙

种草固沙在防风固沙中经常采用，草种应具有较强抗风、抗旱、抗寒、耐沙埋和沙割等抗逆性能，并有较强的固沙能力，如北方沙区的沙蒿、沙打旺、无芒雀麦，南方的葛藤等。种草一般布置在风蚀较轻或固定沙丘地上，要求与一般水土保持相同，具体布设可参考有关规范。

（三）化学固沙技术

我国于1956年开始研究化学固沙，20世纪60年代对沥青乳剂固沙进行了配方、喷洒工艺、机具、选择树种与栽植方法等综合性研究，取得了成效，但当前仍处在以沥青乳液为三的小面积应用阶段。

化学固沙属于工程治沙措施之一，可以看成是机械固沙的一种特例。化学固沙是在流动沙地上喷洒化学胶结物质，使其在沙地表面形成一层有一定强度的防护壳，避免气流对沙表的直接冲击，达到固定流沙的目的。此种措施收效快，便于机械化作业，但成本高，多用于严重风沙危害地区的开发建设项目的防护，如铁路、公路、机场、国防设施、油田等。选择化学胶结物时应考虑沙地的透气性，尽可能与植物措施相结合。

目前，国内外用做固沙的胶结材料主要是石油化学工业的副产品。我国一般常用的有沥青乳液，它在常温下具有流动性，便于使用，价格也较低。常见化学胶结物还有油叶岩矿液、合成树脂、合成橡胶等，也可使用一些天然有机物，如褐煤、泥炭、城市垃圾废物、树脂等。此外，最近兴起的高分子吸水剂，可以吸附土壤和空气中的水分，供植物吸收，也有助于固沙。还可以使用土工织物，并在其中种植植物，以达到固沙的目的。

（四）平整沙丘造地技术

平整沙丘造地不仅能够防沙固沙，而且能够提高土地生产力，为项目区服务。无水源的地区可用推土机平整沙丘；有水源地区可采用引水拉沙的办法平整沙丘，平整后的沙地如有条件可引洪淤地。整治好的沙丘应根据立地条件，植树种草恢复植被，条件好的，可考虑耕种。

第九节 临时防护工程

开发建设项目从动工兴建到建成投产正常运行，其间往往历时较长，如不及时落实“三同时”制度和采取有效措施，可能会造成严重的水土流失。临时防护工程是开发建设项目水土保持措施体系中不可缺少的重要组成部分，在整个防治方案中起着非常重要的作用。

一、设计原则

（1）施工建设中，临时堆土（石、渣）必须设置专门堆放地，集中堆放，并应采取拦挡、覆盖等措施。

（2）对施工开挖、剥离的地表熟土，应安排场地集中堆放，用于工程施工结束后场地的覆土利用。

（3）施工中的裸露地，在遇暴雨、大风时应布设防护措施，如裸露时间超过一个生长季节的，应进行临时种草加以防护。

（4）施工建设场地、临时施工道路应统一规划，并采取临时性的防护措施，如布设临时拦挡、排水、沉砂等设施，防止施工期间的水土流失。

（5）施工中对下游及周边造成影响的，必须采取相应的防护措施。

二、适用范围

（1）临时防护工程主要适用于工程项目的基建施工期，为防止项目在建设过程中造成的水土流失而采取的临时性防护措施。

（2）临时防护工程一般布设在工程的施工场地及其周边、工程的直接影响区范围。

（3）防护的对象主要是各类施工场地的扰动面、占压区等。

三、工程的类型

1. 临时工程防护措施

临时工程防护措施主要有挡土墙、护坡、截（排）水沟等几种。临时工程防护措施不仅工程坚固、配置迅速、起效快，而且防护效果好，在一些安全性要求较高和其他临时防护措施不能尽快发挥效果时，则必须采取这种防护措施。

2. 临时植物防护措施

临时植物防护措施主要有种树、种草或树草结合，或者种植农作物等。临时植物防护措施不仅成本低廉、配置简便，宜农则农、宜林则林、宜草则草，时间可长可短，而且防护效果好、经济效益高、使用范围广。

3. 其他临时防护措施

由于工程性质不同，开发建设的方式、特点也不一样，有许多时候难以配置临时植物或工程防护措施，需要因地制宜地采取其他有效的防护措施，如开挖土方的及时清运、集中堆放、平整、碾压、削坡开级、薄膜覆盖等。

四、适应条件

（一）临时工程防护措施

临时工程防护措施在设计要求上标准可适当降低，但必须保证安全运行。设计时应对项目的生产特点、工艺流程、地形地貌、生产布局等情况进行详细调查，准确计算工程量，使工程措施既满足防护需要，又不盲目建设而造成浪费。

1. 临时挡土（石）工程

临时挡土（石）工程一般修建在施工场地的边坡下侧，及其他临时性土、石、渣堆放体和地表熟土临时堆放体的周边等。临时挡土（石）工程的规模应根据渣体的规模、地面坡度、降雨等情况的分析确定。临时挡土（石）工程防洪标准可以根据确定的工程规模，参考相应的弃渣防治工程的防洪标准确定。

2. 临时排水设施

临时排水设施可以采用排水沟（渠）、暗涵（洞）、临时土（石）方挖沟等，也可利用抽排水管，一般布置在施工场地的周边。临时排水设施规模和标准，根据工程规模、施工场地、集水面积、气象降雨等情况分析确定。临时排水设施的防洪标准应根据确定的工程规模，参考相应的弃渣防治工程的防洪标准确定。

3. 沉砂池

沉砂池一般布置在地表径流回流及挖泥和运输方便的地方，以利于清淤，其作用主要是沉积施工场地产生的泥沙。沉砂池的容量根据流域地形地质和可能产生的径流、泥沙量确定。

（二）临时植物防护措施

对裸露时间超过一个生长季节的地段，应采取临时植物防护措施。临时植物防护措施的应用较为普遍，配置方便，设计时要充分考虑地形条件、生产工艺、防护要求等，要在满足防护需要的同时，尽可能降低防护成本。

1. 种植农作物

对于需要临时防护的地段，能种植农作物者尽量种植，不仅可以降低防护成本，同时也可增加一定收益。种植农作物前需采取必要的土地整治措施，其种植方法可参照常规农业耕作方法。

2. 临时种草

临时种草是最常见的配置方式，临时种草主要采取土地整治、播撒草籽的方式进行。具体要求参见相关的标准执行。

3. 临时植树

临时植树主要针对裸露时间较长的地段，临时植树前应采取必要的土地整治，植树方式需根据树种特性和立地条件具体确定，或植苗播或播种。具体要求参见相关的标准执行。

（三）其他临时防护措施

1. 表面覆盖

表面覆盖是一种应用最为广泛的临时防护措施，其作用也较为明显。施工中的各类裸露地、开挖的弃土（石）、建筑用砂石料的运输过程中，应采用土工布、塑料布等覆盖，风沙区部分场地也可用草、树枝等临时覆盖，避免大风或强降雨天气产生水土流失。

2. 平整碾压

平整碾压主要针对临时堆放的弃土弃渣，应对其采取平整碾压措施，改变弃土弃渣局部地貌，增加其紧实度，避免大风或强降雨天气产生水土流失。

思　考　题

1. 开发建设项目中的水土保持措施有哪几类？
2. 水土保持工程措施的设计要求有哪些？
3. 拦洪坝的坝址选择应符合什么条件？
4. 土坝的断面设计要素有哪些？
5. 排洪渠的布置原则的什么？
6. 护岸护滩工程有几种型式？
7. 斜坡防护工程措施设计原则是什么？
8. 影响边坡稳定的因素有哪些？
9. 土质边坡的削坡开级有哪 4 种型式？

第七章　水土保持监测

开发建设项目的水土保持监测是运用多种技术手段和方法，准确测定和掌握项目区原生水土流失现状，并对项目建设、生产过程中新增水土流失的成因、类型、强度、数量和危害，以及水土保持措施实施情况和效果进行分析，预测水土流失发展趋势和水土保持成就，是水土保持方案的重要组成部分。

第一节　水土保持监测的基本要求

一、监测的目的意义

开发建设项目的水土保持监测专业性较强。根据有关水土保持法规的规定和要求，建设单位需委托具有相应资质等级的监测咨询机构，从施工准备开始，到工程实施和竣工投产运行开展全过程的水土保持监测。监测的目的在于以下几方面。

1. 对项目建设过程中的水土流失进行适时监测和控制

及时掌握施工过程中产生水土流失的时段、数量、强度、影响范围及产生的后果等情况，了解水土保持方案各项防治措施实施后的防治效果及取得的效益，及时发现问题并采取相应的补救措施，确保各项水土保持措施能正常发挥作用，最大限度地减少水土流失，改善生态环境。

2. 为同类开发建设项目水土流失预测和制定防治措施体系提供依据

通过各类建设项目的水土保持监测，积累大量的实测资料和数据，为确定水土流失预测参数、预测模型和制定科学的防治方案服务；同时验证水土保持方案防治措施布设的合理性，进一步完善防治措施体系，促进防治措施的针对性，提高防治效果。

3. 为项目的水土保持专项验收提供技术依据

通过对建设项目全过程的监测，评价项目建设过程中的施工准备、建设实施、生产运行等环节的水土流失防治效果，判别是否达到国家规定的水土流失防治标准及水土保持方案设计的目标，水土保持设施及主体工程可否投产使用，以及能否通过水土保持验收等，并提供技术依据。

4. 为水土保持监督管理积累资料和提供依据

通过积累各类建设项目建设过程中的水土保持监测资料，可以分析总结不同建设时段易产生水土流失的环节和空间分布，为监督检查和管理提供依据，提高开发建设项目水土保持工程的管理水平。

5. 为 6 项指标的计算提供技术支撑

通过水土保持监测采集的数据和统计分析，确定水土保持效益基础参数，为 6 项指标的计算提供技术保证。

6. 促进水土保持方案的实施

运用地面监测、现场巡查、调查监测等手段，对新增水土流失的成因、数量、强度、影响范围和危害进行监测，可以及时了解水土保持方案的实施情况及防治效果。对水土保持措施实施不到位的，通过监测监督促其实施，并总结、改进和完善水土流失防治措施体系，以达到全面防治水土流失、改善生态环境的目的。

二、监测原则

（1）科学划分监测范围，全面监测与重点监测相结合。

（2）以扰动地表监测为中心，监测点位布设应有代表性。

（3）监测方法得当、时段合理、频次适宜。

（4）以全面反映 6 项防治目标为目的。

（5）开展全过程动态监测，保证监测成果完整性。

三、水土保持监测的基本规定

1. 技术依据

开发建设项目的水土保持监测应按照相应的标准和程序开展，需遵循相关的技术规范。如《水土保持监测技术规程》（SL277－2002）、《水土保持试验规程》（SL419—2007）、《土壤侵蚀分类分级标准》（SL190—2007）等。

2. 资质要求

为了加强对水土保持监测工作的管理，保证监测工作质量，水利部制定了《水土保持监测资格证书管理暂行办法》，规定凡从事水土保持监测工作的单位，必须取得《水土保持监测资格证书》；凡从事水土保持监测工作的技术人员，必须接受水利部等相关部门组织承办的水土保持监测技术培训，并取得《水土保持监测人员上岗证书》后方可开展监测工作。

水土保持监测资格证书分为甲、乙级两个等级，甲级持证单位可以在全国范围内承担各类项目的水土保持监测工作，乙级持证单位可以在本省范围内承担省级以下项目的监测工作。

申请甲级资格证书的单位须具备以下条件。

（1）具备法人资格，组织机构和管理管理制度健全，有固定的工作场所。

（2）从事监测工作的技术人员中，至少有 3 名具有高级技术职称和 5 名具有中级技术职称。

（3）具有从事水土保持、土壤、地理、水文、生物、遥感、计算机等专业的技术人员，大专以上文化程度的人员超过 80%。

（4）具有与监测工作相适应的专业设施和设备。

（5）固定资产在 500 万元以上。

申请乙级资格证书的单位须具备以下条件。

（1）具备法人资格，组织机构和管理管理制度健全，有固定的工作场所。

（2）从事监测工作的技术人员中，至少有 5 名以上的中级技术职称人员，大专以上文化程度的人员超过 70%。

（3）具有从事水土保持、土壤、地理、水文、生物、遥感、计算机等专业的技术人员。

（4）具有与监测工作相适应的专业设施和设备。

（5）固定资产在 300 万元以上。

3. 其他要求

承担监测工作的单位应根据批准的水土保持方案，经过一定深度的现场查勘和调查，针对项目的具体特点，对水土保持监测的内容、时段、监测点布设、主要观测指标及其方法与频次、监测工作组织管理、实施进度和预期主要成果等进行设计，编制实施计划，并可作为开发建设项目水土保持监测技术服务合同的技术条款或附件，使监测工作有章可循、监测工作进度与监测成果质量得到保证。监测过程中应及时将监测成果分别报送建设单位和当地水行政主管部门。

第二节 监测范围、分区、时段

一、监测范围

水土保持监测范围是指工程建设过程和（或）生产活动产生的水土流失及危害的区域范围，包括工程建设和（或）生产活动过程中扰动原地貌、损坏土地、损坏植被、损坏水土保持设施的范围。在制定水土保持监测方案和实施过程中，根据工程设计与施工实际情况，对防治责任范围进行动态监测，灵活掌握监测区域的水土流失变化。对水土保持监测范围的界定可以依据水土流失防治责任范围界定总的监测范围，也可以依据项目施工进度界定每个阶段的监测范围。

1. 依据水土流失防治责任范围确定总的监测范围

一般地，水土保持监测范围应该与开发建设项目水土保持方案报告书确定的水土流失防治责任范围一致。水土流失防治责任范围包括项目建设区和直接影响区，水土保持监测范围一般不得小于水土保持方案确定的水土流失防治责任范围，也不得偏离水土流失防治责任范围。如果在水土保持方案以后的设计过程中，对方案报告书中确定的水土流失防治责任范围进行调整并得到方案审批机关确认，或者在主管部门会同有关部门实地考察后对方案报告书中确定的水土流失防治责任范围进行了调整，可以将调整后的水土流失防治责任范围作为水土保持监测范围。

2. 依据项目施工进度界定每个阶段的监测范围

水土保持监测范围的确定不仅要考虑空间范围，而且要考虑时间因素；或者在确定空间范围时，应该充分考虑工程建设和（或）生产运行的进程（或建设阶段）的影响，分别确定不同阶段的监测范围。

二、监测分区

1. 分区目的

水土保持监测范围分区是根据水土流失的类型、成因及影响水土流失发育的主导因素的相似性，对整个水土保持监测范围进行划分。分区的目的是为不同区域确定具有特色的水土保持监测指标和采取具有针对性的监测方法提供主要依据，并为分区进行水土流失及防治效果预测奠定基础。

2. 分区原则

水土保持监测范围分区要突出反映不同区水土流失特征的差异性、反映同一区水土流失特征的相似性，要求同一区自然营力、人为扰动及水土流失类型、防治措施基本相同，而不同区之间则有较大差别。

（1）不同区之间具有显著差异性。

（2）同一区内部具有明显一致性。

（3）多级分区具有系统性。

（4）兼顾行政区域的完整性。

3. 分区体系

针对不同规模或监测范围大小不同的开发建设项目，水土保持监测范围分区体系可以归纳为：对于大型开发建设项目，水土保持监测范围分区应在水土流失类型区、地带区、地类副区划分的基础上，依据项目功能分区进一步进行水土流失基本单元区划分；对于较小的开发建设项目，水土保持监测范围分区应在水土流失地类副区划分的基础上，依据项目功能分区进一步进行水土流失基本单元区划分；对于更小的开发建设项目，水土保持监测范围分区可以直接依据项目功能区进行水土流失基本单元区划分。

一般监测分区与水土流失防治分区一致。

三、监测时段

水土保持监测的时段因建设项目的性质有所不同。

建设类项目，其监测时段划分为施工建设期和试运行期。即监测时段从施工准备期开始至设计水平年结束，如公路、铁路、水利水电、管道工程等建设类项目。

生产建设类项目，其监测时段划分为施工建设期、试运行期和生产运行期。即监测时段从施工准备期开始至投产后2～3年结束，或至方案服务期末，如矿类、火力发电、冶炼工程等生产建设类项目。

施工前需要进行本底值的调查和监测，以便于项目施工、自然恢复期和运行期间的监测结果进行对比分析。

第三节 监测内容、方法、频次

一、监测内容

1. 项目建设进展状况监测

项目建设进展状况监测包括项目建设占地和扰动地表面积，挖填方数量和占地面积，弃土（石、渣）量，堆放形态和面积，以及临时堆土数量、堆放时间、形态和占地面积、毁坏林草覆盖面积等。

2. 水土流失动态变化监测

水土流失动态变化监测包括水土流失类型、面积、程度和流失总量的变化及其对下游和周边地区造成的危害和趋势。

3. 水土保持措施防治效果监测

水土保持措施防治效果监测包括各类防治措施的数量和质量、林草措施的成活率、保存率、生长情况及覆盖率，工程措施的稳定性、完好程度和运行情况，以及各类防治措施的拦渣保土效果。

4. 影响水土流失因子监测

影响水土流失因子监测包括地形地貌、土壤性质、植被覆盖度、气象（降水、风、温度）、地质等。

5. 水土流失危害监测

水土流失危害监测可根据水土流失防治措施的薄弱环节以及生产生活集中区设置。重点是施工过程中防治措施不能及时到位的施工区（段）。

6. 防治目标监测

防治目标监测反映出扰动土地整治率、水土流失总治理度、土壤流失控制比、拦渣率、林草植被恢复率、林草覆盖率等6项指标。

除此之外，还必须对项目建设区水土流失背景值、现有土地利用情况及面积、地类、植被覆盖率和类型、水土流失现状、水土保持设施的数量和面积、直接影响区及项目周边的水土流失变化情况和水土流失灾害情况等进行监测。

二、监测方法

开发建设项目的水土保持监测应采取调查监测与定位监测相结合的方法，有条件的大型建设项目可同时采用遥感监测方法。

1. 监测方法遵循原则

（1）小型工程宜采取调查监测的监测方法。

（2）大、中型工程应采取定位监测和调查监测相结合的方法。

（3）规模大、影响范围广、有条件的特大型工程除定位监测、调查监测，还可以采取遥感监测的方法。

（4）水土流失影响因子和水土流失量的监测应采用定位监测法。

（5）扰动面积、弃渣量、地表植被和水土保持设施运行情况等项目的监测应采取调查法和定位观测。

（6）施工过程中时空变化多、定位监测困难的项目可采用调查监测。

2. 调查监测

调查监测包括普查、抽样调查、地块调查、访问调查和巡查等方法。监测内容包括地形地貌，占地面积，扰动地表面积，挖填方量，弃渣量及堆放形态，对项目及周边地区可能造成的水土流失危害，防治措施数量和质量，林草成活率，保存率，生长情况和覆盖率，工程措施的稳定性、完好程度和运行情况。

3. 定位观测

定位观测主要是测定土壤侵蚀强度和径流模数，计算水土流失量。

1）水蚀监测

（1）小区观测。主要是应用于水土流失量监测，除砾岩堆积物，适用于各种类型的开发建设项目。一般要根据需要分别设置原地貌（对比）和扰动地貌径流小区，而且原地貌要尽量保留原有的自然条件，布设小区的地段应在一定时间段内保持相对稳定。观测主要内容包括雨量、径流量、冲刷量。根据实际需要还可以测定土壤含水量、土壤抗冲性、土壤抗蚀性、土壤入渗速率、林草覆盖度。

（2）控制站观测。控制站（卡口站）适用于扰动破坏面积大、弃土弃渣集中在一定流域范围内的开发建设项目，不适用于线性开发建设项目。可根据开发建设项目的规模和代表性在原地貌小流域（对比流域）选择1～2个观测断面；原地貌小流域（对比流域）与扰动地貌小流域控制站的选择要具有代表性和可比性；若有多个扰动地貌小流域时，选择观测的小流域应具有代表性。主要观测项目有雨量、水位和流量、泥沙含量。

（3）简易观测场。简易观测场适用于项目区内类型复杂、分散、暂不受干扰或干扰少的弃土弃渣流失的观测。简易观测场选择不同类型弃土场堆积坡面布设，最好在相应坡度原地貌设置对照，选址时应尽量排除弃渣场外围水的影响，建立必要的排水系统。观测项目主要为降水量与降雨强度对水土流失的影响。

（4）简易坡面测量。简易坡面测量适用于暂不被开挖的自然坡面或堆积土坡面，布设在具有一定代表性的自然坡面和相对稳定的堆积土坡面。用插钎法测定土壤侵蚀深度并计算土壤侵蚀量。

2）风蚀监测　适用于风蚀区、水蚀风蚀交错区开发建设项目的风力侵蚀监测，采用降尘管（缸）观测扬尘，地面定位钎插、集沙仪观测风蚀。风蚀监测要选择有代表性的平坦、裸露、无防护的地貌作为对比区，在扰动地貌上选择有代表性的不同种类的监测区进行比较分析，选址时要尽量避免围墙、建筑物、大型施工机械等对观测场地的影响。主要观测风蚀量，同时也可以测定土壤含水量、土壤容重及林草植被覆盖度。

3）其他侵蚀观测　开发建设项目区内还有可能存在崩塌、滑坡、泥石流、冻融侵蚀等方式，这些侵蚀的发生具有突发性特点，从破坏到发生移动虽然有一个较长的时间过程，但是一旦有触发因素，即刻发生，随机性很大。这些特点给观测带来了很多不确定因素，而且观测实施较为困难，投资大，因此一般采用的监测方法有两种：一是对历时长、多次发生、危害严重的泥石流，采用断面观测；二是对其他情况，均可以采用收集法和相关沉积调查法观测。

各种定位观测要明确规格、监测方法，并绘制设计图。

三、监测频次

调查监测可根据监测内容和工程进度确定频次。水利部文件《关于规范生产建设项目水土保持监测工作的意见》（［2009］187 号）规定：正在使用的取土（石）场、弃土（渣）场的取土（石）、取土（渣）量，正在实施的水土保持措施建设情况等，至少每 10 天监测记录 1 次；扰动地表面积、水土保持工程措施拦挡效果至少每 1 个月监测记录 1 次；主体工程建设进度、水土流失影响因子、水土保持植物措施生长情况至少每 3 个月监测记录 1 次。遇到暴雨大风等情况应及时加测。水土流失灾害事件发生后 1 周内完成监测。

水蚀的定位监测频次为雨季前、后各 1 次，雨季每月进行 1 次，遇日降雨量大于 50mm 加测；风蚀定位监测为风季前、后各 1 次，风季每月进行 1 次，遇 8 级以上大风加测，其他季节监测频次可适当减少。

在工程施工准备期之前应对项目区水土流失背景值进行一次全面的监测。

第四节　监测点位布局设计

一、监测点位确定

1. 点位选取原则

水土保持监测包括调查监测与定位监测两种方法，其中定位观测需根据水土流失预测和分析确定具体的点位，并遵循以下原则。

（1）代表性原则。不同水土流失类型区均应布设监测点，所布设的监测点位和监测内容，必须能代表监测范围内水土流失的状况；对比观测原地貌与扰动后地貌之间应有可比性；不同分区相同部位选择布设一个监测点。

（2）全面性原则。在开发建设项目的监测点布设时，要充分考虑区域特征和工程特性，并与其相一致。布设的监测点不仅要反映建设项目水土流失共性，还要获取不同建设项目水土流失的个性信息。一般地，应该在建设项目的各个功能分区中都布设监测点，以便对应地反映每个功能分区的水土流失及其治理成就，同时，在每个功能分区中可以布设不止一个监测点。

（3）稳定、方便性原则。开发建设项目施工进度快，对周边影响的变化大，对水土保持监测点的干扰也较强烈，甚至破坏监测设施设备或中断监测工作，因而在布设监测点时要十分注意监测点的稳定性，以保证动态监测的持续性，使得监测点在整个时段内都能发挥作用。此外，监测点尽量布设在交通方便的位置，并便于管理。

（4）充分考虑自然环境特征原则。监测点位的设计必须考虑监测范围内的自然环境特征及各种环境条件对水土流失作用的区别。

（5）可行性原则。监测点位布设和内容设计时还要考虑实施的可行性。

2. 监测点的选取需要考虑的因素

开发建设项目水土保持监测站点的布设应根据扰动地表的面积、涉及的水土流失不同类型、扰动开挖和堆积形态、植被状况、水土保持设施及其布局，以及交通、通信等条件综合确定。应根据工程特点与扰动地表特征分别布设不同的监测点。

（1）对弃土弃渣场、取料场及大型挖面宜布设监测小区。

（2）项目区较为集中的工程宜布设监测控制站（或卡口站）。

（3）项目区类型复杂、分散、人为活动干扰小的工程宜布设简易观测场。

3. 点位选取的要求

开发建设项目水土保持监测布点应符合以下规定。

（1）建设类项目施工期宜布设临时监测点；建设生产类项目施工期宜布设临时监测站点，生产运行期可布设长期监测点；工程规模大、环境影响范围广、建设周期长的大型建设项目应布设长期监测点；特大型建设项目监测点的布设应符合国家或区域水土保持监测网络布局的要求，并纳入相应监测站网的统一管理。

（2）制定和完善调查、巡查制度，扩大监测覆盖面，并作为上述监测点的补充。

（3）监测小区、简易观测场应在同一水土流失类型区平行布设，平行监测点的数目不得少于3个。对公路、铁路、管道等线型工程，还应在不同水土流失类型区布设平行监测点。

4. 监测点位场地选择的要求

（1）监测点要有代表性，原地貌与扰动地貌应具有一定的可比性。

（2）各不同监测项目应尽量集中、相互结合。

（3）监测小区应根据需要布设不同坡度和坡长的径流小区进行同步监测。

（4）监测控制站（或卡口站）的主要工程设施应与小流域水文、泥沙及其动力特性相适应。

（5）简易侵蚀观测场应避免周边来水对观测场的影响。

（6）风蚀观测点选址时要尽量避免围墙、建筑物、大型施工机械等对观测的影响。

（7）重力侵蚀监测点应根据开发建设项目可能造成的侵蚀部位布设。滑坡监测应针对变形迹象明显、潜在威胁大的滑坡体和滑坡群布置；泥石流监测应在泥石流危险性评价的基础上进行布设。

（8）监测点要避免人为活动的干扰，交通方便，便于管理。

二、不同类型项目的监测重点地段

开发建设项目水土保持监测重点地段是指为了全面反映开发建设项目施工过程中水土流失因子变化、土壤流失动态和水土保持工程效益变化等，在开发建设项目水土保持监测范围内选定的进行重点监测的地段。这些地段的水土流失具有代表性和典型性，治理措施和防治工作具有重大意义，其水土流失及其治理措施的发生、发展能够有效反映所在整个监测范围的水土流失与综合治理动态变化特征。各类开发建设项目水土保持监测重点地段可以概括总结为 4 个区，即扰动破坏区、渣土转运堆积区、水土保持措施实施区和水土流失危害区。

开发建设项目水土流失的监测应以水土流失严重区域为重点，不同类型工程的重点监测区不同，现介绍几类不同项目监测点位布设位置。

(1) 采矿类工程。如井下开采，造成土地塌陷，诱发崩塌滑坡；露天开采则大量排弃渣石压占破坏土地，这些弃渣场的边坡陡，水土流失严重。监测重点为露天采矿的排土（石）场、地下采矿的弃土（石、渣）场和地面沉陷区，以及铁路和公路专用线、集中排水区下游。

(2) 公路铁路工程。公路建设过程中边坡开挖、路堑开挖、路基填筑、取土采石、弃土弃渣等动用土石方量大，特别是隧道的弃土弃渣、高填深挖地区的取弃土。此外，因为工程施工战线长，临时工棚、施工场地、施工便道等占地量也很大。所以，此类工程监测重点为施工过程中弃土（渣）场、取土（石）料场、大型开挖破坏面、土石料临时转运场、施工道路及集中排水区下游。

(3) 火电工程。火电项目在建设过程中造成的水土流失、生产过程中产生的废弃灰渣及粉尘等会造成严重的环境问题。监测重点为施工过程中弃土（渣）场、取土（石）场、临时堆土场、施工道路，以及运行期的贮灰场。

(4) 冶炼工程。冶炼行业在矿山开采、运输、尾矿尾砂和冶炼工程中的废弃物排放等，占压大量土地，并造成新的水土流失。监测重点为施工中弃土（渣）场、取土（石）场、尾矿（渣）场、施工和生产道路。

(5) 水利水电工程。此类工程在建设过程中的采石、取土、挖沙、开挖地面、移民村镇等，都会引起水土流失。监测重点为弃土弃渣场、弃土采石场、大型开挖面、排水泄洪区下游，以及施工期临时堆土（渣）场、不稳定山体或库岸、移民安置区等。

(6) 建筑工程。监测重点为施工中的地面开挖、弃土、弃渣、土石料临时堆放场地。

(7) 城镇建设工程。我国是一个多山的国家，平原面积较少，城市化建设进程中的大量开山造地行为造成了严重的水土流失。监测重点是对原地貌的破坏、开山造地形成的高陡边坡、受水土流失影响的城市基础设施、城市旅游资源、城市水资源等。

(8) 其他工程的监测重点为在施工或运行过程中易造成水土流失的部位和工作面。

第五节 监测设施设备、程序、制度

一、监测设施设备

开发建设项目水土保持监测应根据《水土保持监测技术规程要求》、拟建工程规模、监测内容、监测方法等方面确定必备的水土保持监测设施、仪器、设备等。水土保持地面监测设施主要指径流小区（径流场）、简易侵蚀观测场及控制站。

一般开发建设项目水土保持监测设施、设备见表 7-1。

表 7-1 水土保持监测设施、设备

分类	监测设备	单位	数量
一	监测基础设施		
1	简易径流小区	个	
二	径流泥沙观测设备		
1	电子天平	台	
2	比重计	只	
3	三角瓶	个	
4	烘箱	台	
5	泥沙自动监测仪	台	
6	流速仪	台	
7	水桶、铁铲等	批	
三	小区观测设备		
1	钢钎	支	
2	皮尺	把	
3	钢卷尺	把	
四	降雨观测仪器		
1	自记雨量计	个	
五	植被调查设备		
1	测高仪	个	
2	测绳、坡度仪	批	
六	扰动面积、开挖、回填、弃渣量调查		
1	GPS 定位仪	套	
七	其他设备		
1	摄像设备	台	
2	笔记本电脑	台	
3	通信设备	个	

注：监测设备可根据实际需要增减

二、监测程序

水土保持监测机构必须具有水利部颁发的水土保持监测资格证书，从事监测工作的技术人员也应经专门技术培训、考试合格、取得水利部颁发的水土保持监测岗位证书，实行持证上岗。项目水土保持监测工作应由业主委托具有相应监测资质的单位承担。实施监测程序分为前期准备、监测实施及监测成果分析评价 3 个阶段。具体水土保持监测程序见图 7-1。

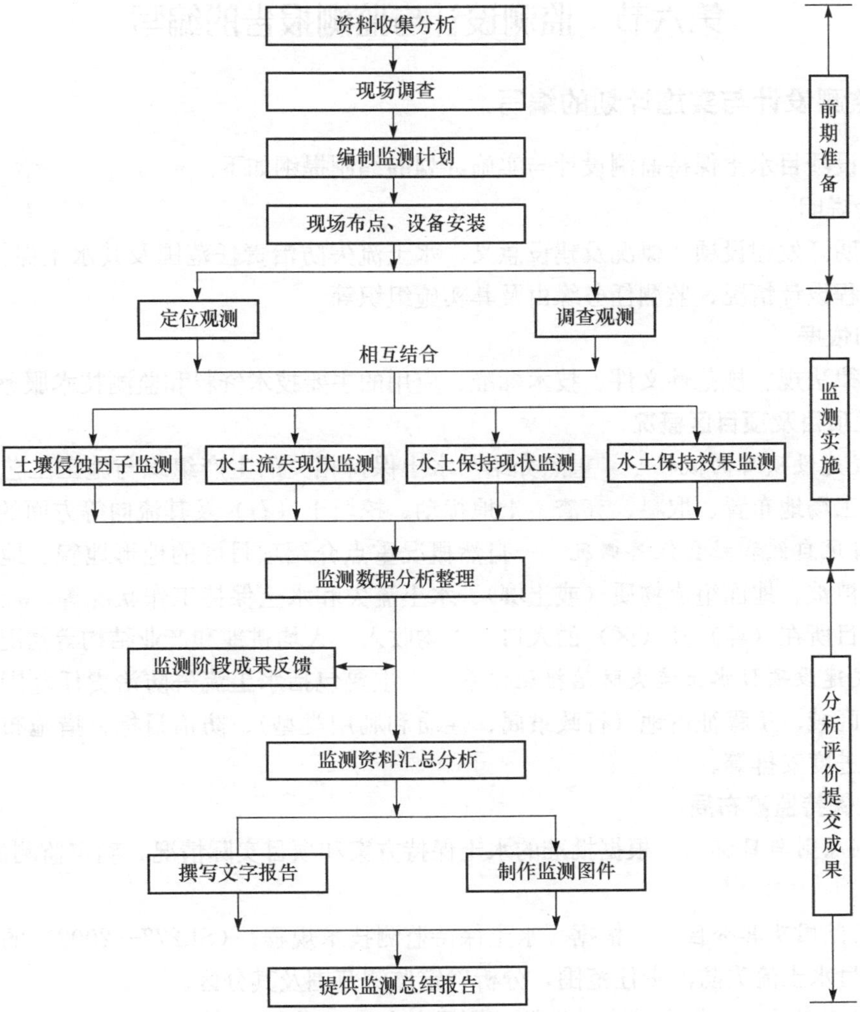

图 7-1 水土保持监测程序

三、监测制度

监测制度是指监测单位应遵循的制度，主要包括以下内容。

(1) 受委托的监测单位应按方案要求的监测范围、时段、内容、方法和重点编制监测实施计划，提出切实可行的保障制度。

(2) 监测人员要持证上岗，每次监测前，监测人员要对各种监测实施进行检验调试，合格后方可投入使用。

(3) 对每次监测数据及时进行统计分析，并作出相应的分析和评价。

(4) 对监测成果进行整理、归档。监测工作结束后，监测人员应对监测成果进行统计分析，撰写监测报告并作出分析评价，及时报送建设单位及有关水行政主管部门，作为监测检查和水土保持设施验收的依据之一。监测报告的报送程序按照水利部水保 187 号文规定执行。

第六节 监测设计与监测报告的编写

一、监测设计与实施计划的编写

开发建设项目水土保持监测设计与实施计划的编制提纲如下。

1. 综合说明

简要说明开发建设项目概况及建设意义、水土流失防治责任范围及其水土保持背景状况、水土保持工程设计情况、监测任务缘由及其实施组织等。

2. 编制依据

包括法律法规、规范性文件、技术标准、应用的主要技术资料和监测技术服务合同等。

3. 建设项目及项目区概况

1）开发建设项目的概况 重点介绍与水土保持相关的生产组织与施工工艺，突出选址（选线）、施工场地布置、取料、弃渣、土地扰动、挖填土（石）及其流向等方面的情况。

2）项目区自然和社会经济概况 自然概况重点介绍项目区的地形地貌、地质、气候气象、水文、植被、地面组成物质（或土壤）、水土流失和水土保持工作状况等。社会经济概况主要介绍项目所在（经）县（区）的人口、人均收入、人均耕地和产业结构等情况。

3）开发建设项目水土流失防治措施体系 主要包括水土流失防治责任范围、预测的水土流失重点区域、工程征占地（行政隶属、性质和利用类型）、防治目标、措施布局、主要工程量和实施进度安排等。

4. 水土保持监测布局

1）监测原则与目标 根据批准的水土保持方案和项目实际情况，确定监测的指导思想、原则和目标。

2）监测范围及其分区 根据《水土保持监测技术规程》（SL277—2002）的规定，结合开发建设项目水土流失防治责任范围，分析确定监测范围及其分区。

3）监测点布设 根据确定的监测范围及其分区，分析确定水土流失及其防治措施监测的重点地段和重点对象，提出监测点布局。监测点可以根据监测目的、指标的不同，分为观测样点和调查样点。观测样点要有设施设备的配置设计，调查样点要求设立标志，根据监测指标采用相应监测仪器或设备进行量测以获取数据。

4）监测时段和工作进度 根据主体工程施工计划和水土保持工程的要求，确定监测时段及工作进度。一般情况下，监测时段包括项目实施准备期之前、施工期（含施工准备期）、水土保持措施运行初期（或林草植被恢复期）等各个阶段。

5. 监测内容和方法

1）监测内容 根据工程项目的生产组织和施工工艺特点，分析确定项目施工准备期之间、施工期（含施工准备期）、水土保持措施运行初期（或林草植被恢复期）等各阶段的主要监测内容。

在施工准备期之前，主要是对监测范围的地形地貌、地面组成物质、植被、水文气象、土地利用现状、水土保持措施与质量、水土流失状况等基本情况进行调查，分析掌握项目建设前项目区的水土流失背景状况。

在施工期（含施工准备期），主要是对水土流失及其影响因子进行监测，包括工程扰动土地面积、降水、大风、水土流失（类型、形式、流失量）、水土保持措施（数量、质量）及水土流失灾害等，监测评估项目建设期间的水土流失动态。

水土保持措施运行期（或林草植被恢复期），主要是对水土保持措施数量、质量及其效益等进行监测，主要包括拦渣工程、护坡工程、土地整治工程、防洪排导工程、降雨蓄渗工程、临时防护工程、植被建设、防风固沙工程等措施的数量、质量。同时，根据监测数据分析确定工程项目是否达到水土保持方案提出的防治目标。

2）监测指标与测试方法　依据《水土保持监测技术规范》（SL277—2002），结合各监测分区的水土流失特点，提出每项监测内容的具体监测指标。针对每个监测指标，分析确定监测的方法、频次、必须的设施设备和数据记录格式。对于重点地段和重点对象，同时确定监测指标数据记录表、观测数据精度和数据分析方法等。

3）监测点观测设计　列表说明每个监测点的监测设施设备配置。对于设施复杂、需要安放设备的监测点，应进行设计，说明设施的规格尺寸、结构、施工布设要求，明确设备的规格、型号、安装位置及操作、维护程序。

6. 经费预算

1）编制依据和原则　编制依据主要包括国家有关部门和地方颁布的投资估算办法，以及咨询服务费记列指导意见等。

2）编制方法　包括基础单价、监测工作量和预算等编制方法。编制项目包括监测直接费、间接费、企业利润和税金。其中，直接费包括人工费（含监测设施设备建设与安装费）、材料费（含建设监测设施所需资料）、资料费、差旅交通费、现场办公费、机械使用费及其他必需的费用，间接费指企业管理费、财务费用和其他费用等，

3）预算结果（概算表）　包括总预算表、年度（进度）投资表及预算附表等。

7. 预期成果及其形式

1）水土保持监测报告　包括监测依据、项目及项目区概况、监测设施布局、监测内容和方法、监测组织与质量保证，以及监测数据分析、监测结论与建议等章节。

2）监测阶段报告　反映监测过程中建设项目水土保持工作情况、水土保持措施监测情况（质量、进度），特别是因工程建设造成的水土流失及其防治建议。

3）数据记录册　如果数据较多，又不能在监测报告中全部列出时，可以单独成册，作为报告的附件。对于水土流失危害，应附专项调查报告。

4）附图　图件包括项目地理位置图、水土流失防治责任范围图、监测点布设图、水土保持措施总体布局图、监测设施典型设计图。照片主要是水土保持工程实施期间水土流失及其治理措施动态照片。

5）附件　包括监测技术服务合同和水土保持方案批复函。

8. 监测工作组织与质量保证体系

1）监测人员组成　明确主持和参加监测的人员及其职称、专业和分工。

2）监测质量控制体系　分析提出野外观测、图像图形编制、数据整（汇）编、结果分析等环节的工作制度，包括数据等级与审查、工作总结、工作报告、文档管理和成果审核等。

二、监测报告的编写

水土保持监测报告编写提纲如下。

综合说明

简要介绍水土保持监测的基本工程过程、组织管理和监测成果质量控制，说明监测的主要

目标、监测内容及其监测方法、主要成果。

1. 编制依据

（1）法律法规。

（2）规范性文件。

（3）技术标准。

（4）技术资料及其批复文件。

（5）技术服务合同。

2. 建设项目及项目概况

（1）开发建设项目概况。

（2）项目区自然和社会经济概况。

（3）开发建设项目水土流失防治措施体系。

3. 水土保持监测布局

（1）监测指导思想、原则和目标。

（2）监测范围及其分区。

（3）监测重点地段、重点对象与监测点布局。

（4）监测时段与工作进度。

4. 监测内容和方法

（1）不同时段监测内容。

（2）各监测分区监测内容与监测点监测指标。

5. 监测结果与分析

按照水土保持监测分区分别分析水土流失动态，水土保持措施质量、数量及其效益等。

6. 结论与建议

1）结论　①水土保持措施分类分级评价。应按监测分区分别说明各指标的数值及其实现防治目标值的程度。②水土保持治理达标评价。按项目有关文件的规定目标，分析对应指标的达标情况。

2）建议　应在总结水土保持工程实施经验和存在问题的基础上，从主体工程安全运行、水土资源保护、项目区人居环境等方面提出建议。

注：其他部分的基本内容可参照“开发建设项目水土保持监测设计与实施计划编制提纲”有关章节编制，同时根据监测实施过程中的实际情况进行修正、补充和完善。

三、监测总结报告的编写

水土保持监测总结报告编写提纲如下。

前言

概述任务来源情况（包括合同签订）、组织领导、监测计划确定、监测任务的组织实施（监测布点、现场监测）、监督管理（监测资料的检查核定）、监测结果分析、监测阶段报告、上级检查等。

1. 建设项目及项目区概况

（1）项目概况。

（2）项目区概况。

（3）工程水土流失特点。

2. 监测时段与监测点布设

（1）划分监测时段。

（2）扰动地貌类型划分和监测点布设。

3. 监测内容与方法

（1）监测内容。

a. 水土流失防治责任范围动态监测。

b. 扰动面积监测。

c. 弃土弃渣监测。

d. 临时防护措施监测。

e. 植被恢复监测。

f. 工程措施监测。

g. 水土流失动态监测。

（2）监测方法。

a. 调查监测。

b. 定位监测。

c. 临时监测。

d. 巡查。

（3）监测适度。

（4）监测点分布。

4. 不同侵蚀单元侵蚀模数的分析确定

（1）侵蚀单元划分。

a. 原地貌侵蚀单元划分。

b. 地表扰动类型划分。

c. 防治措施分类。

（2）各侵蚀单元侵蚀模数。

a. 原地貌侵蚀模式。

b. 各地表扰动类型侵蚀模数。

c. 防治措施实施后侵蚀模数。

5. 水土流失动态监测结果与分析

（1）防治责任范围动态监测结果。

a. 水土保持方案确定的防治责任范围。

b. 施工期防治责任范围监测结果。

（2）弃土弃渣动态监测结果。

a. 设计弃土弃渣情况。

b. 弃渣场及占地面积监测结果。

c. 弃土弃渣量动态监测结果。

（3）扰动地表动态监测结果。

（4）土壤流失量动态监测结果。

a. 各阶段土壤流失量。

b. 各扰动地表类型土壤流失量。

6. 水土流失防治效果监测结果与分析

（1）水土流失防治效果监测结果。

a. 弃土弃渣处理及防治效果。

b. 工程措施防治效果。

c. 植物措施防治效果。

d. 临时措施防治效果。

（2）运行初期水土流失监测分析。

7. 结论

（1）水土保持措施评价。

a. 水土流失动态变化与防治达标情况。

b. 水土流失及防治综合评价。

（2）监测工作中的经验与问题。

a. 监测工作中的经验。

b. 存在问题及建议。

注：①监测总结报告中涉及的表格：开发建设项目水土保持监测特性表（表 7-2）、防治责任范围监测结果表、扰动地表监测表、弃土（渣）监测表、水土流失强度分析确定表、土壤流失量监测表、水土保持防治措施监测表、水土流失防治效果监测表；②涉及的图件：工程地理位置图、水土流失防治责任范围图、水土保持措施布局图、监测点位布设图、监测设施设计图。

表 7-2 开发建设项目水土保持监测特性表 填表时间： 年 月

建设项目主体工程主要技术指标			
项目名称			
建设规模	主体工程主要特性	建设单位全称	
		建设地点	工程所在省、市、县
		工程等级	主体工程的等级
		所在流域	按七大流域及某级支流填写
		工程总投资	如为静态投资需予注明
		工程总工期	年 月 日
		项目建设区	项目征地租地占地和土地使用管辖范围
建设项目水土保持工程主要技术指标			
自然地理类型	地形地貌、气候类型、植被类型	“三区”公告	项目所属“三区”
水土流失预测总量	责任范围内不采取水土保持措施时，可能造成的水土流失总量	方案目标值	经治理后项目区达到的侵蚀模数
防治责任范围面积	项目建设区＋直接影响区面积	水土流失容许值	对应地貌类型区容许的侵蚀模数
项目建设区面积	项目征地租地占地＋土地使用管辖范围	主要防治措施	水土保持工程措施和植物措施的主要类型及其工程量
直接影响区面积	项目建设区外，因开发建设活动而造成水土流失及其直接危害的范围	弃渣场取料场工程	渣场料场座数、占地面积、取料量和弃渣量、采用水土保持措施及其数量
水土流失背景值	项目区土壤侵蚀模数	水土保持工程投资	

续表

<table>
<tr><td colspan="13">水土保持监测主要技术指标</td></tr>
<tr><td>监测单位全称</td><td colspan="12"></td></tr>
<tr><td rowspan="5">监测内容</td><td colspan="3">监测指标</td><td colspan="3">监测方法（设施）</td><td colspan="3">监测指标</td><td colspan="3">监测方法（设施）</td></tr>
<tr><td colspan="3">1、</td><td colspan="3"></td><td colspan="3">5、</td><td colspan="3"></td></tr>
<tr><td colspan="3">2、</td><td colspan="3"></td><td colspan="3">6、</td><td colspan="3"></td></tr>
<tr><td colspan="3">3、</td><td colspan="3"></td><td colspan="3">7、</td><td colspan="3"></td></tr>
<tr><td colspan="3">4、</td><td colspan="3"></td><td colspan="3">…</td><td colspan="3"></td></tr>
<tr><td rowspan="7">监测结论</td><td rowspan="7">防治效果</td><td>分类分级指标</td><td>目标值/%</td><td>达到值/%</td><td colspan="8">监测数量/hm²</td></tr>
<tr><td>扰动土地整治率</td><td></td><td></td><td>措施面积</td><td></td><td>永久建筑物面积</td><td></td><td>水面面积</td><td></td><td>扰动地表面积</td><td></td></tr>
<tr><td>水土流失治理度</td><td></td><td></td><td>方案目标值</td><td colspan="3"></td><td>项目区容许值</td><td colspan="3"></td></tr>
<tr><td>土壤流失控制比</td><td></td><td></td><td>措施面积</td><td colspan="3"></td><td>水土流失面积</td><td colspan="3"></td></tr>
<tr><td>拦渣率</td><td></td><td></td><td>实际拦渣量</td><td colspan="3"></td><td>总弃渣量</td><td colspan="3"></td></tr>
<tr><td>植被恢复系数</td><td></td><td></td><td>植物措施面积</td><td colspan="3"></td><td>可绿化面积</td><td colspan="3"></td></tr>
<tr><td>林草覆盖率</td><td></td><td></td><td>林草总面积</td><td colspan="3"></td><td>责任范围面积</td><td colspan="3"></td></tr>
<tr><td></td><td colspan="3">水土保持治理达标评价</td><td colspan="9">按照有关文件的规定标准，分析水土流失防治措施数量与质量，评价其达到规定标准的程度（达标情况）</td></tr>
<tr><td></td><td colspan="3">总体结论</td><td colspan="9">用简洁的文字从总体上对开发建设项目水土流失防治效果作出初步结论</td></tr>
<tr><td>主要建议</td><td colspan="12">水土保持监测报告中建议内容的摘要</td></tr>
</table>

思　考　题

1. 简述水土保持监测的目的意义与原则。
2. 水土保持监测时段如何确定？
3. 简述监测点位确定的原则。

第八章　水土保持方案投资概（估）算编制

第一节　工程概预算基本知识

工程概预算是指在工程建设过程中，根据不同设计阶段设计文件的具体内容和有关定额、指标及取费标准，预先计算和确定建设项目的全部工程费用的技术经济文件。

广义的工程预算是指工程建设预算，它包含工程建设全过程中各个阶段的概预算，即可行性研究阶段（或预可研）的项目投资估算、初步设计阶段（或可研）的设计概算、施工图设计阶段的施工图预算和施工阶段的施工预算等。在通常工作中，人们习惯于把施工图预算叫做工程预算，并以此和设计概算与施工预算相区别，即狭义的工程预算。

一、工程概预算编制的意义

工程概预算是确定每项新建、扩建、改建和恢复工程全部建设费用的计划文件，是各阶段设计文件的重要组成部分，又是实行建设项目投资包干、工程招标、投标的基础和依据，对于基建工程的计划管理、合理节约使用资金、充分发挥投资效能、加强施工管理和经济核算、降低工程成本、提高设计质量、多快好省地完成建设任务都有着重要作用。为了合理而有效地利用建设资金，降低工程成本，充分发挥投资的效益，必须对基本建设项目进行科学的管理和有效的监督。工程概预算就是对基本建设实行科学管理和有效监督的工具。

1. 为项目决策提供科学依据

建设项目在投资决策之前要进行可行性研究，以充分论证其技术的可行性和经济的合理性。在这一阶段，投资估算是进行经济分析的重要基础，是项目正确决策的重要依据。

2. 提供科学的工程造价前期控制方法

在工程项目可行性研究阶段和初步设计阶段，工程概预算可控制工程规模、工程范围及设计标准，通过技术经济比较分析、优化设计方案等方法，对工程造价进行前期预控制。

3. 提供合理的工程投资规模和宏观控制目标

工程项目初步设计概算是初步设计阶段依据现行有关费用标准、定额而编制的工程投资计划。工程概预算所确定的建设费用，是控制投资的限额。在实施过程中，未经规定的程序批准，不允许随意突破，以维护国家计划的严肃性，杜绝和减少建设资金的浪费。对建设项目的全部拨款贷款或对单项工程的拨款、贷款的累计总额，不能超过概算，如必须突破总概算，其超出部分经设计单位同意并修改后，由主管单位报原初步设计批准机关审核。对建安工程，则应根据审定的施工图预算和工程进度预支和结算，因此，它是国家（或业主）确定基本建设投资规模的依据。

4. 为筹措建设资金提供基本依据

当前开发建设工程投资已形成多元化格局，主要有各级政府投资、贷款、集资、利用外资等形式，通过工程概预算的编制，可为筹措建设资金提供基本依据。

5. 为顺利实行工程招标投标提供必要条件

在建设工程中贯彻合同制，是基本建设管理体制改革的重要方面，通过承发包合同的签订，可以明确建设单位和施工单位的责、权、利，进一步调动其经营管理的积极性。签订承发包合同要以工程概预算为重要依据和必备的附件，以确定建设单位发包给施工单位的全部工程造价或需要完成的那部分工程价值。工程概预算可以作为招标工程的标底，是考核标价、指导择优定标的依据，也是投标单位确定投标报价的基础。

6. 提供科学的工程造价实施控制办法

科学的工程造价实施控制方法是分清影响资金运用的主观和客观因素，计算并调整客观因素影响的投资，避免主观因素的影响，规范合同调整和纠纷处理方法，保证业主和承包商之间的友好合作，有利于工程的顺利开展。

7. 工程概预算是加强施工管理和贯彻经济核算的必备条件

施工企业在编制施工计划、进行施工准备、组织材料供应和施工力量时，都可以直接利用施工概算所提供的实物指标和货币指标，来加强施工管理。施工企业是进行独立经营核算的，贯彻经济核算是企业管理的一项根本原则。经审定的预算是建设单位控制建设投资和施工单位确定工程收入的依据，施工企业必须以它为尺度来考核自己的经营成果。如果没有这个尺度，企业的收入是不确定的，那么企业实行经济核算就只能是一句空话。

8. 为基建审计提供有关基础资料

基建审计是基建项目中为了防止出现贪污腐败而采取的一种措施，审计人员必须有严格、公正、文明执法的法律意识，要熟练掌握基本建设专业知识，如工程技术、工程管理、工程经济等多方面专业知识，这样才能对建设计划、施工准备、预决算、工期及质量、经费及材料管理等实施科学的鉴证与正确的评价，同时还要全面掌握和运用法律法规，熟练掌握、运用计算机技术，这样才能满足基建审计的需要。投资概估算的编制为基建审计提供了相关的基础资料。

二、工程概预算的分类及作用

根据我国基本建设程序的规定，在工程的不同建设阶段，要编制相应的工程造价，一般有以下几种。

1. 投资估算

投资估算是项目建议书、可行性研究阶段对工程造价的预测，也是建设单位向国家或主管部门申请基本建设投资时，为确定建设项目投资总额而编制的技术经济文件。国家或主管部门确定基本建设投资计划，主要根据估算指标、概算指标或类似工程的预（决）算资料进行编制。投资估算控制初步设计概算，为工程投资限定最高限额。进行编制时应充分考虑各种可能的需要、风险、价格上涨等因素，要打足投资，不留缺口，适当留有余地。作为设计文件的重要组成部分，投资估算是编制基本建设计划，实行基本建设投资大包干，控制其中建设拨款、贷款的依据；是考核设计方案和建设成本是否合理的依据；也是业主选定近期开发项目、作出科学决策和进行初步设计的重要依据。

2. 投资概算

投资概算指在初步设计阶段，设计单位为确定拟建基本建设项目所需的投资额或费用而编制的工程造价文件，它也是设计文件的重要组成部分。该文件在已批准的可行性研究阶段投资估算静态总投资的控制下进行编制。因为初步设计对建筑物的布置、结构型式、主要尺寸，以及机电设备的型号、规格等均已确定，所以投资概算对建设工程造价是带有定位性质的测算，而非一般的测算，同时要求设计概算不得突破投资估算。因此，初步设计概算经批准以后，成为建设项目成本管理、成本控制的依据，当然也是确定和控制基本建设投资、编制基本建设计划、编制利用外资概算和业主预算、编制工程标底、实行建设项目包干、考核工程造价和验核工程经济合理性，以及建设单位向银行贷款的依据。设计单位在报批设计文件的同时，要报批设计概算，设计概算经过审批后，就成为国家控制该建设项目总投资的主要依据，不得任意突破。

3. 修改概算

修改概算指在技术设计阶段，由于设计内容与初步设计的差异，设计单位应对投资进行具体核算，对初步设计概算进行修正而形成的经济文件。其作用与设计概算相同。对于某些大型工程或特殊工程当采用三阶段设计时，在技术设计阶段随着设计内容的深化，可能出现建设规模、结构造型、设备类型和数量等内容与初步设计相比有所变化的情况，或遇不可抗拒的重大自然灾害，或国家有较大的政策性调整，或物价有较大幅度的变动，设计单位应对投资额进行具体核算，对初步设计总概算进行修改，作为技术文件的组成部分。修改概算是在量（指工程规模或设计标准）和价（指价格水平）都有变化的情况下，对设计概算的修改。对于绝大多数水土保持工程都采用两阶段设计（初步设计和施工图设计），未作技术设计，故修改概算也就很少出现。

4. 业主预算

业主预算是在已经批准的初步设计概算基础上，为了满足业主控制和管理的需要，对已经确定实行投资包干或招标承包制的建设项目，按照总量控制、合理调整的原则编制的内部预算，也称为执行概算。它根据工程管理与投资的支配权限，按照管理控制需要进行编制，是项目投资主管部门与建设单位签订工程总承包（或投资包干）合同的主要依据。

5. 标底与报价

标底是招标工程的预期价格，以招标文件、图纸为主要形式，按有关规定，结合工程的具体情况，计算出的合理工程价格，由业主委托具有相应资质的设计单位、社会咨询单位编制完成的，包括发包造价、与造价相适应的质量保证措施及主要施工方案、为了缩短工期所需的措施费等。其中，合理的发包造价是最主要部分，应在编制完成后报送招标管理部门审定。标底的主要作用是为招标单位在一定浮动范围内合理控制工程造价提供依据，明确自己在发包工程上应承担的财务义务。同时，标底也是投资单位考核发包工程造价的主要尺度。

投标报价，即报价，是施工企业（或厂家）对建筑工程产品（或机电、金属结构设备）的自主定价。对于国家定价、标准而言，它反映的是市场价格，体现了企业的经营管理和技术、装备水平。中标报价是基本建设产品的成交价格。

6. 施工图预算

施工图预算是施工图设计阶段对工程造价的计算。它根据施工图纸、施工组织设计、国家颁布的预算定额和工程量计算规则、地区材料预算价格、施工管理费标准、计划利润率、税金等，计算每项工程所需人力、物力和投资额的文件。施工图预算应在已批准的初步设计概算的控制下进行编制。它是施工前组织物资、机具、劳动力，编制施工计划，统计完成工作量，办理工程价款结算，实行经济核算，考核工程成本，实行建筑工程包干和建设银行拨（贷）工程款的依据。它也是施工图设计的组成部分，由设计单位负责编制。它的主要作用是确定单位工程项目造价，为考核施工图设计经济合理性提供依据。一般建筑工程以施工图预算作为编制施工招标标底的依据。

7. 施工预算

施工预算指在施工阶段，施工单位为了加强企业内部经济核算，节约人工和材料，合理使用机械，在施工图预算的控制下，通过工料分析，计算拟建工程工、料和机具等需要量，并直接用于生产的技术经济文件。主要作用于施工企业内部人、材、物的计划管理，是控制成本和班组经济核算的依据。根据施工图的工程量、施工组织设计或施工方案和施工定额等资料进行编制。

8. 竣工结算和竣工决算

竣工结算是施工单位与建设单位对承建工程项目的最终结算（施工过程中的结算属于中间结算）。竣工结算与竣工决算的主要区别有两点：一是范围，竣工结算的范围只包括承建工程项目，是基本建设项目的局部，而竣工决算的范围是基本建设项目的整体；二是成本内容，竣工结算只涉及承包合同范围内的预算成本，而竣工决算是完整的预算成本，它还要计入工程建设的其他费用开支、临时工程设施费和建设期贷款利息等工程成本和费用。由此可见，竣二结算是竣工决算的基础，只有先办竣工结算，才有条件编制竣工决算。

竣工决算指建设项目全部完工后，在工程竣工验收阶段，由建设单位编制的从项目筹建到建成投产全部费用的技术经济文件，是建设单位向国家（或业主）汇报建设成果和财务状况的总结性文件。竣工决算作为建设投资管理的重要环节，反映了工程的实际造价，为工程竣工验收、交付使用提供重要依据，是进行建设项目内务总结、银行对其实行监督的必要手段。

开发建设项目水土保持也需按照国家基本建设程序的规定编制不同阶段的设计文件．因此，上述工程造价类型同样也是开发建设项目水土保持不同阶段的投资类型。但就目前的水土保持方案编制而言，绝大多数都处于可行性研究阶段，少数涉及初步设计阶段，所以，方案编制中的工程概预算问题，主要涉及工程投资估算和投资概算，其他概预算则基本不涉及。

三、开发建设项目水土保持投资概（估）算的编制方法

开发建设项目水土保持投资概（估）算是从工程措施、植物措施、施工临时工程等各单位工程概算做起，逐步汇总后再计取有关费用而得出的水土保持总概算。主要编制方法有概算定额法、概算指标法、类似工程预算法等。

1. 概算定额法

概算定额法又称为扩大单价法或扩大结构定额法。它是采用概算定额编制水土保持工程概算的方法，根据设计图纸资料和概算定额的项目划分计算出工程量，然后套用概算定额单价（基价），计算汇总后，再计取有关费用，从而得出水土保持投资概算表。

概算定额法要求水土保持方案及其初步设计达到一定深度，平面布置和典型设计等比较明确，能按照设计计算工程量，此时才可采用。工程可行性研究阶段的水土保持方案，可根据典型设计资料来计算，但定额单价要扩大10%。概算定额法是开发建设项目水土保持投资计算的主要方法。

2. 概算指标法

当设计深度不够、主要工程量和辅助工程量难以最终确定时，可采用概算指标法。例如，植物措施设计中的园林绿化部分，在可行性研究阶段该部分的内容还没有达到相应的设计深度，为不丢失该部分投资，可用概算指标法进行估算。

概算指标法与概算定额法不同，它是以技术条件相同或基本相同的其他工程的直接费指标

平摊到单位面积或单位长度来计算概算指标，是一种较为粗略的估算方法。在其他工程直接费的基础上，按当地和行业的规定计算出其他费用、现场经费、间接费、利润和税金等，计算出单位面积或单位长度的修正概算指标。然后，用拟建的水土保持设施的面积或长度乘以计算出的修正概算指标得出工程投资估算。

概算指标法的适用范围是设计深度不够、不能准确地计算出工程量，但工程设计是采用技术比较成熟而又有类似工程概算指标可以利用时，可采用此法。由于拟建工程（设计对象）往往与类似工程的概算指标的技术条件不尽相同，而且概算指标编制年份的设备、材料、人工等价格与拟建工程当地的价格也不会一样，因此，还需对其进行一定的调整。

3. 类似工程预算法

类似工程预算法是利用技术条件与设计对象类似的已完工程或在建工程的工程造价资料来编制拟建工程设计概（估）算的方法。类似工程预算法适用于单位工程与已完工程或在建工程的设计相类似又没有可用的概算指标时采用，但必须对单位工程的组成差异和当地的造价进行调整。单位工程差异的调整方法与概算指标法的调整方法相同；类似工程造价的造价水平调整常用如下两种方法。

（1）工程造价资料有具体的人工、材料、机械台班的用量时。可按类似工程预算造价资料中的主要材料用量、人工数量、机械台班用量乘以拟建所在地的主要材料预算价格、人工单价、机械台班单价，计算出直接费（符合量价的原则），再考虑当地的一些费率，适当扩大后即可得出所需的估算指标。

（2）类似工程造价资料只有人工、材料、机械台班费用和其他直接费、现场经费、间接费时，可按公式（8-1）计算。

$$D=1.1aK \tag{8-1}$$

式中，D 为拟建工程单位面积或单位长度的概（估）算造价；a 为拟建工程单位面积或单位长度的预算造价；K 为总和调整系数，$K=A\%K_1+B\%K_2+C\%K_3+D\%K_4+E\%K_5+F\%K_6$。

这里，$A\%$、$B\%$、$C\%$、$D\%$、$E\%$、$F\%$类似工程预算的人工费、材料费、机械台班费、其他直接费、现场经费、间接费占预算造价的比重。

如 $A\%$＝类似人工费（或工资标准）/类似工程预算造价在人工费、材料费、机械台班费、其他直接费、现场经费和间接费之间的差异系数。

K_1、K_2、K_3、K_4、K_5、K_6 为拟建工程地区与类似工程预算造价在人工费、材料费、机械台班费、其他直接费、现场经费和间接费之间的差异系数。

如 K_1＝拟建工程预算的人工费（或工资标准）/类似工程预算的人工费（或地区工资标准）。K_2、K_3、K_4、K_5、K_6 类同。

水土保持投资概算有以上几种方法，但在实际的编制工作中以定额法为主。

第二节　水土保持工程概算定额

一、工程定额概述

（一）定额的概念

1. 定额

在社会生产中，为了生产出合格的产品，就必须消耗一定数量的人力、材料、机具、机械台班和资金等。由于受各种因素的影响，生产一定量的同类产品，这种消耗量并不相同。消耗越大，产品的成本就越高，在产品价格一定的条件下，企业的盈利就会降低，对社会的贡献也就较低，对国家及企业本身都是不利的。因此，降低产品生产过程中的消耗具有十分重要的意义。产品生产过程中的消耗不可能无限降低，在一定的技术组织条件下，必然有一个合理的数额。根据一定时期的生产力水平和产品的质量要求，规定出在产品生产中人力、物力或资金消耗的数量标准，这种标准就称为定额。确切地说，定额就是在合理的劳动组织和合理使用材料和机械的条件下，完成单位合格产品所消耗的资源数量标准。

2. 定额水平

定额水平就是规定完成单位合格产品所消耗的资源数量的多少。

定额水平是一定时期社会生产力水平的反映，它与操作人员的技术水平、机械化程度及新材料、新工艺、新技术的发展和应用有关，与企业的组织管理水平和全体技术人员的社会劳动积极性有关。所以定额不是一成不变的，而是随着生产力水平的变化而变化的。一定时期的定额水平，必须坚持平均先进的原则，也就是在一定生产条件下大多数企业、班组和个人，经过努力可以达到或超过的标准。

因此，定额必须从实际出发，根据生产条件、质量标准和工人现有的技术水平等经过测算、统计、分析而制定，并随着上述条件的变化而进行补充和修订，以适应生产发展的需要。

（二）定额的作用

定额是一切企业实行科学管理的必要条件，没有定额就谈不上企业的科学管理。定额主要有以下几方面的作用。

1. 定额是编制计划的基础

无论是国家计划还是企业计划，都直接或间接地以各种定额为依据来计算人力、物力、财力等各种资源需要量，所以，定额是编制计划的基础。

2. 定额是确定产品成本的依据和评比设计方案合理性的尺度

建筑产品的价格是由其产品生产过程中所消耗的人力、材料、机械台班数量，以及其他资源、资金的数量所决定的，而它们的消耗量又是根据定额计算的，定额成为确定产品成本的依据。同时，同一建筑产品的不同设计方案的成本，反映了不同设计方案的技术经济水平的高低。因此，定额也作为比较和评价设计方案是否经济合理的尺度。

3. 定额是提高企业经济效益的重要工具

定额作为法定的标准，具有严格的经济监督作用，它要求每一个执行定额的人，都必须严格遵守定额的要求，并在生产过程中尽可能有效地使用人力、物力、资金等资源，使之不超过定额规定的标准，从而提高劳动生产率，降低生产成本。

企业在计算和平衡资源需要量、组织材料供应、编制施工进度计划和作业计划、组织劳动力、签发任务书、考核工料消耗、实行承包责任制等一系列管理工作时，都要以定额作为标准。因此，定额是加强企业管理，提高企业经济效益的工具。

4. 定额是贯彻按劳分配原则的尺度

由于工时消耗定额反映了生产产品与劳动量的关系，可以根据定额对每个劳动者的工作进行考核，从而确定其完成的劳动量的多少，并以此来支付其劳动报酬。多劳多得、少劳少得，体现了社会主义按劳分配的基本原则，这样企业的效益就同个人的物质利益结合起来。

5. 定额是总结推广先进生产方法的手段

定额是在先进合理的条件下，通过对生产和施工过程的观察、实测、分析、综合制定的，它可以准确地反映出生产技术和劳动组织的先进合理程度。因此，可以用定额标定的方法，对同一产品在同一操作条件下的不同生产方法进行观察、分析，从而总结比较完善的生产方法，并经过试验、试点，然后在生产过程中予以推广，使生产效率得到提高。

合理制定并认真执行定额，对改善企业经营管理，提高经济效益具有重要的意义。

（三）定额的特性

定额的特性是由定额的性质决定的，定额的特性有以下5个方面。

1. 法令性

定额是由被授权部门根据当时的实际生产力水平而制定，经授权部门批准并颁发供有关单位使用。在执行范围内任何单位必须遵照执行，不得任意调整和修改。如需进行调整、修改和补充，必须经授权编制部门批准。因此，定额具有经济法规的性质。

2. 群众性

定额是根据当时的实际生产力水平，在大量测定、综合、分析、研究实际生产中的有关数据和资料的基础上制定出来的，因此它具有广泛的群众性；同时，定额一旦制定颁发，运用于实际生产中，则成为广大群众共同奋斗的目标。总之，定额的制定和执行都离不开群众，也只有得到群众的充分协助，定额才能定得合理，并能为群众所接受。

3. 相对稳定性

定额水平的高低，是根据一定时期社会生产力水平确定的。当生产条件发生了变化，技术水平提高，原定额已不适应了，在这种情况下，授权部门应根据新的情况制定出新的定额或补充原有的定额。但是，社会的发展有其自身的规律，有一个量变到质变的过程，而且定额的执行也有一个时间过程，所以每一次制定的定额必须是相对稳定的，决不可朝订夕改，否则会伤害群众的积极性。

4. 针对性

一种产品（或工序）一项定额，而且一般不能互相套用。一项定额，它不仅是该产品（或工序）的资源消耗的数量标准，而且规定了完成该产品（或工序）的工作内容、质量标准和安全要求。

5. 科学性

制定工程定额要进行“时间研究”、“动作研究”，以及工人、材料和机具在现场的配置研究，有时还要考虑机具改革、施工生产工艺等技术方面的问题。工程定额必须真实地反映工程建设的消耗，必须和生产力发展水平相适应，反映工程建设中生产消费的客观规律，这样才能促进生产的发展。定额的制定必须要有科学的态度和方法，定额的制定要尊重客观实际，力求水平合理，利用现代科学管理的成就，形成一套系统的、完整的在实践中行之有效的方法，从这一方面来说定额是一门科学技术。

（四）定额的表示形式

在合理的劳动组织和合理使用材料和机械的条件下，完成单位合格产品所消耗的资源数量标准可以用实物量式、价目表式、百分率式3种形式表示。

1. 实物量式

实物量式是以完成单位工程（工作）量所消耗的人工、材料及施工机械的台班数量表示的定额。如原水利电力部（1986）建筑工程预算工程、（1988）建筑工程概算定额，交通部（1992）公路工程预算定额，以及陕西省（2000）水利水电建筑工程预算定额等都属实物量式的定额。该定额使用时要用工程所在地编制年的价格水平计算工程单价，它不受物价上涨因素的影响，使用时间较长。实物量定额表示形式见表 8-1。

表 8-1 基础石方开挖 （单位：$100m^3$）

项目	单位	岩石级别			
		Ⅴ～Ⅷ	Ⅸ～Ⅹ	Ⅺ～Ⅻ	ⅩⅢ～ⅩⅣ
人工	工日	21.10	25.30	31.60	37.00
合金钻头	个	1.23	1.80	2.56	3.34
潜孔钻钻头	个	0.12	0.17	0.24	0.29
炸药	kg	44.00	52.00	59.00	65.00
火雷管	个	75.00	87.00	100.00	112.00
电雷管	个	24.00	28.00	32.00	35.00
导火线	m	116.00	133.00	154.00	166.00
导电线	m	85.00	108.00	117.00	128.00
其他材料费	元	39.00	59.00	68.00	80.00
手持式风钻	台班	1.09	1.70	2.86	4.13
潜孔钻 100 型	台班	0.27	0.35	0.51	0.61
其他机械使用费	元	23.00	28.00	36.00	37.00
定额编号	—	20121	20122	20123	20124

注：摘自原水利电力部颁《水利水电建筑工程概算定额》(1988)

2. 价目表式

价目表式是以编制年（部颁的以首都北京，省颁的以省会所在地）的价格水平给出完成单位产品的价格。该定额应用比较简便，但必须进行调整。

例如，原水利电力部（1986）水利水电设备安装工程预算定额和概算定额、陕西省（1987）水利水电设备安装工程概算定额及陕西省（1999）建筑工程综合概预算定额等都是价目表式的定额。价目表式定额表示形式见表 8-2。

表 8-2 卷扬式启闭机安装

定额编号	名称及规格	单位	安装费/元	其中			劳动量/工日
				人工费/元	材料费/元	机械费/元	
12054	启闭机自重 5t	台	718	206	262	250	76
12055	启闭机自重 10t	台	1096	306	372	418	113
12056	启闭机自重 15t	台	1465	404	481	580	149
12057	启闭机自重 20t	台	1830	504	590	736	186

注：摘自原水利电力部颁《水利水电设备安装工程预算定额》(1986)

以价目表式定额计算得到的工程单价仅是直接费，还要按有关规定计算其他直接费、现场经费、间接费、利润和税金。

3. 百分率式

百分率式是以取费基础的百分率表示的定额。如原水利电力部（1986）设备安装工程概预算定额和陕西省（1987）水利水电设备安装工程概算定额中的一部分，以及间接费定额都是这一类。其取费基础：设备安装工程是设备原价；间接费是以人工费或直接费为基础。百分率定额表示形式见表 8-3。

表 8-3 水力机械辅助设备安装

定额编号	项目	单位	安装费/%			
			合计	人工费	材料费	机械费
05001	油系统	项	6.5	2	2.6	1.9
05002	水系统	项	10.4	4.4	4.7	1.3
05003	压气系统	项	4	1.4	1.5	1.1
05004	机修设备	项	5	1.3	2.9	0.6

注：摘自原水利电力部颁《水利水电设备安装工程概算定额》(1986)

在工程建设实践中，为了方便使用，有些定额给出单位建筑产品的实物消耗量，同时按定额颁发年的价格水平给出了基价，如交通部（1992）公路工程预算定额、陕西省（1999）建筑工程综合概预算定额等，见表 8-4、表 8-5。

表 8-4 路面垫层 （单位：1000m²）

项目	单位	代号	粗砂	砂砾	煤渣	矿渣	粗砂	砂砾	煤渣	矿渣
			压实厚度（15cm）				每增减 1cm			
人工	工日	1	46.50	51.70	56.40	47.80	2.90	3.30	3.70	3.00
水	m³	268	21.00	18.00	26.00	22.00	1.00	1.10	2.00	2.00
砂	m³	285	195.00	—	—	—	13.00	—	—	—
砂砾	m³	287	—	191.25	—	—	—	12.75	—	—
煤渣	m³	308	—	—	252.45	—	—	—	16.83	—
矿渣	m³	309	—	—	—	198.90	—	—	—	13.26
材料总重	t	394	292.50	325.10	202.80	208.80	19.50	21.70	16.80	13.30
6～8t 光轮压路机	台班	458	0.55	0.27	0.14	0.14	—	—	—	—
12～15t 光轮压路机	台班	461	—	0.64	0.86	0.86	—	—	—	—
基价	元	999	3937.00	3241.00	2459.00	2459.00	258.00	209.00	153.00	156.00

注：摘自交通部颁《公路工程预算定额》(1992)

表 8-5　砌砖　（单位：100m²）

定额编号			3-1	3-2	3-3	3-4
项目			砖基础	砖内墙		
			10m³	1/2 砖	3/4 砖	1 砖
其中	人工费/元		243.11	470.38	717.96	783.76
	材料费/元		930.88	1119.59	1746.82	2287.39
	机械费/元		16.84	57.24	91.89	124.62
名称	单位	单价	数量			
人工	工日	20.310	11.970	23.160	35.350	38.590
M10 水泥砂浆	m³	—	—2.360	—	—	—
M5 混合砂浆	m³	—	—	—2.243	—3.834	—5.400
机制红砖	千块	142.000	5.236	6.487	9.918	12.754
硅酸盐水泥 425＃	kg	0.260	472.000	449.000	767.000	1080.000
净砂	m³	25.000	2.410	2.290	3.910	5.510
石灰膏	kg	0.090	—	224.000	383.000	540.000
水	m³	1.240	3.140	3.460	5.500	7.400

注：摘自陕西省建设厅颁《陕西省建筑工程综合概预算定额》(1999)

（五）定额的分类

从费用性质上讲，定额可分为直接费定额、费用定额两大类，见表 8-6。

表 8-6　定额分类表

序号	类别	分类方法	分　类
（一）	直接费定额	按性质分	1. 勘测设计定额 2. 产品定额 3. 工程定额
		按生产因素分	1. 劳动定额（时间定额与产量定额） 2. 材料消耗定额 3. 施工机械台班费定额
		按用途分	1. 施工定额 2. 预算定额 3. 概算定额 4. 估算指标
（二）	费用定额	按性质分	1. 其他直接费计算标准 2. 现场经费计算标准 3. 间接费计算标准 4. 利润计算标准 5. 税金计算标准 6. 其他基本建设费用计算标准

（六）常用定额简介

1. 直接费定额

1）*施工定额*　施工定额是指在正常合理的施工生产过程中，个人或小组完成合格单位建筑产品所消耗的人力、物力（包括材料、机械设备和工具）的标准数量。施工定额由施工企业制定（施工企业可根据本企业的特点制定自己的施工企业预算定额，它只有在投标报价和编制施工预算时使用，不具有法律效力，只能在本企业使用），成为施工管理的重要文件。其作用有以下几方面。

（1）编制施工组织设计、制定施工作业计划的依据。

（2）编制劳动力、材料和施工机械设备需要量的依据。

（3）编制施工预算的依据。

（4）签发施工任务单位和限额领料卡的依据。

（5）计算劳动报酬及奖励的依据。

（6）编制预算定额的基础。

施工定额内容要求符合并接近工程实际，由人工、材料和机械台班消耗量定额3部分组成。

2）*预算定额*　预算定额是一定计量单位的分项工程或结构构件、机电设备安装的人工、材料和机械台班的合理消耗标准。可在施工定额的基础上按国家有关方针政策，结合有关资料分析并加上定额幅度差编制而成。定额幅度差一般取5%～7%。

预算定额由国家机关或授权单位组织编制和颁发的，它是具有经济法令性的一项定额，也是一项重要的经济技术法规。我国通用预算定额和专业预算定额的颁发只有部颁和省颁（或市颁）两级，其他机关单位无权制定和颁发。预算定额的主要作用有以下几方面。

（1）编制施工图预算和招标标底、投标报价以及确定工程造价的依据。

（2）对结构设计方案进行技术经济比较，对新结构、新技术进行技术经济分析的依据。

（3）编制施工组织设计时计算劳动力、建筑材料、成品、半成品和施工机械需要量的依据。

（4）编制综合预算定额和编制概算定额的基础。

预算定额由人工、材料和机械台班定额3部分组成。

3）*概算定额*　概算定额是在预算定额的基础上，根据国家规定的初步设计深度，给出综合分项工程的人工、材料和机械消耗量标准。概算定额一般要比预算定额大3%～5%。

综合定额：概算定额中对大坝、水闸等独立发挥作用的建筑物混凝土，不分部位的叫综合定额，在编制概算时也不再分部位计算工程量，而用一个总体工程量乘以综合定额计算的综合单价，如大坝混凝土包括坝体、闸墩、胸墙、工作桥、护坦、消力池、海漫、廊道等。

细部结构指标：主体建筑工程中的其他工程项目（如土石坝的防浪墙、路面、照明、观测设备、渗水处理、排水、踏坝建筑等，混凝土坝的止水、伸缩缝、冷却水管、栏杆、路面、照明、灌浆及排水廊道、排水管、观测设备、坝顶建筑等），由于内容多，占工程投资比重小，在编制概算时因设计深度不够，无法也不必逐项计算其工程量，而采用按本体工程量乘以单位工程量投资指标的办法计算其投资，分别列入三级项目中，这些其他细部结构工程量的投资指标叫做“细部结构指标”，如表8-7所示。

表 8-7 水工建筑工程细部结构指标参考表

（单位：元/m^3）

序号	项目	混凝土重力坝 重力拱坝 宽缝重力坝 支墩坝	混凝土 双曲拱坝	土坝 堆石坝	水闸	冲砂闸 泄洪闸	溢洪道	进水口 进水塔	隧洞	竖井 调压井	高压 管道	地面 厂房	地下 厂房	地面 升压 变电站	地下 升压 变电站	船闸
	计量单位	坝体方	坝体方	坝体方	混凝土	混凝土	混凝土	混凝土	混凝土	混凝土	混凝土	混凝土	混凝土	混凝土	混凝土	混凝土
	综合指标	5.80	6.20	0.400	17.30	14.90	7.10	7.30	6.00	7.20	3.50	23.00	31.50	11.50	7.65	11.50
	分项指标															
1	多孔混凝土排水管	0.25	0.25		0.15	0.15	0.20									
2	廊道木模制作与安装	0.35	0.45		0.50	0.50	0.50					0.50				1.00
3	止水工程	0.85	1.10		2.00	2.00	1.40	1.20	2.75	4.00	0.40	1.75	1.75		1.45	2.00
4	伸缩缝工程	0.60	0.70		1.75	1.75	1.60	0.90	0.55	1.00		0.70	0.70	0.70	0.70	1.50
5	接缝灌浆管路	0.60	0.65		0.50	0.50	0.10					0.15				0.50
6	冷却水管路	1.25	1.25		1.25	1.25										1.25
7	栏杆	0.20	0.20		1.65	1.65	0.90	0.60	0.10		0.20	0.60	0.20	0.20	1.65	
8	路面工程	0.25	0.25	0.055	0.10	0.10	0.20							3.30		0.10
9	照明工程	0.30	0.30	0.045	0.50	0.50	0.20	0.50				2.40	4.50	2.00	2.00	0.50
10	内部观测设备及安装工程	0.55	0.55	0.030	1.00	1.00	1.00	1.00	1.00	1.00	2.80	0.75	3.00			1.00

续表

序号	项目	混凝土重力坝 重力拱坝 宽缝重力坝 支墩坝	混凝土 双曲拱坝	土坝 堆石坝	水闸	冲砂闸 泄洪闸	溢洪道	进水口 进水塔	隧洞	竖井 调压井	高压 管道	地面 厂房	地下 厂房	地面 升压 变电站	地下 升压 变电站	船闸
11	爬梯	0.05	0.05		0.30	0.50	0.10	0.40	0.10	0.40	0.10	0.15	0.15	0.50	0.50	0.50
12	通气管道	0.05	0.05		1.00	1.00	0.40	0.10	1.30							
13	坝基渗水处理			0.035												
14	排水沟工程			0.090												
15	排水渗井钻孔及反滤料			0.020	5.00	3.50								3.80		
16	减压井工程			0.010												
17	坝坡踏步			0.045												
18	孔洞钢盖板							2.30		0.40						
19	厂房内上下水工程												0.50	1.00		
20	消防设施												0.40	0.30		0.03
21	防潮层													1.50		1.50
22	建筑钢材												5.00	7.50		
23	建筑装修工程	0.30	0.30	0.045	1.40	0.30	0.30	0.20	0.10	0.10	0.10	10.00	10.00	0.80	0.80	1.00
24	其他细部结构工程	0.20	0.20	0.025	0.20	0.20	0.20	0.10	0.10	0.10	0.10	0.50	0.50	0.20	0.20	0.50

概算定额由部、省两级主管部门编制颁发，是具有经济法令性的文件，主要有以下作用：

（1）初步设计阶段编制工程概算的依据。

（2）设计方案选择时进行技术经济比较的依据。

（3）可以用于规划阶段估算工程投资，但要扩大10%。

（4）编制估算指标的基础。

概算定额由人工、材料、机械消耗量标准3部分组成。

4）估算指标　在概算定额的基础上综合并扩大（一般扩大10%）的建筑、安装工程估算定额称为估算指标。估算指标可作为可行性研究阶段编制工程投资估算的依据，亦可作为规划阶段计算投资和进行设计方案经济比较的参考指标。

估算指标仅包括主要工程项目的建筑安装工程费中的人工费、材料费和施工机械使用费，以及人工、材料消耗量标准。

2. 费用定额

费用定额是计算其他直接费、现场经费、间接费、利润、税金和工程建设其他费用的依据。

1）其他直接费计算标准　其他直接费定额是完成建筑安装工程的单位工程量，按现行规定应计入工程单价直接工程费中的冬（雨）季施工增加费、夜间施工照明费、特殊地区施工增加费、施工工具使用费、检验试验费、工程定位复测、工程点交、竣工场地清理、工程项目及设备仪表移交生产前的维护观察等费用的取费标准。它以取费基础（直接费或人工费）的百分率表示。

2）现场经费计算标准　现场经费定额是计算建筑安装工程单价中现场经费的依据。它以取费基础（直接费或人工费）的百分率表示。

3）间接费计算标准　间接费定额是建筑安装工程施工过程中构成建筑产品成本，但又不直接消耗在工程项目上的有关费用的计算指标。它以取费基础（直接工程费或人工费）的百分率表示，如建筑工程间接费费率表，见表8-8。

表8-8　建筑工程间接费费率表

工程类别		取费基础	费率/%	其中		
				企业管理费	财务费用	其他费用
一般土建工程	一类	直接工程费	5.85	5.23	0.40	0.22
	二类		4.94	4.36	0.40	0.18
	三类		4.39	3.82	0.40	0.17
	四类		3.63	3.08	0.40	0.15
	五类		2.02	1.48	0.40	0.14
单项工程	人工土石方	人工费	9.91	7.57	1.83	0.51
	机械土石方	直接工程费	3.75	3.18	0.40	0.17
	机械打桩		4.65	4.09	0.40	0.16
	构件吊装运输		6.33	5.71	0.40	0.22

注：摘自陕西省建设厅颁《陕西省建筑工程费用定额》（1999）

4）利润计算标准　利润计算标准是计算建筑安装工程单价中施工企业利润的依据。它以取费基础（直接工程费与间接费之和或人工费）的百分率表示。

5）税金计算标准　税金计算标准是计算建筑安装工程单价中税金的依据。税金是国家对施工企业承担建筑安装工程作业收入所征收的营业税、城市维护建设税和教育费附加。税金计算标准以取费基础（直接工程费、间接费、利润三项之和）的百分率表示。

6）其他基本建设费用计算标准　其他基本建设费用（简称其他费用）定额是根据国家有关规定应在基本建设中开支的建设管理费、生产准备费、科研勘设费和其他费用（供电贴费、定额编制管理费、工程质量监督费、施工期运行费等）的计算方法和取费标准。

二、水土保持工程概算定额的编制

水土保持前期工作中，开发建设项目水土保持工作经过多年发展，已走上正轨，水土保持生态建设项目也开始按基建程序进行管理。但由于水土保持工程涉及大量植物措施和农田基本建设等内容，具有单项工程规模较小、内容庞杂、施工难度和施工队伍等级相对较低等特点，目前的水利工程和其他行业定额及标准很难适用于编制水土保持工程造价文件，致使水土保持工程投资文件编制不规范，主观随意性较大，投资无法落实，不利于有效控制和管理水土保持工程投资。因此，水土保持工程投资概（估）算造价的编制规定和定额，是满足水利部作为全国水土保持行业主管部门进行行业管理的需要。

（一）定额编制指导思想

定额编制工作是一项严肃、细致和政策性强的技术经济工作，编制前需要统一思想、统一认识。定额编制应以国家颁布的《中华人民共和国水土保持法》为指针，以《开发建设项目水土保持方案技术规范》、《小流域综合治理标准》、《水土保持综合治理技术规范》为指导，实事求是，尽可能贴近和反映工程实际造价。编制中要突出开发建设项目水土流失治理，以及具有改善生态、加强基本农田建设、增加土地利用率等特点的植物措施、梯田修筑、工程整地等工程；简化工作内容子目，增加小流域综合防治体系中的谷坊、水窖、蓄水池工程，反映保土蓄水等小型水利工程定额项目；子目设置力求全面、简单和适用。还要充分考虑水土保持生态建设发展过程是一个动态过程，具有前瞻性，要考虑今后治理措施和标准的提高，以及水土保持生态建设发展要求和变化情况。

由于水土保持工程造价定额主要是为项目建议书、可行性研究和初步设计等阶段编制投资概（估）算服务的，因此定额章节划分、子目内容要突出综合性，减少工序性内容，以适应前期工作概（估）算编制要求。水土保持工程措施难度和施工队伍等级相对较低，因此定额水平、子目设置应体现其特点，定额内容及形式应与现行工程建设专业定额有所区别。

（二）定额编制的原则和依据

水土保持工程造价定额的编制必须遵循以下编制原则。

（1）定额水平合理，能基本体现水土保持生态建设工程特点，工、料、机消耗水平基本合理，工资与工效搭配具有一致性。

（2）内容全面完整，能基本满足水土保持生态建设工程概（估）算编制要求，可以起到宏观控制投资的作用。

（3）子目设置科学，既要考虑与国际惯例接轨，便于今后造价制度改革，又要避免步距划分过细，调整系数过多，有利于定额的使用和调整，便于操作。

（4）定额的编制依据必须合法，采用的各种规程、规范和技术标准必须有效，有关文件应符合国家的现行政策和法律法规。

（三）定额编制的基本方法

任何定额的编制都是建立在前人积累的大量定额资料基础上。按照行业规定的工程技术标准、施工技术及验收规范、质量评定标准和安全操作规程，通过收集大量与定额编制有关的实际工程资料的理论数据，并与现行材料价格、费用标准和工资标准组合，同时与市场价格水平比较，经过反复分析和测算，最终确定定额工效水平和费用定额标准。

定额编制的基本方法如下所述。

（1）土石方、砌石、混凝土、砂石备料和基础处理工程等章节，属于常规性定额子目，定额资料比较充实，直接根据《建筑安装工程工、料、机械施工指标（1965）》、《水利水电建筑工程预算定额（1986）》、《水利水电建筑工程概算定额（1988）》，按照水土保持工程施工特点和工效水平，根据收集到的资料，对主要施工机械在各种施工条件下的生产率进行复核或修改，对劳动力的配备进行适当调整，对主要材料消耗量进行测算，按工资、工效协调统一原则经综合、简化、扩大、过渡进行编制。

（2）机械固沙、梯田、谷坊、水窖、蓄水池和林草工程的新编定额子目，由于缺乏资料，须根据水土保持技术规范，分析计算工程量，并依据施工定额或其他行业定额，按照施工工序编制预算定额，然后经过综合、扩大、过渡到概算定额。

（3）施工机械台时费定额，参照现行水利工程施工机械台时费定额编制。按照水土保持工程特点，删去大中型施工机械和概算定额不常用的机械设备，补充新的施工机械编制。

（4）编制规定（含费用标准），根据近几年水利部水利水电规划设计总院审批的概算文件和国家控制水土保持工程造价水平和投资规模的实际情况，按照水土保持工程费用标准和特点进行编制。

（四）定额组成及项目划分

水土保持工程造价定额由概算定额、施工机械台时费定额和编制规定组成。三者构成了水土保持工程造价定额计价体系（图 8-1）。

开发建设项目水土保持工程，针对各类工程建设施工和生产运行过程造成的局部人为水土流失进行治理，破坏一处治理一处，治理范围小，它主要依托开发建设项目的存在而存在。

开发建设项目水土保持工程项目划分为工程措施、植物措施、监测措施、临时工程和独立费 5 部分。各部分又下设一、二、三级项目，如拦渣工程、斜坡防护工程、土地整治工程、防洪排导工程、降水蓄渗工程、机械固沙工程、设备及安装工程、植物防护工程及绿化工程等。

根据水土保持生态建设工程的特点，不再单独编列水利水电、铁路公路等行业所特有的临时工程部分，而将其纳入工程单价其他直接费内，同时也将征地及淹没补偿费作为一级项目列入第四部分独立费中。

（五）定额表现形式及特点

1. 定额表现形式

为便于今后造价制度改革与国际惯例接轨，水土保持工程造价定额采用“工时”和“台时”的表示方法。为实现“量、价”分离，除飞机播种采用金额，所有定额中的零星材料费、其他材料费和其他机械费均采用百分率表示。

2. 定额的特点

（1）水土保持工程概算定额与水利工程定额或其他林业、园林绿化定额最大的不同点是定额除具有一般性和通用性土建工程定额，增加补充了大量有关防风固沙、梯田、林草、整地、谷坊、水窖、蓄水池等章节，使定额更具特点，这是其他行业定额无法替代的。

举例说明如图 8-1 所示。

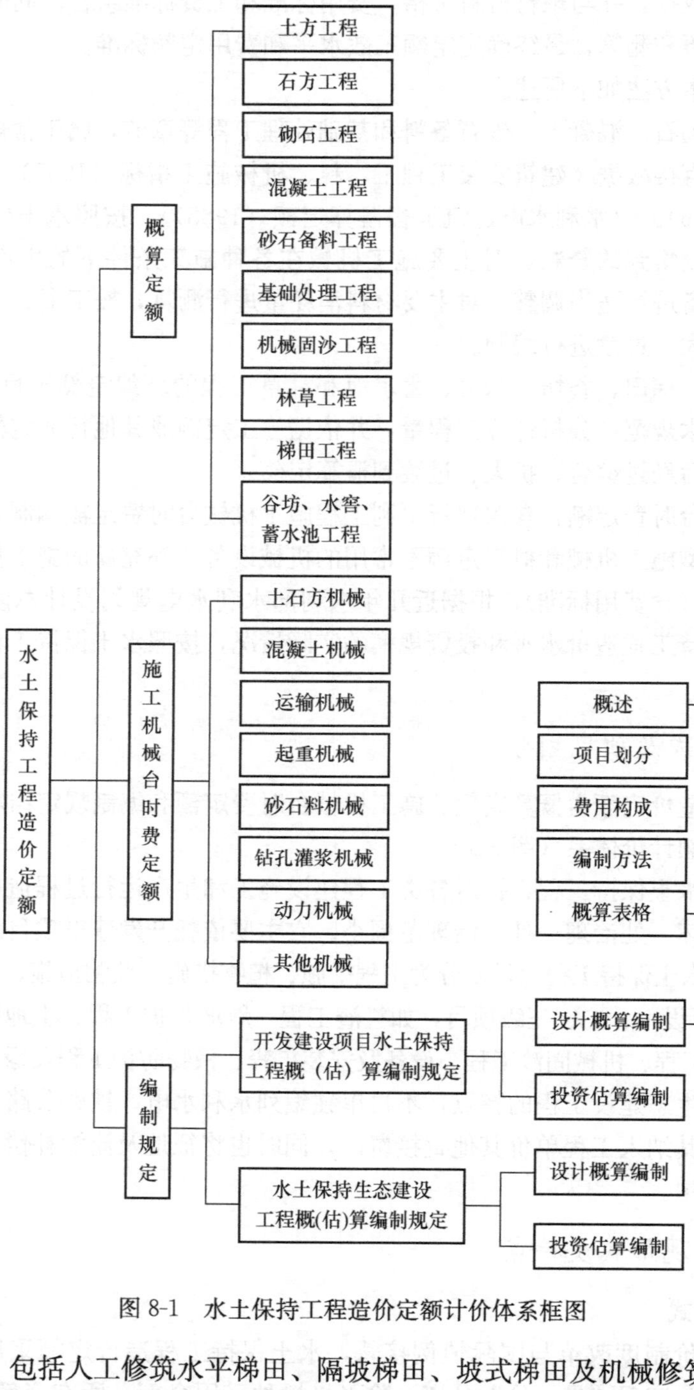

图 8-1 水土保持工程造价定额计价体系框图

a. 梯田工程，包括人工修筑水平梯田、隔坡梯田、坡式梯田及机械修筑水平梯田等定额。定额以水平投影面积为计量单位，以田面宽度、地面坡度和土类级别划分步距并包括田面、田坎、蓄水埂及作业道路。其中，隔坡梯田面积不含隔坡坡地面积。在选择田面宽度时，已综合考虑了南北方修筑梯田的习惯及差异。这样，在计算单价时，可直接按土地投影面积计算，不必按梯田土石方开挖量计算单价，使单价及投资计算简便可靠。

b. 谷坊、水窖、蓄水池工程，定额单位主要以 m、座、眼表示。其中，谷坊按坝高，水窖、蓄水池按容积划分步距。这部分定额相当于估算指标，但却按用工数和实物消耗量编列，以便能根据工程所在地价格分析计算这些建筑物单位价格。

c. 林草工程，将整地和林草栽种分开编列。整地按地面坡度和土壤类别划分步距，以整地个数为计量单位，避免了土石方计算。通过计算单位整地个数单价确定每公顷整地投资。林草栽种按直播种草、草皮铺种、苗圃、直播造林、分殖造林、植苗造林、飞播造林、花卉栽植、果树经济林栽植、假植、成幼林抚育等划分章节，以 $100m^2$、hm^2 和 100 株为计量单位，以行距、株距、地径和坑径划分步距，抛开具体的林、草植物种类不同种植方法不同的划分模式，使林草栽种定额及单价计算更具通用性和适用性。

(2) 定额工效水平提高。根据工程属性，采用分章选取具有可比条件的定额和工程中常用定额进行对比。经测算，各章定额水平与各行业相关定额水平比较，工效平均提高 5.35%～16.05%，机械效率平均提高 22.5%～29.95%。

(3) 总造价水平降低。开发建设项目总造价水平测算，选择了全国 28 项投资概（估）算文件，除个别项目投资增减幅度较大（主要原因是原概算未按有关规定编制，任意提高或降低标准），大部分工程项目总投资减幅为 2.68%～10.25%，平均减幅为 5.73%。

(4) 水土保持生态建设工程造价管理工作起步较晚，目前尚无真实可靠的投资概估算资料可供测算。但计算的人工工资、工程单价和单位工程造价指标与现场考察和调研资料接近．取费标准符合目前水土保持生态建设工程实际造价水平，按现行定额和标准编制水土保持生态建设工程投资符合国家投资政策，造价总体水平是合理的，也是可信的。

（六）使用定额应注意的问题

1. 现行定额

随着科学技术的发展，生产水平和管理水平也在不断地提高，定额要反映实际，必须不断更新和修订，实践中应注意使用现行定额。现行定额的施行之日即是相应旧定额的废止之时。

2. 专业专用

水利水电工程除水工建筑物和水利水电设备安装，一般还有房屋建筑、公路、铁路、输电线路、通信线路等永久性设施。水工建筑物和水利水电设备安装应采用水利、电力主管部门颁发的定额。其他永久性工程应分别采用所属主管部门颁发的定额，如铁路工程应采用铁道部颁发的铁路工程定额，公路工程采用交通部颁发的公路工程定额。

3. 工程定额与费用定额配套使用

在计算各类永久性设施工程投资时，采用的工程定额除执行专业专用的原则，其费用定额也应遵照专业专用的原则，与工程定额相适应。如采用公路工程定额计算永久性公路投资时，应相应采用交通部颁发的费用定额。

4. 定额的种类应与设计阶段相适应

可研阶段编制投资估算应采用估算指标；初步设计阶段编制概算应采用概算定额；施工图设计阶段编制施工图预算应采用预算定额。编制工程单价时根据不同设计阶段分别选用施工定额、预算定额、概算定额或投资估算指标编制预算、概算和估算。

(1) 编制估算：用估算指标或用概算定额扩大 10%。

(2) 编制概算：用概算定额或用预算定额扩大 3%～5%。

(3) 编标底：用预算定额。

(4) 编报价：用预算定额或施工定额。

(5) 编制施工预算：用施工定额。

5. 掌握定额的有关规定

由于各系统之间的标准、习惯有差异，故使用定额前应先阅读总说明和有关章节说明、工作内容、使用范围。要掌握定额修正的各种换算规定和工程量计算原则；要掌握定额项目的工作内容，根据工作部位、施工方法、施工机械和其他施工条件正确选用定额项目，做到不错项、不漏项、不重项。

三、水土保持工程概算定额

《水土保持工程概算定额》（水总［2003］67 号）是现行的水土保持工程专业计价标准，是编制开发建设项目水土保持初步设计概算文件的依据，也可作为编制可行性研究报告投资估算的依据。该定额从颁布至今，已有 10 年的时间，从目前使用的情况看，一些项目已不能适应当前的经济建设，但在新的定额未颁布之前，还必须以此定额为依据。

《水土保持工程概算定额》由目录、总说明、章节说明、定额项目表和附录等组成。在总说明中主要阐明编制依据、使用范围、定额计量及其他有关的规定等。在章节说明中主要阐明有关定额的划分、定额的调整和其他有关规定等。在概算定额项目表中，表头列有定额的工作内容、适用范围和计量单位，项目表（子目）中列有定额项目的人工、材料和机械台时消耗量指标，这也是定额的主要组成部分。

（一）概述

1. 章节设置

《水土保持工程概算定额》按照水土保持工程的特点分为土方工程，石方工程，砌石工程，混凝土工程，砂石备料工程，基础处理工程，机械固沙工程，林草工程，梯田工程，谷坊、水窖、蓄水池工程共 10 部分及附录。

2. 适用范围

开发建设项目和生态建设工程的水土保持概算单价，均采用本定额编制。其中，具有水土保持功能，但应由开发建设项目主体工程列量的项目，如发电厂房、铁路、公路边坡防护工程可不采用本定额编制。

3. 作业班及工作时间

本定额按一日 3 班作业施工、每班 8 小时工作制拟定。如采用一日一班或一日两班工作制时，定额不作调整。

4. 海拔高度调整

水土保持工程的工程措施和植物措施海拔高度变化范围较大，无法用某一个高程点来代替，不像水利枢纽工程可以按发电厂房顶部高程为依据确定。所以水土保持工程概算定额引入平均海拔高度的概念，来解决高程调整系数问题。

5. 工作内容

定额中不可能将所有工作都反映出来，故在各章节子目中扼要说明了主要施工过程及工序。对于次要的施工过程、施工工序和需要的辅助工作所需的人工、材料、机械，没有说明，但也包括在定额内。

6. 计量单位

定额中人工用“工时”、机械用“台时”为计量单位。材料均采用法定计量单位计量。

7. 人工、机械工作时间

人工和机械定额数量，包括基本工作、辅助工作、准备与结束、不可避免的中断、必要的休息、工程检查、交接班、班内工作干扰、夜间工效影响，以及常用工具和机械的维修、保养、加油、加水等全部工作时间。

8. 材料表示方法

定额中的材料是指完成该定额子目工作内容所需的全部材料耗用量，包括主要材料、其他材料及零星材料。

凡一种材料名称之后同时并列几种不同型号规格的，表示这种材料只能选用其中一种型号规格的定额进行计价，如石方开挖定额导线名称后面列有火线和电线，只能取其中一种计价。

凡一种材料分几种型号规格与材料名称同时并列的，如石方开挖定额中同时并列导火线和导电线，只能取其中一种计价。

9. 机械表示方法

定额中的机械是指完成该定额子目工作内容所需的全部机械耗用量，包括主要机械和其他机械。

凡一种机械名称之后同时并列几种不同型号规格的，表示这种机械只能选用一种型号规格的定额进行计价。例如，运输定额中的自卸汽车后面列有不同吨位，表示只能选用其中一种吨位的自卸汽车计价。

凡一种机械分几种型号规格与机械名称同时并列的，则表示这些名称相同而规格不同的机械都应同时计价。例如，颚式粉碎机破碎筛石碎石，并列有 $B=650$、$B=500$ 胶带运输机两行，这两种机械同时计价。

10. 其他材料费、零星材料费、其他机械费表示方法

其他材料费、零星材料费、其他机械费均以费率形式表示，其计算基数如下：

其他材料费，以主要材料费之和为计算基数。

零星材料费，以人工费、机械费之和为计算基数。

其他机械费，以主要机械费之和为计算基数。

11. 定额用数字表示的适用范围

只用一个数字表示的，仅适用于该数字本身。当需要选取的定额介于两子目之间时，可用插入法计算。例如，水平阶整地，地面坡度 35°，应采用定额［08002］与［08003］子目进行插入计算。

数字用上下限表示的，如 2000～2500，适用于大于 2000、小于或等于 2500 的数字范围。例如，沟槽石方开挖，底宽 4m，风钻钻孔，X 级岩石，应选用［02026］定额子目计算。

12. 挖掘机定额

挖掘机定额均按液压挖掘机拟定，使用时不作调整。

13. 汽车运输定额

汽车运输定额适用于施工场内运输 10km 以内。场外运输，应按工程所在地区的运价标准计算，不属于本定额范围。

（二）土方工程

1. 概述

定额子目设置，包括土方开挖、运输、填筑压实等定额，共计 32 节，323 个子目。

根据施工方法不同，可分为下列3类定额。

（1）以人力施工为主的定额，如人工挖一般土方，人工挖沟槽、柱坑、平台，人力挑（抬）运土，人工夯实土方等定额。

（2）小型机械运输、夯实定额，如人工装土机动翻斗车运输、人工装土手扶拖拉机运输、蛙式夯实机夯实等定额。

（3）大型施工机械定额，如推土机推运土、铲运车运土、挖掘机及装载机挖装土自卸汽车运输、打夯机夯实、拖拉机压实、羊角碾压实、轮胎碾压实、振动碾压实等定额。

2. 说明

1）计量单位及名词解释

（1）土方开挖及运输定额，均按自然方为计量单位。填筑压实定额均以压实方为计量单位。

（2）名词解释。

自然方：指未经扰动的自然状态的土方。

松方：指自然方经人工或机械开挖而松动过的土方。

压实方：指填筑、回填并经过压实后的成品方。

2）工程量计量

（1）人工开挖排水沟、截水沟、沟槽、柱坑等定额，不包括按设计需要必须增放坡度增加的工程量。如遇到应计入相应设计工程量内。

（2）土方填筑工程量按设计几何轮廓尺寸计算，对于坝基施工和竣工后沉陷增加的工程量，施工沉陷应计入综合损耗，竣工后沉陷按行业设计规范计算。

3）重要条款讲解

（1）一般土方、沟槽、柱坑、平台、排水沟、截水沟等定额的有关规定及适用范围。

a. 一般土方开挖定额：适用于一般明挖土方工程和上口宽超过4m的沟槽，以及上口面积大于$20m^2$的柱基坑土方工程。

b. 沟槽土方定额：适用于底宽和沟槽小于或等于4m的土方工程。该定额包括修整底、边，如不需要，定额应乘以0.9的系数。

c. 柱坑土方定额：适用于上口面积小于或等于$20m^2$，开挖深度小于或等于5m的土方工程。该定额包括修整底、边，如不需要，定额应乘以0.9的系数。

d. 平台土方定额：适用于台阶宽度小于2m的土方工程。

e. 排水沟、截水沟土方定额：适用于不需要修整底、边的拦蓄排水土方工程。

（2）砂砾（卵）石开挖运输，按Ⅲ类土定额计算。

（3）挖掘机、装载机挖装土自卸汽车运输，仅列出Ⅲ类土定额。如遇到Ⅰ、Ⅱ类土定额的人工、机械乘以0.91系数；Ⅳ类土按Ⅲ类土定额的人工、机械乘以1.09系数计算，但零星材料费费率不变。

（4）挖掘机、装载机挖装土料自卸汽车运输定额，按挖装自然方拟定。如挖装松土时，人工及挖装机械乘以0.85系数。

（5）水力冲填淤地坝主要适用于中、小型坝和土质为砂壤土、轻粉质壤土、中粉质壤土和重粉质壤土等土料。

（6）坝体压实按压实成品方计。土料的备料量和运输量则需要按式（8-2）计算：

$$100m^3 \text{ 实方需要的自然方量}=100(1+A)\frac{\text{设计干密度}}{\text{天然干密度}} \tag{8-2}$$

式中，A 值查表可得。

设计干密度、天然干密度由设计单位提供或根据实测资料确定，两者的比值是自然方与坝土方的折合系数，也称为折实系数。

3. 定额子目的使用方法及注意事项

使用定额时，首先要认真阅读总说明、章说明及各节定额的工作内容和适用范围。只有理解定额、熟悉定额，才能正确使用定额。

关于定额子目的使用应注意以下几点。

(1) 根据施工方法、土质级别及运输距离选用定额子目。

定额中，仅列出了Ⅲ类土定额，若遇到Ⅰ、Ⅱ、Ⅳ类土，采用Ⅲ类土定额分别乘以调整系数进行计算。

(2) 挖掘机、装载机挖装土自卸汽车运输定额，根据不同的运距，定额选用及计算方法如下。

a. 运距在5km内，又是整数运距时，如0.5km、1km、1.5km、2km、2.5km、3km，直接按表中定额子目选用。

b. 运距在0.5km以内，如0.35km、0.45km，可直接套用定额，不必插值计算。

c. 运距为0.7km、1.2km、1.7km、2.2km、2.7km、3.4km、4.5km等时，采用插值法计算。

d. 运距在5km以上、10km以内时，按式（8-3）计算：

$$\text{定额}=5\text{km 值}+(\text{运距}-5)\times\text{每增运 1km 值} \tag{8-3}$$

e. 运距超过10km时，定额已不适用，应按工程所在地区的公路运价标准计算，不属于本定额范围。

一般水土保持工程弃土场或土料场距工作面不会太远，运距一般不会超过10km。

(3) 人工装土机动翻斗车运输、人工装土手扶拖拉机运输等节的定额，不包括挖土，只包括装、卸土及运输。如遇到人工挖土，应另计费用。

(4) 人工挖土胶轮车运输，人工装土翻斗车、手扶拖拉机运输定额，运输距离控制在400m和800m以内，如果运距超过上述值，一般应改变施工方法，选用大型施工机械施工定额。

(5) 水坠坝（水力冲填坝），已将修筑边埂、水力冲填土方、排水、清基、挖造泥浆、运泥渠、削坡、清坝肩及结合槽土方等工作计入了定额，但不包括泄洪、排水、放水等永久设施费用，如有需要另计。

(6) 定额中已包括施工操作损耗、允许超挖超填量、合理的施工附加量和体积变化等因素。例如，沟槽、柱坑等土方开挖定额中，已将施工规范允许超挖厚度计入超挖量。

(7) 工程量应按照设计图纸轮廓尺寸计算。

4. 案例

【案例1】 人工开挖排水沟土方工程定额查询。

首先确定该工程为土方工程，然后在《水土保持工程概算定额》（以下简称《定额》）“土方工程”中查到“人工开挖排水沟”，找到定额表，如表8-9所示。

表 8-9　人工开挖排水沟、截水沟

工作内容：挂线、使用镐锹开挖　　　　　　　　　　　　　　　　　　（单位：100m³ 自然方）

项目	单位	土壤类别		
		Ⅰ～Ⅱ	Ⅲ	Ⅳ
人工	工时	117.6	205	292.2
零星材料费	%	3	3	3
定额编号		01006	01007	01008

定额表显示了人工开挖排水沟的工作内容、工程量单位、需计算的项目内容及单位、土壤类别（Ⅰ～Ⅳ）以及对应的定额编号。此时需要根据表 8-10，确定工程区土壤所属类别，如该工程土壤属于Ⅲ类土，对应找到定额编号［01007］，此时即可确定人工开挖 100m³ 排水沟需要人工 205 工时、零星材料费费率为 3%。

表 8-10　一般工程土类分级表

土壤类别	土壤名称	自然湿密度/（kg/m³）	外形特征	开挖方式
Ⅰ	1. 砂土 2. 种植土	1650～1750	疏松、粘着力差或易透水，略有粘性	用锹或略加脚踩开挖
Ⅱ	1. 壤土 2. 淤泥 3. 含壤种植土	1750～1800	开挖时能成块，并易打碎	用锹需用脚踩开挖
Ⅲ	1. 粘土 2. 干燥黄土 3. 干淤泥 4. 含少量砾石粘土	1800～1900	粘手，看不见砂粒或干硬	用镐、三齿耙开挖或用锹需用力加脚踩开挖
Ⅳ	1. 坚硬粘土 2. 砾石粘土 3. 含卵石粘土	1900～2100	土壤结构坚硬，将土分裂后成块状或含粘粒砾石较多	用镐、三齿耙工具开挖

此外，需要特别注意的是土壤类别的确定和工程量单位是 100m³ 自然方，而非松方或实方，土石方松实系数见表 8-11。

表 8-11　土石方松实系数

项目	自然方	松方	实方	码方
土方	1	1.33	0.85	—
石方	1	1.53	1.31	—
砂方	1	1.07	0.94	—
混合料	1	1.19	0.88	—
块石	1	1.75	1.43	1.67

注：① 松实系数是指土石料体积的比例关系，供一般土石方工程换算时参考；② 块石实方是指堆石坝坝体方，块石松方即块石堆方

【案例 2】 某水土保持生态建设工程，需要修建普通淤地坝 5 座，每座淤地坝设计工程量平均为 8 万 m^3，采用水力冲填筑坝法施工，土料为砂壤土，就近开采。要求根据水总［2003］67 号文件规定编制淤地坝概算投资。

（1）首先，应确定水力冲填法修筑淤地坝属于哪一类工程（土方工程、石方工程、砌石工程等）。

（2）根据水土保持工程知识可知，该施工法修筑淤地坝属土方工程，依题意，查阅土方工程定额，套用水土保持工程概算定额［01322］分析单价（表 8-12-1）。

（3）计算相应的人工费、材料费、施工机械费、利润、税金等，填入表 8-12-1。（这部分内容的计算见本章第三节——水土保持工程概算编制，这里只是说明定额的查询和使用）

（4）计算水力冲填淤地坝工程单价（表中斜体数字）（表 8-12-2，注意定额单位）。

（5）计算概算投资。

1 座淤地坝投资：8 万 m^3×8.86 元/m^3＝70.88 万元

5 座淤地坝投资：5 座×70.88 万元/座＝354.4 万元

表 8-12-1 水力冲填淤地坝

项目名称	水力冲填淤地坝				
定额编号	01322	定额单位		100m^3	
施工方法：推土机筑边埂，拖拉机碾压，水力冲填筑坝					
编号	名称及规格	单位	数量	单价/元	合价/元
一	直接费				
（一）	直接工程费				
1	人工费				
	人工	工时	59.0		
2	零星材料费	%	7		
3	施工机械使用费				
	推土机 55kW 拖拉机 55kW 水枪 陕西 20 型 离心水泵 多级 40kW	台时 台时 台时 台时	2.43 0.53 3.90 3.90		
（二）	措施费	%	3		
二	间接费	%	5		
三	利润	%	7		
四	税金	%	3.22		
合计					

表 8-12-2 水力冲填淤地坝

项目名称	水力冲填淤地坝				
定额编号：	01322	定额单位：		100m³	
施工方法：推土机筑边埂，拖拉机碾压，水力冲填筑坝					
编号	名称及规格	单位	数量	单价/元	合价/元
一	直接费				764.08
（一）	直接工程费				741.83
1	人工费				398.25
	人工	工时	59.0	6.75	398.25
2	零星材料费	%	7	409.33	28.65
3	施工机械使用费				314.93
	推土机 55kW 拖拉机 55kW 水枪 陕西 20 型 离心水泵 多级 40kW	台时 台时 台时 台时	2.43 0.53 3.90 3.90	52.36 39.06 3.75 39.07	127.23 20.70 14.63 152.37
（二）	措施费	%	3		22.25
二	间接费	%	5		38.20
三	利润	%	7		56.16
四	税金	%	3.22		27.64
合计					886.08

（三）石方工程

1. 概述

（1）定额子目设置。包括一般石方、保护层、沟槽、柱坑等石方开挖及石渣运输定额，共计 14 节，116 个子目。

（2）施工方法按主要施工机械类型分为以下几部分。

a. 以风钻钻孔为主的定额，如一般石方开挖、坡面石方开挖、基础石方开挖、沟槽石方开挖、柱坑石方开挖等定额。

b. 以潜孔钻钻孔为主的定额，如一般石方开挖定额。

c. 胶轮车、翻斗车、手扶拖拉机运输定额，如胶轮车运输、翻斗车运输、手扶拖拉机运输等定额。

d. 推土机推石渣、挖掘机及装载机装石渣自卸汽车运输定额。

2. 说明

1）计量单位　石方工程定额计量单位，除注明者，均按自然方计算。

2）工程量计量　石方开挖定额中，人工已包括超挖部分的翻渣、清面及修整断面用功，石渣运输定额量已含超挖方量。因此，工程量按照设计图纸轮廓尺寸计算即可。例如，沟槽、柱坑、基础石方等定额，都根据开挖断面尺寸大小不同，包括了不同的超挖量和施工附加量。

3）重要条款讲解

（1）一般石方、基础石方、坡面石方、沟槽、柱坑等项的有关规定及适用范围。

a. 一般石方开挖定额，适用于除坡面、基础、沟槽、柱坑以外的石方开挖工程。

b. 基础石方开挖定额，将一般石方、坡面石方、保护层石方、沟槽石方等项综合成基础石方开挖，适用于中小型坝、闸、溢洪道、泵站、消力池等不同开挖深度的基础石方开挖工程。

c. 坡面石方开挖定额，适用于设计开挖面倾角大于 20°、小于或等于 40°，厚度 5m（垂直于设计面的平均厚度）以内的石方开挖工程。

d. 沟槽石方开挖定额，适用于底宽 7m 以内、两侧垂直或有边坡的长条形石方开挖工程，如渠道、截水沟、排水沟等。

e. 坑石方开挖定额，适用于上口面积 160m² 以下、深度小于上口短边长度或直径的工程，如集水坑、墩基、柱基等。

（2）定额按照 16 级岩石分类中的前ⅩⅣ级岩石制定。一般工程不会超过ⅩⅣ级岩石，若遇到极个别情况岩石级别超过ⅩⅣ级时，可按章说明中调整系数计算。

3. 定额子目的使用方法及注意事项

定额基本上是常用的定额，如一般石方、坡面石方、基础石方、沟槽石方、坑石方开挖及石渣运输定额，哪个工程都要用到其中的一部分。所以，这些定额都很重要，需要正确使用。

（1）石方工程定额未编制石方洞挖定额，如遇到此类单价，可参考《水利建筑工程概算定额》编制。

（2）人工装石渣胶轮车运输，人工装石渣翻斗车、手扶拖拉机运输定额，运输距离宜控制在 400m 和 800m 以内，如果运距超过上述值，一般应改变施工方法，选用大型施工机械施工定额。

（3）挖掘机及装载机装石渣自卸汽车运输定额，不同运距的计算方法与土方工程中介绍的计算方法相同。

4. 案例

【案例 3】　以人工装石渣胶轮车运输为例，介绍石方工程定额。

首先确定该工程为石方工程，然后在《定额》“石方工程”中查到“人工装石渣胶轮车运输”，找到定额表，如表 8-13 所示。

表 8-13　人工装石渣胶轮车运输

使用范围：露天作业

工作内容：撬移、解小、清渣、装车、运输、卸除、空回、平场　　（单位：100m³）

项目	单位	运距/m				每增运 50m
		50	100	150	200	
人工	工时	343.1	382.9	420.9	458.1	34.4
零星材料费	%	2	2	2	2	
胶轮车	台时	93.83	133.56	171.57	208.74	34.4
定额编号		02063	02064	02065	02066	02067

定额表显示了人工装石渣胶轮车运输的使用范围、工作内容、工程量单位、需计算的项目内容及单位、运距及对应的定额编号。运距是指每一次运输的距离，运距为 50m、100m、150m、200m 在表中找到相应定额，<50m 可直接套用定额［02063］；在 50～200m，且表中没有的运距采用内插法计算。增距是指超过定额中最大距离（即 200m）所增加的运距，以 50m 为单位。

如该工程运距为250m，对应找到定额［02066］和［02067］，此时即可确定人工装石渣胶轮车运输250m需要人工（458.1＋34.4）工时、零星材料费费率为2%、胶轮车（208.74＋34.4）台时。如果该工程运距为125m，对应找到定额［02064］和［02065］，采用内插法计算，即人工装石渣胶轮车运输125m需要人工401.9工时、零星材料费费率为2%、胶轮车152.57台时。此处，需要特别注意运距、增运的计算方法，当运距超过400m时，该定额已不适用，应选择其他施工机械施工。

【案例4】 某开发建设项目水土保持工程，开挖底宽2.5m、Ⅹ级岩石的沟槽石方，采用风钻钻孔爆破，人工装、0.5m^3机动翻斗车运350m。2号岩石炸药5元/kg，4号抗水岩石铵锑炸药5.5元/kg。要求根据水总［2003］67号文规定计算沟槽石方开挖概算单价。

（1）依题意，该工程包括两部分定额，一是石渣运输定额，一是沟槽石方开挖定额。

（2）编制石渣运输直接费单价。从定额表中可以查到运距为300m和400m的定额，概算定额编号［02070］、［02071］。没有350m运距定额，需要根据300m和400m两个定额表插值计算350m定额，见表8-14。

表8-14 石渣运输

定额编号：［02070］、［02071］ （单位：100m^3）

施工方法：人工装、0.5m^3机动翻斗车运350m

编号	名称及规格	单位	数量	单价/元	合价/元
（一）	直接费				1504.74
1	人工费				576.40
	人工	工时	220	2.62	576.40
2	零星材料费	%	2		29.50
3	机械使用费				898.84
	机动翻斗车 0.5m^3	台时	81.05	11.09	898.84

（3）编制沟槽石方开挖概算单价，选择概算定额编号［02026］，见表8-15。

表8-15 沟槽石方开挖

定额编号：［02026］ （单位：100m^3）

施工方法：Ⅹ级岩石，风钻钻孔，底宽2.5m

编号	名称及规格	单位	数量	单价/元	合价/元
一	直接费				4232.45
（一）	直接工程费				4012.09
1	人工费				917.26
	人工	工时	350.1	2.62	917.26
2	材料费				884.33

续表

施工方法：Ⅹ级岩石，风钻钻孔，底宽 2.5m					
编号	名称及规格	单位	数量	单价/元	合价/元
	合金钻头	个	4.57	40	182.80
	炸药	kg	83.28	5.25	437.22
	雷管	个	124.37	0.8	99.50
	导电线	m	305.59	0.35	106.96
	其他材料费	%	7		57.85
3	施工机械使用费				615.20
	风钻　手持式	台时	23.12	24.19	559.27
	其他机械费	%	10		55.93
4	石渣运输	m^3	106	15.05	1595.30
(二)	措施费	%	3		120.36
二	间接费	%	8		330.60
三	利润	%	7		319.41
四	税金	%	3.22		157.22
合计					5039.68

（四）砌石工程

1. 概述

砌石工程定额包括砌筑、抛石、喷锚等定额共 27 节、100 个子目，适用于水土保持工程措施的防护，挡土墙、坝等砌石工程。

2. 说明

1）计量单位

（1）定额计量单位：砌（铺）筑为 $100m^3$ 实体方，铺土工布（膜）等为 $100m^2$，土（石）填筑等为 $100m^3$ 堰体方、抛投方或成品方。

（2）各定额中的材料用量计量单位：砂、碎石为堆方；片石、块石、卵石为码方；毛条石、料石为清料方。

2）工程量计算方法

（1）土工布、土工膜、塑料薄膜 3 节定额，仅指这些防渗（反滤）材料本身的铺设，不包括上面的保护（覆盖）层和下面的垫层砌筑，其定额计量单位是指设计有效防渗面积。

（2）喷浆（混凝土）定额已包括了回弹及施工损耗量，定额计量单位以喷后的设计有效面积（体积）计算。

3）重要条款说明

（1）碎石：指经过破碎、加工分级后，粒径大于 5mm 的块石。

（2）卵石：指最小粒径大于 20cm 的天然河卵石。

（3）块石：指厚度大于 20cm，长、宽各为厚度的 2～3 倍，上下两面平行且大致平整，无尖角、薄边的石块。

（4）片石：指厚度大于 15cm，长、宽各为厚度的 3 倍以上，无一定规则形状的块石。

（5）毛条石：指一般长度大于 60cm 的长条形四棱方正的石料。

(6) 料石：指毛条石经修边打荒加工，外露面方正，各相邻面正交，表面凹凸不超过10mm的石料。

3. 定额子目的使用方法及注意事项

(1) 砌石工程定额不包括砂石料、块石的开采和运输，如遇到可按砂石备料工程定额计算。

(2) 锚杆定额中的锚杆长度是指嵌入岩石的设计有效长度，按规定应留的外露部分及加工过程中的损耗，均已记入定额。锚杆附件包括垫板、三角铁和螺帽等。

(3) 材料消耗定额中的抹面砂浆、勾缝砂浆、砌筑砂浆及混凝土强度等级的选择应符合设计要求。设计未明确的，可按下列标准选择：砌筑砂浆为M7.5，抹面砂浆及勾缝砂浆为M10，混凝土强度为C20。

(4) 材料消耗定额中水泥强度等级的选择应符合设计要求。设计未明确的，一般选用32.5级普通硅酸盐水泥。

(5) 石子（碎石、卵石）最大粒径不超过4cm。

(6) 砂子粒径以中砂（粒径0.25～0.5mm）为好，不得使用面砂（极细砂：粒径0.05～0.1mm），且含泥量不得超过砂子重量的5%。

4. 案例

【案例5】 以编织袋土（石）填筑、拆除为例，介绍砌石工程定额。

首先确定该工程为砌石工程，然后在《定额》“砌石工程”中查到“编织袋土（石）填筑、拆除”，找到定额表，如表8-16所示。

表8-16 编织袋土（石）填筑、拆除

工作内容：1. 填筑：装土（石）、封包、堆筑

2. 拆除：拆除、清理

（单位：100m³堰体方）

项目	单位	填筑	拆除
人工	工时	1162	168
袋装填料 粘土	m³	118	
袋装填料 砂砾石	m³	106	
编织袋	个	3300	
其他材料费	%	1	3
定额编号		03053	03054

定额表显示了工作内容、工程量单位、需计算的项目内容及单位、填筑和拆除项目及对应的定额编号。如该工程为编织袋装石填筑，对应找到定额编号［03053］，此时即可确定编织袋装石填筑100m³堰体方需要人工1162工时、袋装填料砂砾石106m³、编织袋3300个、其他材料费费率为1%。此处，需要特别注意定额单位是100m³堰体方。

（五）混凝土工程

1. 概述

混凝土工程定额包括现浇混凝土、预制混凝土、混凝土拌和、混凝土运输、钢筋制安等定额共27节、68个子目（定额子目设置见表8-17）。适用于水土保持拦渣（洪）坝、格栅坝、拦渣墙（挡土墙）、明渠、渡槽等建筑物的混凝土工程。摘录相应定额如表8-17所示。

表 8-17　定额子目设置表

序号	项目名称	子目	子目划分方法
一	现浇混凝土 12 节	21	
1	混凝土坝	1	
2	格栅坝	1	
3	挡土墙	3	按结构型式划分
4	溢流面	1	
5	溢洪道	1	
6	护坡框格	1	
7	渡槽槽身	3	按渡槽平均壁厚划分
8	排导槽	1	
9	明渠	3	按衬砌厚度划分
10	排架	1	
11	混凝土压顶	1	
12	土工膜袋混凝土	4	按陆上、水下及膜袋混凝土厚度划分
二	预制混凝土及安装 2 节	5	
13	预制混凝土构件	3	按预制构件类型及体积划分
14	预制混凝土构件运输、安装	2	按构件运输、安装划分
三	混凝土拌制运输 12 节	41	
15	拌和机拌制混凝土	2	按拌和机容量划分
16	人工运混凝土	2	按运距划分
17	胶轮车运混凝土	2	按运距划分
18	机动翻斗车运混凝土	6	按运距划分
19	小型拖拉机运混凝土	2	按运距划分
20	自卸汽车运混凝土	5	按运距划分
21	搅拌车运混凝土	5	按运距划分
22	泻槽运混凝土	3	按泻槽长度划分
23	卷扬机井架吊运混凝土	2	按垂直运距划分
24	履带起重机吊运混凝土	2	按吊高划分
25	塔式起重机吊运混凝土	9	按混凝土吊罐容积及吊高划分
26	泵送混凝土	1	
四	钢筋制作与安装 1 节	1	
27	钢筋制作与安装	1	
合计	27 节	68	

2. 说明

（1）计量单位。定额的计量单位，除注明者，均为建筑物及构筑物的成品实体方。

（2）重要条款及主要工作内容。

a. 混凝土浇筑包括冲（凿）毛、冲洗、清仓，铺水泥砂浆，平仓浇筑，振捣、养护，膜板制作、安装、拆除、维修，工作面运输（不含浇筑现场垂直运输）及辅助工作。

b. 预制混凝土制作及安装包括预制场冲洗、清理、配料、拌制、浇筑、振捣、养护，膜板制作、安装、拆除、修整，预制构件吊装、校正、固定、焊接、二期混凝土浇筑、填缝灌浆，现场冲洗、拌浆、砌筑、勾缝（指预制混凝土板砌筑），以及预制场和安装现场场内运输及辅助工作。

c. 混凝土拌制包括配料、加水、加外加剂、搅拌、出料、清洗和辅助工作。

d. 混凝土运输包括装料、运输、卸料、空回、冲洗、清理及辅助工作。

e. 混凝土坝（堰）定额包括消力池、护坦、海漫、胸墙等工作内容，但不包括溢流面及导水墙，这些工程另按有关定额计算。

f. 混凝土格栅坝定额不包括设置格栅的型钢制作安装费用，如遇到这类费用需另计。

(3) 混凝土材料定额中的“混凝土”，是指完成单位产品所需的混凝土半成品量，其中包括干缩、运输、浇筑损耗及超填量在内。混凝土半成品的单价，为配制混凝土所需水泥、骨料、水、掺合料及其外加剂等的费用之和。各项材料用量如按试验资料应计入拌制场内运输及操作损耗。损耗率：水泥 2.5%、砂 3%、石子 4%；无试验资料时，可参考本定额附录中的混凝土材料配合比表选用。

(4) 混凝土拌制。

a. 混凝土拌制定额均以半成品方为计量单位，不包括干缩、运输、浇筑损耗及超填量在内。

b. 搅拌机清洗用水已计入拌制定额的零星材料费中。

(5) 混凝土运输。

a. 现浇混凝土运输，指混凝土自搅拌机出料口至浇筑现场工作面的全部水平和垂直运输。

b. 预制混凝土构件运输，指预制场至安装场之间的运输。预制混凝土构件在预制场至安装场的运输，包括在预制及安装定额内。

c. 混凝土运输定额均以半成品方为计量单位，不包括干缩、运输、浇筑损耗及超填量在内。

d. 混凝土和预制混凝土构件运输，应根据设计选定的运输方式、设备型号规格，按本节运输定额计算。

(6) 混凝土浇筑。

a. 混凝土浇筑定额中包括浇筑和工作面运输（不含浇筑现场垂直运输）所需全部人工、材料和机械的数量及费用。

b. 混凝土浇筑的仓面清洗用水，已分别计入浇筑定额的用水量及其他材料费中。

c. 混凝土构件预制及安装定额，包括预制及安装过程中所需人工、材料、机械的数量和费用。若预制混凝土构件单位重量超过定额中起重机械起重量时，可用相应起重量机械替换，台时量不变。

(7) 预制混凝土定额中的模板材料为单位混凝土成品方的摊销量，已考虑了周转。

(8) 混凝土拌制及浇筑定额中，不包括骨料预冷、加冰、通水等温控所需人工、材料、机械的数量和费用。

(9) 钢筋制作与安装定额中，其钢筋定额消耗量已包括钢筋制作与安装过程中的加工损耗、搭接损耗及施工架立筋附加量（钢筋制作与安装定额，不分部位、规格型号综合计算）。

3. 定额适用范围

定额适用范围见表 8-18。

表 8-18　定额适用范围表

序号	项目名称	子目	适用范围
一	现浇混凝土 12 节	21	
1	混凝土坝	1	重力坝、拱坝浇筑
2	格栅坝	1	钢筋混凝土格栅坝浇筑
3	挡土墙	3	拦渣墙、挡土墙、导水墙混凝土构筑物浇筑
4	溢流面	1	溢流坝面浇筑
5	溢洪道	1	包括溢流堰、胸墙、闸墩、底板、挑流坎等
6	护坡框格	1	堤、坝、河岸块石护坡的混凝土浇筑
7	渡槽槽身	3	泥石流防治工程的渡槽槽身混凝土浇筑
8	排导槽	1	泥石流防治工程的排导槽混凝土浇筑
9	明渠	3	引水、泄水、排洪渠道及隧洞出口明挖段的边坡、底板，土基上的槽形整体
10	排架	1	渡槽排架及一般结构混凝土浇筑
11	混凝土压顶	1	浆砌块石、干砌块石挡土墙压顶混凝土浇筑
12	土工膜袋混凝土	4	坡面防护膜袋混凝土
二	预制混凝土及安装 2 节	5	
13	预制混凝土构件	3	梁、排架、柱、桩、盖板、护坡衬砌板
14	预制混凝土构件运输、安装	2	本节各类型混凝土预制构件
三	混凝土拌制运输 12 节	41	
15	拌和机拌制混凝土	2	圆形倒虹吸管、压力管道及各种现浇线涵管
16	人工运混凝土	2	各种级配混凝土
17	胶轮车运混凝土	2	人工上料
18	机动翻斗车运混凝土	6	人工上料
19	小型拖拉机运混凝土	2	人工给料
20	自卸汽车运混凝土	5	搅拌机或贮料斗给料
21	搅拌车运混凝土	5	搅拌机给料
22	泻槽运混凝土	3	贮料斗给料
23	卷扬机井架吊运混凝土	2	搅拌机给料
24	履带起重机吊运混凝土	2	汽车运混凝土罐给料
25	塔式起重机吊运混凝土	9	汽车运混凝土罐给料
26	泵送混凝土	1	搅拌机给料
四	钢筋制作与安装 1 节	1	
27	钢筋制作与安装	1	
合计	27 节	68	

4. 定额子目的使用方法及注意事项

（1）明渠定额是按软基拟定的，如为岩石基础，定额用量扩大 10%，但费率不扩大。

（2）排架定额是按矩形排架拟定的，如遇到 A 形排架，人工扩大 10%，其他不变。

（3）预制混凝土构件定额中的材料量不包括桩靴用量，如遇到另计。

（4）自卸汽车运混凝土是按露天运输拟定的，如遇到洞内运输，人工、机械定额乘以 1.25 系数。

（5）搅拌车运混凝土定额，是按 $3m^3$ 车拟定的，如遇 $6m^3$ 车，台时消耗量乘以 0.52 稀疏。

该定额适用于露天运输，洞内运输时，人工、机械定额乘以1.25系数。

(6) 溜槽运混凝土定额中的溜槽摊销费已计入零星材料费。

(7) 卷扬机井架吊运混凝土定额，是混凝土垂直运输定额，不包括胶轮车至搅拌机水平运输，需要时另计。

(8) 在计算胶轮车、机动翻斗车运混凝土时，运输距离宜控制在400m和800m以内；小型拖拉机运输时，宜控制在3km以内。如果运距超过上述值，一般应改变施工方法，选用大型施工机械施工定额。

5. 附录：混凝土、砂浆配合比及材料用量

1) 混凝土配合比有关说明

(1) 水泥混凝土强度等级是以28d龄期、用标准试验方法测得的具有95%保证率的抗压强度标准值确定的，如果设计龄期超过28d，按表8-19系数换算。计算结果介于两种强度等级之间时，应选用高一级的强度等级。

表8-19 系数换算表

设计龄期	28	60	90	180
强度等级折合系数	1.00	0.83	0.77	0.71

(2) 混凝土配合比表指卵石、粗砂混凝土，如改用碎石或中、细砂，按表8-20系数换算。

表8-20 系数换算表

项　目	水泥	砂	石子	水
卵石换为碎石	1.10	1.10	1.06	1.10
粗砂换为中砂	1.07	0.98	0.98	1.07
粗砂换为细砂	1.10	0.96	0.97	1.10
粗砂换为特细砂	1.16	0.90	0.95	1.16

注：①水泥按重量计；②砂、石子、水按体积计

(3) 埋块石混凝土，应该按配合比表的材料用量，扣除埋块石实体的数量计算。

埋块石混凝土材料量＝配合比表列材料用量×（1－埋块石率）

1块石实体方＝1.67码方

因埋块石增加的人工见表8-21。

表8-21 埋块石增加而增加的人工

埋块石率/%	5	10	15	20
每1000m³埋块石混凝土增加人工工时	24.0	32.0	42.4	56.8

注：不包括块石运输及影响浇筑的工时

(4) 有抗渗、抗冻要求时，按表8-22水灰比选用混凝土强度等级。

表8-22 不同水灰比混凝土强度等级选用

抗渗等级	一般水灰比	抗冻等级	一般水灰比
W4	0.60～0.65	F50	＜0.58
W6	0.55～0.60	F100	＜0.55

续表

抗渗等级	一般水灰比	抗冻等级	一般水灰比
W8	0.50～0.55	F150	<0.52
W12	<0.50	F200	<0.50
		F300	<0.45

(5) 混凝土配合比表的预算包括场内运输及操作损耗在内，不包括搅拌后（熟料）的运输和浇筑损耗，搅拌后运输和浇筑损耗已根据不同浇筑部位计入定额内。

(6) 按照国际标准（ISO3893）的规定，且为了与其他规范相协调，将原规范混凝土及砂浆标号的名称改为混凝土或砂浆强度等级。新强度等级与原标号对照见表 8-23、表 8-24。

表 8-23　混凝土新强度等级与原标号对照

原混凝土标号/（kgf/cm²）	100	150	200	250	300	350	400
混凝土强度等级	C9	C14	C19	C24	C29.5	C35	C40

表 8-24　砂浆新强度等级与原标号对照

原砂浆标号/（kgf/cm²）	30	50	75	100	125	150	200	250	300	350	400
砂浆强度等级	M3	M5	M7.5	M10	M12.5	M15	M20	M25	M30	M35	M40

2) 纯混凝土材料配合比及材料用量　纯混凝土材料配合比表见《水土保持工程定额》附录二-7、表 7-7。

3) 泵用混凝土材料配合比及材料用量　泵用混凝土材料配合比表见《水土保持工程定额》附录二-7、表 7-8。

4) 水泥砂浆材料配合比及材料用量　水泥砂浆材料配合比表见《水土保持工程定额》附录二-7、表 7-9。

5) 水泥强度等级　水泥强度等级与水泥标号对应关系见表 8-25。

表 8-25　水泥强度等级与水泥标号对应关系表

水泥标号	水泥强度等级
GB 175—1992	GB 175—1999
GB 1344—1992	GB 1344—1999
GB 12958—1991	GB 12958—1999
725（R）	62.5（R）
625（R）	52.5（R）
525（R）	42.5（R）
425（R）	32.5（R）

注：为了使我国水泥强度检验方法与国际标准接轨，国家质量技术监督局 1999 年 7 月 30 日发布了 GB 175—1999《硅酸盐水泥、普通硅酸盐水泥》、GB 1344—1999《矿渣硅酸盐水泥、火山灰硅酸盐水泥及粉煤灰硅酸盐水泥》、GB 12958—1999《复合硅酸盐水泥》等国家标准

6. 案例

【案例 6】　以混凝土挡土墙为例，介绍混凝土工程定额。

首先确定该工程为混凝土工程，然后在《定额》“混凝土工程”中查到设计挡土墙，找到

定额表，如表 8-26 所示。

表 8-26　挡土墙

使用范围：挡渣墙、挡土墙、导水墙

工作范围：模板制作、安装、拆除、凿毛、清洗、浇筑、养护等　　　　（单位：100m³）

项目	单位	重力式	悬臂式	扶垛式
人工	工时	730.90	811.60	812.90
板枋材	m³	0.26	0.58	0.61
钢模板	kg	55.00	126.00	133.00
铁件	kg	32.00	73.00	76.00
混凝土	m³	108.00	113.00	113.00
其他材料费	%	2.00	2.30	2.30
振捣器 1.1kW	台时	51.00	51.00	51.00
风水轮	台时	21.00	21.00	21.00
其他机械费	%	15.00	15.00	15.00
混凝土拌制	m³	108.00	113.00	113.00
混凝土运输	m³	108.00	113.00	113.00
定额编号		04003	04004	04005

定额表显示了挡土墙施工的使用范围、工作内容、工程量单位、需计算的项目内容及单位、挡土墙的类型以及定额编号。如挡土墙的类型为重力式，对应找到定额编号［04003］，此时即可确定设计挡土墙 100m³ 需要人工 730.9 工时、板枋材 0.26m³、钢模板 55kg、铁件 32kg、混凝土 108m³、其他材料费费率为 2%、1.1kW 振捣器 51 台时、风水轮 21 台时、其他机械费 15%、混凝土拌制 108m³、混凝土运输 108m³。注意，此处不能丢项。

（六）砂石备料工程

1. 概述

(1) 水土保持工程一般单项工程规模小、施工简单，由施工单位根据当地砂石料储量情况自行采备很少见，都是采取外购方式或直接利用开发项目主体工程砂石料单价。因此，砂石备料工程定额对水利系统工程传统的砂石料加工工艺、定额及单价计算进行了简化，只列示了人工筛分、利用开采的碎石、块石原料加工砂石料定额，便于设计单位在遇到类似工程时，直接采用相应定额计算砂石料单价，而不必借用其他定额。

(2) 定额子目设置。包括砂石骨料、块石、条料石的开采、加工、运输定额，共 23 节、104 个子目。

(3) 根据施工方法不同，可分为下列 3 类定额。

a. 人工开采、捡集、运输定额：如人工开采、捡集，人工挑（抬）运，人工装胶轮车运砂石料、块石、条料等定额。

b. 小型机械运输定额：如人工装机动翻斗车运砂石料、块石，人工装手扶拖拉机运砂石料、块石。

c. 大型机械开采砂石料、块石定额：如人工筛分天然砂石料、溜洗骨料，颚式破碎机破碎，筛分碎石等定额。

2. 说明

1）*计算单位* 定额的计算单位均为成品方。成品方是指每节规定的工作内容完成后的松散砂石料。

2）*名词解释*

砂石料：指砂砾料、碎石、砂、骨料的统称。

砂砾料：指未经加工的天然砂卵石料。

砾石：指砂砾料中粒径大于5mm的卵石。

碎石原料：指未经破碎、加工的主体工程方石开挖弃料。

碎石：指经破碎、加工分级后，粒径大于5mm的骨料。

砂：指粒径小于或等于5mm的骨料。

骨料：指经加工分级后的砾石、碎石和砂。

块石：指长、宽各为厚度的2～3倍，厚度大于20cm的石块。

片石：指长、宽各为厚度的3倍以上，厚度大于15cm的石块。

毛条石：指一般长度大于60cm的长方形四棱方正的石料。

料石：指毛条石经修边打荒加工，外露面方正，各相邻面正交，表面凸凹面不超过10mm的石料。

3）*重要条款讲解*

（1）开采定额中不包括覆盖层的剥离及无效层的石方开采、运输。此项费用按一般土石方过程定额计算，并按设计工程量比例摊入骨料成品单价。

（2）机械开采、加工、运输各节定额，均以控制产量的主要机械制定，次要机械和辅助机械按施工设计配置计算，凡定额中注明了型号、规定的机械一般不作调整，未注明的机械可按设计配置计算。

（3）定额中已考虑了运输、堆存、加工等损耗和体积变化，使用定额时不再加其他任何系数及损耗率。

4）*砂石料单价计算*

（1）根据施工组织设计确定的砂石备料方案和工艺流程，按相应定额计算各加工工序单价，然后累计计算成品单价。骨料成品单价自采集、加工、运输一般计算至拌和系统前调节料仓为止。

（2）天然砂砾料加工过程中，由于生产或级配平衡需要进行中间工序处理的砂石料，包括级配余料、级配弃料、超径弃料等，应以料场勘探资料和施工组织设计级配平衡计算结果为依据。计算砂石料单价时，弃料处理费用应按处理量与骨料总量的比例摊入骨料成品单价。余弃料单价应为选定处理工序处的砂石料单价，若余弃料需转运至指定弃料地点时，其运输费用应按本部分定额有关定额子目计算，并按比例摊入骨料成品单价。

（3）机械挖运松散状态下的砂砾料，采用《水土保持工程概算定额》（水利部水总〔2003〕67号）时，其中人工及挖掘机械乘以0.85系数。

3. 主要定额子目的使用方法及注意事项

（1）人工开采砂砾料定额适用于滩地水上开采，如遇水下开采，人工定额乘以1.2系数。含砂率根据地勘资料确定。

（2）人工溜洗骨料定额，适用于溜洗天然砂石料，如遇溜洗碎石时，人工定额乘以1.2系数。

（3）颚式破碎机破碎筛分碎石定额中，碎石原料量指的是堆方（松方）；使用时应予注意。

(4) 颚式破碎机破碎筛分碎石定额已综合考虑了岩石的强度，如遇岩石硬度不同时，定额不作调整。

(5) 按定额计算的砂石料、块石单价，作为材料单价，不计取其他直接费、现场经费、间接费、利润及税金，编制投资估算时，也不乘以扩大系数。

4. 案例

【案例 7】 以卸、载重汽车运块石为例，介绍砂、石备料工程定额。

首先确定该工程为砂、石备料工程，然后在《定额》“砂、石备料工程”中查到“人工装卸、载重汽车运块石”，找到定额表，如表 8-27 所示。

表 8-27 人工装卸、载重汽车运块石

适用范围：运块石

工作内容：人工装卸、汽车运输 （单位：100m³ 成品码方）

项目	单位	运距/km					每增运 1km
		0.5	1	2	3	4	
人工	工时	247.7	247.7	247.7	247.7	247.7	—
零星材料费	%	2	2	2	2	—	—
载重汽车 5t	台时	50.31	52.13	55.84	59.54	63.25	3.71
载重汽车 8t	台时	42.71	43.94	46.48	49.01	51.55	2.54
定额编号		05087	05088	05089	05090	05091	05092

定额表显示了定额适用范围、工作内容、工程量单位、需计算的项目内容及单位、运距以及对应的定额编号。如该工程运距为 1km，对应找到定额编号［05088］，装卸块石需要人工 247.7 工时、零星材料费费率为 2%，此时还要根据需要选择载重汽车的承载量，如选择 5t 载重汽车运输需要 50.31 台时。此处，需要注意的是运距、增运的计算方法，特别是要注意工程量的单位为 100m³ 成品码方。块石松方、实方及码方的松实系数参考表 8-11。

(七) 基础处理工程

1. 概述

基础处理工程定额包括风钻钻灌浆孔、钻机钻岩石灌浆孔、钻机钻（高压喷灌）灌浆孔、混凝土灌注桩造孔、地下混凝土连续墙造孔、基础固结灌浆、坝基岩石帷幕灌浆、高压摆喷灌浆、灌注混凝土桩、地下连续墙混凝土浇筑、水泥搅拌桩、振冲碎石桩、抗滑桩、钢筋（轨）笼制作吊装等定额共 14 节、65 个子目，适用于水土保持基础处理工程。

2. 说明

1) 计量单位

(1) 风钻钻灌浆孔、钻机钻岩石灌浆孔、钻机钻（高压喷灌）灌浆孔、混凝土灌注桩造孔（冲击钻造孔）、基础固结灌浆、坝基岩石帷幕灌浆、高压摆喷灌浆、振冲碎石桩以 100m 为计量单位。

(2) 混凝土灌注桩造孔（护壁安设）以 10m 为计量单位。

(3) 地下混凝土连续墙造孔以 100m² 阻水面积为计量单位。

(4) 混凝土灌注桩造孔（桩孔土石方开挖）、灌注混凝土桩、地下连续墙混凝土浇注、水泥搅拌桩、抗滑桩以 100m³ 为计量单位。

（5）钢筋（轨）笼制作吊装以 1t 为计量单位。

2）工程计量方法

（1）灌浆孔、排水孔、灌注桩造孔等工程量，均按设计钻（造）孔延长计算。

（2）地下连续墙造孔按单孔进尺计算，公式如下：

$$\text{单孔进尺 (m)} = L \cdot \frac{H}{d} \cdot K_1$$

式中，L 为槽长（m）；H 为平均槽深（m）；d 为设计厚度（m）；K_1 为接头系数，即1.08～1.15。

（3）地下连续墙混凝土浇筑工程量计算公式如下：

$$\text{混凝土体积 (m}^3\text{)} = L \times H \times B \times K_1 \times K_2$$

式中，L 为连续墙长度（m）；H 为平均槽深（m）；B 为设计槽宽（m）；K_1 为接头系数，即 1.08～1.15；K_2 为扩孔系数，取 1.1～1.2。

3）重要条款讲解

（1）钻机钻岩石地层孔工程定额，均按岩石 16 级分类法的Ⅴ～ⅩⅣ级划分。

（2）钻机钻软基孔地层工程定额，地层划分为砂（粘）土、砾石、卵石 3 类。

（3）钻机钻钻孔工程定额，按地层特征划分为 11 类。

（4）由于混凝土粗骨料的级别不容易辨别，故钻混凝土孔按Ⅹ级岩石对待。

（5）由于抗滑桩比灌注桩的桩径大，故抗滑桩开挖所耗时比灌注桩少。

（6）材料消耗定额中水泥强度登记的选择应符合设计要求，设计未明确的，可按以下标准选择：固结灌浆、帷幕灌浆、高压灌浆选用 32.5 级普通硅酸盐水泥；灌注混凝土桩、地下连续墙混凝土浇筑、水泥搅拌桩及抗滑桩也选用 32.5 级普通硅酸盐水泥。

（7）石子（碎石、卵石）最大粒径不超过 4cm。

（8）砂子粒径以中砂（粒径 0.25～0.5mm）为好，不得使用面砂（极细砂，粒径 0.05～0.1mm），且含泥量不得超过砂子重量的 5%。

3. 主要定额子目的使用方法及注意事项

（1）在有架子的平台上钻孔，平台至地面孔口高差超过 2m 时，钻机和人工定额乘以 1.05 系数。

（2）使用柴油机带动钻机时，机械定额乘以 1.05 系数。

（3）定额包括了简易工作台搭拆和井口护筒埋设、混凝土导向槽、管路安装和拆除、场内材料运输、现场清理等必要的施工工序。

（4）钻灌浆孔定额，已计入了灌浆后检查的钻孔量，使用定额时不再加计。

（5）灌浆定额，已计入了灌浆前的压水试验和灌浆后补灌及封孔等项工作。

（6）固结灌浆和帷幕灌浆定额中的中、低压灌浆泵改用高压泵时，定额数量不变。

（7）灌注混凝土桩及地下连续墙混凝土浇筑材料消耗定额中“()”内的数字为混凝土半成品，在计算概算单价时与水泥、石子、砂子和水不能重复计算。

4. 案例

【案例 8】　以基础固结灌浆为例，介绍基础处理工程定额。

首先确定该工程为基础处理工程，然后在《定额》“基础处理工程”中查到“基础固结灌浆”，找到定额表，如表 8-28 所示。

表 8-28 基础固结灌浆

工作内容：冲洗、制浆、灌浆、封孔、孔位转移，以及检查孔的压水试验、灌浆。 （单位：100m）

项目	单位	透水率/Lu				
		≤2	2～4	4～6	6～8	>8
人工	工时	450.00	455.00	470.00	490.00	550.00
水泥	t	2.30	3.20	4.10	5.70	8.70
水	m^3	481.00	528.00	565.00	610.00	715.00
其他材料费	%	15.00	15.00	15.00	15.00	15.00
灌浆泵	台时	92.00	93.00	96.00	100.00	112.00
灰浆搅拌机	台时	84.00	83.00	88.00	92.00	104.00
胶轮架子车	台时	13.00	17.00	22.00	31.00	47.00
其他机械费	%	5.00	5.00	5.00	5.00	5.00
定额编号		06033	06034	06035	06036	06037

定额表显示了基础固结灌浆的工作内容、工程量单位、需计算的项目内容及单位、透水率及对应的定额编号。如该工程透水率为 2～4Lu，对应找到定额编号［06034］，此时即可确定透水率为 2～4Lu 基础固结灌浆 100m 需要人工 455 工时、水泥 3.2t、水 528m^3、其他材料费费率为 15%、灌浆泵 93 台时、灰浆搅拌机 83 台时、胶轮架子车 17 台时、其他机械费 5%。

（八）机械固沙工程

1. 概述

（1）机械固沙是防风固沙的一种，主要是指沙障固沙。考虑到防风固沙包括沙障固沙、造林固沙、种草固沙、平整沙丘造地和化学固沙等多种措施，因此定名为机械固沙。

（2）定额子目设置。定额包括土石沙障和植物秸秆沙障两部分。具体划分为土石压盖、防沙土墙、柴草沙障、树枝条沙障等定额共 12 节、38 个子目。

2. 说明

1）计量单位　土石压盖定额计量单位按平方米计量，防沙土墙按压实方计量，其他定额按延长米计量。

2）章说明

（1）压盖定额压实厚度均为压实后的成品厚度，使用时不再换算。

（2）各定额除已规定的工作内容还包括场内运输及操作损耗在内。

3. 主要定额子目的使用方法及注意事项

（1）土石压盖定额适用于全面平铺式沙障，如遇到带状沙障，应折算为平面平铺式沙障面积。如果覆盖物厚度与定额列式不一致，可内插计算。

（2）防沙土墙定额，适用于墙高 0.5～1m 的带状高立式沙障。该定额是按土墙体积计量的，使用时应根据设计提出的墙体工程量计算。

（3）粘土埂定额，适用于埂底宽 0.6～0.8m 的带状低立式沙障。一般布设在沙丘迎风面自下向上约 2/3 的位置。用粘土堆成土埂，高 0.2～0.25m，埂底宽 0.6～0.8m，埂顶呈弧形。土埂间距 2～4m。

（4）高立式柴草沙障是在设计好的沙障条带位置上，人工挖沟 0.2～0.3m，将柴草均匀直立埋入，并扶正。该定额适用于带状沙障。

（5）低立式柴草沙障是将柴草按设计长度切好，顺设计沙障条带线均匀设置，柴草的方向与带线正交。用脚在柴草中部用力踩压，柴草进入沙内 0.15～0.2m。

（6）其他沙障及防沙栅栏定额适用于带状沙障，当高度不同时，可内插计算。

4. 案例

【案例 9】　以卵石压盖为例，介绍机械固沙工程定额。

首先确定该工程为机械固沙工程，然后在《定额》“机械固沙工程”中查到“卵石压盖”，找到定额表，如表 8-29 所示。

表 8-29　卵石压盖

适用范围：全面平铺式沙障

工作内容：铺料、整平、压实　（单位：$100m^2$）

项目	单位	压盖厚度/cm			
		3	4	5	6
人工	工时	13.60	18.20	22.70	27.20
卵石	m^3	3.79	5.06	6.32	7.59
其他材料费	%	1.20	1.20	1.20	1.20
光轮压路机 8～10t	台时	0.22	0.22	0.22	0.22
定额编号		07013	07014	07015	07016

定额表显示了卵石压盖的适用范围、工作内容、工程量单位、需计算的项目内容及单位、压盖厚度及对应的定额编号。如该压盖厚度为 4cm，对应找到定额编号［07014］，此时即可确定卵石压盖 $100m^2$（压盖厚度为 4cm）需要人工 18.2 工时、其他材料费费率为 1.2%、光轮压路机（8～10t）0.22 台时。此处，需要注意压盖厚度的选择，如果压盖厚度不是 3cm、4cm、5cm、6cm，需采用内插法计算。

（九）林草工程

1. 概述

（1）林草工程定额范围较广，能同时涵盖开发建设项目和生态建设项目水土保持工程（小流域治理工程）中的植物栽种和绿化工程内容，具有一般性和通用性的特点。

（2）定额分工程整地及植物栽种两部分。工程整地定额包括带状整地、穴状整地、块状整地、全面整地共 8 节、47 个子目；种草、种树和部分管护定额，共 3 节、19 个子目；种草包括直播种草、草皮铺种、喷播植草等定额，共 3 节、19 个子目；种树包括苗圃、直播造林、植苗造林、分殖造林、栽种果树经济林、飞播造林草、栽植带土球灌木、栽植带土球乔木、栽植绿篱、栽植攀缘植物、花卉栽植等定额，共 11 节、69 个子目；部分管护定额包括幼林抚育、成林抚育、人工换土、假植、树木支撑、树木绑扎草绳等定额，共 6 节、54 个子目。林草工程定额合计 28 节、189 个子目。

（3）定额适用范围。主要适用于单项列项（指不计入枢纽或主体建筑物投资）的开发建设项目和生态建设项目、水土保持工程（小流域综合治理工程）中的植物栽种工程和绿化工程。

开发建设项目中随主体工程设计列量的项目，如土坝坝坡、大堤堤坡、铁路和公路边坡草皮铺种，堤顶植树、放浪林，建筑物周边绿化等植物栽种可参照本定额编制单价。

2. 说明

1）计量单位

（1）工程整地。整地各节定额计量单位分两种类型，以带状或块状方式整地的按 100 个计量；以全面整地方式整地的按 $1hm^2$计量。

（2）植物栽种。种草、种树计量单位主要分 3 种类型，以直播方式播种树籽、草籽的按 $1hm^2$计量；以铺草皮、机械喷播方式种草的按 $100m^2$计量；以植苗（含分植、假植）方式种树的按 100 株计量。其他定额计量单位按各节说明，如飞机播种林草按 $100hm^2$、栽植绿篱按 100 延米、抚育按每公顷等。

2）重要条款讲解

（1）工程整地。

a. 水平阶整地、反坡梯田整地、水平沟整地、鱼鳞坑整地、穴状（圆形）整地、块状（方形）整地定额是按Ⅰ、Ⅱ类土标准计算的，如为Ⅲ类土人工乘以系数 1.34，Ⅳ类土人工乘以系数 1.76。水平犁沟整地、全面整地定额已按土类级别划分，使用时直接套用。

b. 定额中标注的整地规格尺寸为水平距离，面积为水平投影面积，如水平阶的阶宽、阶长，水平犁沟的计量单位 hm^2等。

c. 水平阶整地、反坡梯田整地、水平沟整地定额的地面坡度是按 10°或 5°的级别列示的，如遇到 23°、36°等坡度时，可用插入法计算。

d. 水平犁沟定额，是按基本间距 3m 制定的，如遇到大于此间距时，应对定额进行调整（注意，定额用量随水平间距的增加而减少，是负数）。水平间距是指上一级水平沟外边缘至下一级水平沟内边缘的水平距离。

e. 全面整地中分畜力整地和机械整地两小节，其中畜力由于各地价格不一样，只为一个定额制定畜力价格计算方法也没有必要，故将畜力折算为人工工时。另外，各地畜力折算倍数也不一致（但差距不大），为避免引起混乱，使用该定额计算时也不允许换算调整。

（2）植物栽种。

a. 植物栽种土类级别划分及调整系数同整地工程，即定额按Ⅰ、Ⅱ类土标准计算的，如为Ⅲ类土人工乘以系数 1.34，Ⅳ类土人工乘以系数 1.76。但注意对于需要换土的Ⅲ、Ⅳ类植物栽种，挖坑、挖土定额按土类级别进行调整，换土定额不作调整。

b. 直播种草和直播种树，一般需要对草籽、树籽进行浸种、春化、软化、拌种等处理，这些费用已计入定额，使用时不再加计。对草籽、树籽的采集费用，应计入材料的购买单价，不包括在定额内。

c. 植物管护是水土保持植物措施中一项重要工作，管护包括下述 3 方面的含义：一是封育治理，指在林区、草原边缘、残林、草地带或有散生树林、草地的山区、丘陵区禁封和补植培育林草的治理方式；二是抚育管理，指对幼林和成林进行的林分管理和林下植被的管理；三是指对林地管理、野生动植物和森林防火与病虫鼠害防治等采取的保护措施。

由于管护工作内容较多，有些工作无法用定额量化。其中，封育治理可在生态建设项目第三部分中独立列项，根据具体采取的措施编制单价，计算投资。抚育管理设立幼林抚育和成林抚育两个定额，幼林抚育包括松土、除草、培垄、定株、修枝、施肥、浇水、喷药等抚育工作；成林抚育的内容包括中耕除草、修枝、施肥、浇水、喷药等抚育工作。在生态建设项目中，可按幼林抚育定额计算 1～3 年的幼林抚育费用；开发建设项目的幼林抚育已列入基本建设项目投资。其他零星管护费已包括在其他临时工程内，不单独计算。

d. 定额中草籽、树籽用量由于林草种类、种植地点和用途不同，相差不大，仅用一个固定数量表示无法满足实际需要，为简化定额数量，定额给出了一个范围值，供编制单价时参考。例如，直播种草定额［08048］中的草籽数量用 10～80kg 表示。因此，使用该定额时，草籽数量应根据设计需要量计算，但人工和其他材料费用率不能调整。

e. 植苗造林中，乔木按地径或胸径、灌木按丛高选择子目，栽植果树、经济林定额按坑径和坑深选择子目，栽植乔、灌木按土球球径选择子目，栽植绿篱定额按槽宽和槽深选择子目，栽植攀缘植物定额按树龄选择子目等，主要出于以下几方面考虑。

第一，开发建设项目和生态建设项目对造林的要求不同，开发建设项目除防止水土流失外，主要偏重于建设项目周边环境绿化、美化，这类植树会栽植苗龄较大的树种，种植面积较小，为保证成活率，往往种带土球树种。生态建设项目造林一般较偏僻，面积较大，往往包括从育苗、移栽到抚育、管护的种植造林全过程。另外，造林过程中由于树种庞杂（乔木、灌木、藤本植物、果树、针叶树、阔叶树）、大小不一（针叶树细小、阔叶树粗大）、用途多样（防护林、护坡林）、栽植方法不同（种植造林、分殖造林、容器苗造林、缝植）等特点，反映了造林子目设置的复杂性，定额子目应力求综合、简化，又要涵盖大部分林草工程内容。

第二，由于树种庞杂，用途多样，同一树种在不同地区用途和栽植方法都有区别，在同一地区亦有不同用途。因此，按树苗设置定额子目不易实现：其一，树种多，定额数量太大；其二，不同苗龄或相同苗龄不同地区生长的树种定额量亦不相同；其三，种植方法对同一树种也不一样。

上述特点规定了苗木种植的多样性，实际上苗木种植在定额方面反映了多维变量：种苗大小、种苗间距、种植方法、种植土壤类型、土壤含水量和浇水多少等。

第三，控制定额大小的因素主要为挖树坑和填树坑的工作量，进行树种分类的控制因素主要是树根的大小，通常反映和表示树根大小的共性特征是树苗的树径、树高。由于绿化工程栽种较大的树种，生态工程树苗偏小，表示乔木树种高度较小的（如在 2m 以下），地径表示其大小（地径指树干在与地面接触处的树干直径）；表示乔木树种高度较大的（如在 2m 以上），地径表示不如胸径表达准确，改用胸径表示其大小（胸径指地面以上 1.2m 处树干的直径）；灌木按树冠高度表示其大小。地径和胸径在 2～4cm 为树种的地径至胸径的过渡区，树种的地径和胸径是不相等的，一般地径略大于胸径，有一定的误差不影响单价计算。

综合以上原因，定额按树的地径、胸径、球径、树高、坑深、树龄等不同类型，分别制定出不同的定额，以适应各自的需要。

f. 植物栽种损耗已包括在定额中。乔木、灌木、果树损耗率为 2%；容器苗损耗率为 3%；草坪损耗率为 4%。植物补植按实际补植量、种植量和种植定额计算。这些损耗量在计算苗木、草、种子费时，应计入单价，但种植数量不作调整。

g. 定额中浇水量是按年降水量 400～600mm 地区设置的，如当地降雨量小于 400mm 或大于 600mm 时，用水量应按表 8-30 所列系数进行调整。

表 8-30　年降雨量调整系数表

分区	一般地区	年降雨量小于 400mm 地区	年降雨量大于 600mm 地区
调整系数	1.00	1.25	0.80

3. 主要定额子目的使用方法及注意事项

1）工程整地

(1) 在水平阶整地中，当阶宽在 0.7～1m 或 1～1.5m 时，可以用插入法计算单价，但零星材料费率不一定非要内涵，可根据具体情况选择其中一个即可。例如，水平阶整地阶宽为0.85m，查阶宽0.7m定额的“零星材料费率”为5%，查阶宽1m定额的“零星材料费率”为3%，计算工程单价时，选用5%即可。

(2) 当整地规格尺寸与定额所列示的适用范围差距较大时，如水平阶整地规定阶长4～5m，反坡梯田整地规定田面宽2～3m、长5～6m，如超出上述范围，宜根据设计提出的实际动土方量，按人工开挖土方定额编制单价。

(3) 在水土保持工程设计中，整地数量与植物栽种数量不一定是一致的，一般栽种量要大于整地量，定额中给出的整地个数与植物措施中乔木或灌木栽植株数不是一一对应关系，使用时，切忌生搬硬套，应根据设计工程量计算。

(4) 整地定额中的动土方量不包括植物栽种本身需要挖坑的动土方量，这部分人工消耗量已计入植物栽种定额中。

2) 植物栽种

(1) 现有的一些林业定额和造林指标，栽植乔、灌树木的定额单位多是按面积，如公顷、亩等。这样的表示方法优点是符合习惯、比较方便、容易操作；缺点是精确度不够，适用范围小，不能反映不同地区、不同间距和不同用途树种的工、料、机的差异。实际水土保持方案中，某项造林设计一般要根据某地区水土保持适宜栽种何种树种、用途和当地适宜条件确定树种、苗龄、地径、行间距、每公顷种树量等特征参数。同一种树在不同地区因种植间距和习惯上的种植方法不同，单位面积株数有可能相差很大，不同树种密度千差万别。例如，油松、侧柏每公顷3500～5000株（山西），而水土保持技术规范为每公顷2000～4000株。有些定额中只设置有一个造林子目，即每公顷乔木针叶树植苗定额为1个，人工55工日，株数为3300。间距不同时株数有变化，人工量要调整，当苗的大小有变化时，株数虽然不变，但树坑大小有变化，人工量亦要调整。因此，使用定额时，必须经过密度、株数和面积之间的换算，可参考以下公式进行栽植面积和株树之间的换算。

栽植树苗数量（株）＝面积/（株距×行距）

(2) 林草各节定额中，除园林草皮铺种、苗圃定额和花卉栽植定额包括整地内容，其余均不包括整地费用，如需要整地，应按整地方式正确选择定额配套计算。但注意穴状整地，无论是圆形或方形整地，与植树定额配套使用时应不计穴状整地工序，即植树定额中挖树坑不应和穴状整地挖坑重复计算。

鱼鳞坑整地和水平沟整地与植树定额配套使用时应计整地工序，即植树定额中挖坑工序与鱼鳞坑整地和水平沟整地内容不矛盾。定额设置时考虑了以下原因：①需要整地的工程整地时间一般提前于栽植前1～2个季节进行，以达到提高造林地整地效果、蓄水保墒的重要目的，所以一般整地和栽植工序是分开的；②这两种整地由于是以蓄水保墒整地为目的，工作量比穴状整地或植树挖树坑的工作量大得多；③这两种整地定额是按规范进行定额子目设置的，定额子目少而固定，植树定额范围较广，为综合和简化，定额子目设置应减少交叉配置。

(3) 草皮铺种定额包括园林草皮和护坡草皮。园林铺草皮、园林栽草、园林播草籽适用于园林绿化式种草，定额中已包括整地工序。栽种工序质量要求高、草皮种类差别大，因此单价也较高。护坡草皮、护坡栽草不包括整地工序，但包括定木橛子的工序，主要适用于防风固沙、工程边坡防护等类型的种草，因此单价较低，使用时需要注意。

铺草皮分散铺和满铺，散铺指草皮块格或砌砖式铺，用量按满铺的1/3考虑，但在计算购买草皮单价时，应按实际面积计算。例如，散铺100m^2草皮，需要37m^2的草皮，该面积是实铺草皮的面积，计算时不要混淆。

(4) 直播种草定额分条播、穴播和撒播。条播可以有多种开沟方式，如机械开沟、畜力开沟和人力开沟，定额适用于人力或畜力开沟。另外，定额已考虑了地形坡度变化引起的工效变化，使用时不再调整。穴播适用于地面较破碎、坡度较陡，以及坝坡、堤坡、田坎等部位，采用人工沿等高线开穴，行距、穴距大致相等，成“品”字排列。撒播按覆土和不覆土两个子目设置。不覆土定额采用人工直接撒播，不考虑覆土、镇压工序。覆土定额按人工散播后，再用耙、耱或用石磙子碾等方法覆土镇压，使用时应注意。

(5) 植苗造林定额适用于生态建设水保林、开发建设项目林草措施及绿化工程。绿化工程的裸根栽植即为植苗造林子目中的胸径较大的植苗定额和栽植带土球灌木、栽植绿篱、栽植攀缘植物、花卉栽植等定额构成反映绿化工程特点的定额内容。

栽种果树、经济林定额适用于需挖大果树坑的树种，栽植技术要求高。施肥定额无论是化肥还是农家肥料都按一种化肥确定施肥费用。一般果树、经济树不需要挖大果树坑的树种按树径参考植苗造林定额，但要注意施肥定额按人工比例减少。

(6) 喷播植草定额分路堤土质边坡和路堑土质边坡两个子目，适宜在不具备土壤种植条件土层的开挖和填筑边坡上人工创造植被条件、喷播草籽形成护坡草皮。

(7) 飞机播种定额主要适用于大面积播种，一般飞播面积大于500hm^{2}以上，飞播定额中飞行费用是租赁费用，按平均飞行成本制定，包括飞机使用费、飞行员人工费、燃油费和各种利税。工作内容包括地面查勘、种子调运、种子处理、地面导航、飞播、清理现场等。根据调研资料，种子费占飞播成本的60％～80％，是主要成本构成部分。因此不同机型即使飞行成本有所不同，但对单价不会影响太大，故在使用定额时，一般不作调整。另外，飞行费价格水平年为2002年，并用金额表示，一般不作调整。只有当价格变化较大时，由主管部门发布调整系数进行调整。

(8) 采用定额编制林草栽植单价时，由于《水土保持概（估）算编制规定》中规定苗木、草、种子不计入工程单价，但概算定额中规定其他材料费是以主要材料费之和为基数计算的，计算栽植单价时应将苗木、草、种子费作为计算其他材料费的基数。

4. 案例

1) 整地案例

【案例10】 以水平阶整地为例，介绍整地工程定额的使用。

首先确定该工程为造林整地工程，然后在《定额》“整地工程”中查到“水平阶整地”，找到定额表，如表8-31所示。

表8-31 水平阶整地

工作内容：一般土方开挖，挖松，就近堆放 （单位：100m^{3}自然方）

项目	单位	阶宽/m							
		1				1.5			
		地面坡度/°				地面坡度/°			
		20	30	40	45	20	30	40	45
人工	工时	77.60	91.00	107.50	117.60	130.80	145.30	161.00	178.30
零星材料费	%	3.00	3.00	3.00	3.00	2.00	2.00	2.00	2.00
定额编号		08005	08006	08007	08008	08009	08010	08011	08012

定额表显示了该工程的工作内容、工程量单位、需计算的项目内容及单位、阶宽和地面坡度，以及对应的定额编号。水平阶整地可以根据阶宽和地面坡度选择定额，如阶宽 1m、地面坡度 30°的整地定额，需人工工时 91.00，零星材料费费率 3%，对应的定额编号为［08006］。需要注意的是，若阶宽或地面坡度不在定额表所列范围时，如阶宽 1.2m、地面坡度 25°，则需采用插值的方法确定。

2）林草案例

【案例 11】 以栽植带土球灌木为例，介绍林草工程定额。

首先确定该工程为林草工程，然后在《定额》“林草工程”中查到“栽植带土球灌木”，找到定额表，如表 8-32 所示。

表 8-32 栽植带土球灌木

工作内容：挖坑、栽植、浇水、覆土保墒、整形、清理 （单位：100 株）

项目	单位	土球直径/cm				
		20	30	40	50	60
		直径×坑深/（cm×cm）				
		40×30	50×40	60×40	70×50	90×50
人工	工时	24.00	46.00	78.00	96.00	190.00
灌木（带土球）	株	102.00	102.00	102.00	102.00	102.00
水	m^3	2.00	2.00	4.00	6.00	8.00
定额编号		08108	08109	08110	08111	08112

定额表显示了该工程的工作内容、工程量单位、需计算的项目内容及单位、土球直径和挖坑尺寸，以及对应的定额编号。栽植带土球灌木可以根据土球直径或挖坑尺寸选择定额，如土球直径为 30cm，对应的定额编号为［08109］，而根据坑穴尺寸直径 50cm 和坑深 40cm，也是选择定额［08109］。例如，该工程要栽植土球直径为 40cm 的灌木，对应找到定额编号［08110］，此时即可确定栽植土球直径 40cm 的灌木 100 株需要人工 78 工时、灌木（带土球）102 株、水 $4m^3$。此处需要注意定额单位是 100 株，而需要的灌木量为 102 株。

（十）梯田工程

1. 概述

1）定额子目设置 梯田工程定额包括人工修筑水平梯田、隔坡梯田、坡式梯田、推土机修筑水平梯田等定额共 45 节、417 个子目，适用于新建的各种类型梯田，如农用梯田、果园梯田和林地梯田等。

2）定额类型 按施工方法不同，可分为人力施工梯田和机械施工梯田；按梯田梯坎建筑材料不同，可分为土坎梯田、石坎梯田和植物坎梯田；按梯田断面形式不同，可分为水平梯田、隔坡梯田、坡式梯田。

2. 说明

1）计量单位 梯田工程定额以 hm^2 为单位。

2）工程量计算

(1) 梯田面积按水平投影面积计算，其中应包括田面、田坎、蓄水埂、边沟及田间作业道路所占面积。隔坡梯田的面积不应计入隔坡坡地面积。

（2）计算梯田工程量时，原则上应按规定的单位计算。但如果设计的梯田土石方量与定额工、机耗量相差较大时，可根据梯田设计土石方量，套土方工程、砌石工程定额计算投资。中国南、北方梯田设计土石方量相差较大，表 8-33 是不同地区、不同地面坡度水平梯田规格及土石方量参考表，供设计时选用。

表 8-33　水平梯田断面尺寸参考数值

适应地区	地面坡度/°	田面净宽/m	田坎高度/m	田坎坡度/°	土方量/（m^3/hm^2）
北方	1～5	30～40	1.1～1.3	70～85	1375～2875
	5～10	20～30	1.5～4.3	55～75	1875～5375
	10～15	15～20	2.6～4.4	50～70	3250～5500
	15～20	10～15	2.7～4.5	50～70	3375～5625
	20～25	8～10	2.9～4.7	50～70	3625～5875
南方	1～5	10～15	0.5～1.2	85～90	625～1500
	5～10	8～10	0.7～1.8	80～90	875～2250
	10～15	7～8	1.2～2.2	75～85	1500～2750
	15～20	6～7	1.6～2.6	70～75	2000～3250
	20～25	5～6	1.8～2.8	65～70	2250～3500

注：本表中的田面宽度与田坎坡度适用于土层较厚的地区和土质田坎，对土层较薄地区，其田面宽度应根据土层厚度适当减小；对石质梯田的施工另做规定

（3）隔坡梯田工程量计算，应首先将隔坡梯田的水平田面部分按其在隔坡梯田中所占的比例折算为水平梯田，隔坡梯田折算为水平梯田时的折算系数见表 8-34。

表 8-34　隔坡梯田折算为水平梯田时的折算系数表

坡平比	1	2	3	4	5	6	7	8
折算系数	0.50	0.33	0.25	0.20	0.17	0.14	0.13	0.11

坡式梯田中土坎采用梯形断面：顶宽 0.3～0.4m，高 0.5～0.6m，外坡 1∶0.5，内坡 1∶1。草坎和灌木坎亦采用梯形断面：顶宽 2～3m，高 0.5m，内外坡均为 1∶1。

3）重要条款讲解

（1）梯田工程定额土类分级按土、石 16 级分类的Ⅰ～Ⅳ级划分。

（2）坡面排水系统指在梯面上修建的截水沟、引洪渠、跌水、水窖、蓄水池等水工建筑物，其定额中不包括上述内容。

（3）梯田如需换土，其土方单价应根据运输方式和远距按土方工程相应定额计算。

（4）石坎梯田中的石坎均按干砌石（卵石）石坎计算，如采用浆砌石或其他石坎，则不适用。

（5）定额中拣集石料指就近拣明石、挖暗石，边拣边砌，定额中已综合考虑了石料的拣集及搬运用工。

（6）定额中石坎梯田的购买石料指的是在梯田附近无可拣集的石料，需要从外地采购运至现场，定额中的石料要计算费用。

（7）土石混合坎梯田指的是梯坎材料既有土又有石，由于土石比例无法固定，只能按设计所选用的土石比例选用相应的定额计算。

(8) 水平及隔坡梯田定额是按田面宽度划分步距的，其田面宽度指的是上下两块梯田梯坎外坡脚之间的水平距离，包括梯田的耕作宽度、地边埂与梯坎占地宽度（不包括隔坡原坡地宽度）。坡式梯田是按田埂间距划分步距的，其田埂间距指的是上一梯田田埂外边缘至下一梯田田埂内边缘之间的水平距离。

3. 主要定额子目的使用方法及注意事项

(1) 计算梯田单价时，如遇田面宽度、田埂间距介于两个定额之间时，可以内插计算。

(2) 机修梯田的地面坡度以不超过10°为宜，其地块宽度要满足机械转弯的半径要求，一般不小于20m。

(3) 机修梯田定额是按74kW推土机施工拟定的，作为固定机械，原则上不予调整。

(4) 人工修筑坡式梯田、推土机修筑石坎水平梯田（地面坡度3°～5°）定额中，田面增宽定额是负数，使用时需注意。

4. 案例

【案例12】 以人工修筑土坎水平梯田为例，介绍梯田工程定额的查询与使用方法。设地面平均坡度为9°，田面宽度16m，Ⅲ类土。

首先确定该工程为梯田工程，然后在《定额》“梯田工程”中查到“人工修筑土坎水平梯田”，找到定额表，如表8-35所示。

表8-35 人工修筑土坎水平梯田

工作内容：定线、清基、筑坎、保留表土、修平田面、表土还原等 （单位：$1hm^2$）

项目	单位	地面坡度/（5°～10°）			
		土类：Ⅲ			
		田面宽度/m			
		8	14	20	每增加3m
人工	工时	5125.0	7265.0	9557.0	1146.0
零星材料费	%	4.00	4.00	4.00	0
机械使用费	台时	138.0	107.0	310.5	52.0
定额编号		09017	09018	09019	09020

定额表显示了该工程的工作内容、工程量单位、需计算的项目内容及单位、田坎宽度、地面坡度、土类及对应的定额编号。人工修筑水平土坎梯田可以根据梯田宽度、地面坡度、土类选择定额，如田面宽度8m，地面坡度8°，土类Ⅲ时，人工工时为5125.0，零星材料费为4%，施工机械台时费（胶轮架子车）为138，对应的定额编号为［09017］。本例中，田面宽度为16m，定额中没有，则需要根据田面宽度14m和20m采用插值法确定，若田面宽度超过20m，则需要根据定额［09020］计算相应的人工费、材料费和机械使用费。

（十一）谷坊、水窖、蓄水池工程

1. 概述

定额包括谷坊、水窖、集雨面、沉砂池、涝池、蓄水池等定额共25节、112个子目。

2. 说明

1) 计量单位 定额中谷坊以顶长10m为计量单位，水窖以眼为计量单位，沉砂池、涝池及蓄水池以座为计量单位。

2）重要条款讲解

（1）土石谷坊工程量按延米计量，不按断面面积计量。定额中已综合计入了土方开挖、土方填筑及砌石等工程项目。

（2）水窖、沉砂池、涝池及蓄水池，均已综合计入了土方、石方、混凝土、钢筋制安及细部结构等工程项目，但不包括为集雨而修建的集雨面（坪），需要时应根据集雨面定额另行计算。

（3）水窖（池）的类型及容积应根据设计确定，当设计不能确定时，可参照当地的土质、经济水平、投入能力和水窖的用途选择，详见表8-36。

表8-36　不同土质适宜建窖（池）类型

序号	土质类型	适宜建窖（池）类型	建窖（池）容积/m^3
1	土质条件好，质地密实的红土、黄土区（Ⅲ类土）	传统土窖	30～50
2		改进型水泥薄壁窖	40～50
3		窑窖	60～80
4	土质条件一般的壤土区（Ⅰ～Ⅱ类土）	混凝土盖碗窖	50～60
5		钢筋混凝土窖	50～60
6	土壤质地松散的砂质土区	开敞式圆形蓄水池	40～70
7		开敞式矩形蓄水池	50～100
8		封闭式圆形蓄水池	25～45
9		封闭式矩形蓄水池	80～200

（4）水窖、涝池、蓄水池是按建筑物容积划分的，当实际容积介于两个子目之间时，可采用内插法进行调整。如实际规格尺寸超出定额范围值，一般不能向内或向外延伸计算，应按设计工程量分项计算。

（5）沉砂池专用于水窖或蓄水池前的沉砂之用，其形状为矩形或梯形，宽1～2m、长2～3m、深1m。如设计与定额差距较大时，不能套用。沉砂池规格详见表8-37。

表8-37　各种形状沉砂池尺寸统计

沉砂池类型	底长/m	底宽/m	池深/m	坡比	斜高/m	口长/m	口宽/m	容积/m^3
矩形池	3.0	1.5	1.0	垂直	—	3.0	1.5	4.5
梯形池	2.0	1.0	1.0	1.1	1.41	4.0	3.0	6.3

3. 主要定额子目的使用方法及注意事项

（1）材料消耗定额中“()”内的数字为砂浆及混凝土半成品用量，在计算单价时与水泥、石子、砂子、水和抗渗剂不能同时计价。

（2）定额中砂浆及混凝土强度等级根据设计确定，如设计无法确定时，可按砌筑砂浆强度等级M7.5、抹面砂浆等级M10、混凝土强度等级C20计算。

（3）材料损耗定额中的水泥用量是按新水泥强度等级32.5级制定的，如采用高一等级水泥时，应对其用量进行换算调整。采用42.5级，定额用量乘以0.86；采用52.5级，定额用量不作调整。

（4）定额中石子（碎石、卵石）按最大粒径不超过5cm，砂子粒径为中砂（粒径0.25～0.5mm），当实际砂、石规格品种不同时，定额用量乘以0.76。

（5）当设计选用的谷坊高度、谷坊顶宽与定额不一致时，可采用表 8-38～表 8-40 计算谷坊断面面积，然后根据断面面积插值计算。

表 8-38 土谷坊坝体断面尺寸一览表

坝高/m	坝长/m	迎水坡比	背水坡比	底宽/m	坝长/m	底面面积/m^2	断面面积/m^2	填土/m^3	取土/m^3
1	1.0	1∶1.0	1∶1.0	3.0	10	30	2.00	20.0	24.4
2	1.5	1∶1.2	1∶1.0	5.9	10	59	7.40	74.0	90.3
3	1.5	1∶1.3	1∶1.2	9.0	10	90	15.75	157.5	192.2
4	2.0	1∶1.5	1∶1.3	13.2	10	132	30.40	304.0	370.9

注：① 坝顶作为交通道路时，按交通要求确定坝顶宽度；② 在谷坊能迅速淤满的地方，迎水坡比与背水坡坡比一致

表 8-39 平砌石谷坊坝体断面尺寸一览表

坝高/m	坝长/m	迎水坡比	背水坡比	底宽/m	坝长/m	底面面积/m^2	断面面积/m^2	填土/m^3	取土/m^3
1	1.0	1∶0.2	1∶0.8	2.0	10	30	1.5	15.0	17.4
2	1.0	1∶0.2	1∶0.8	3.0	10	30	4.0	40.0	46.4
3	1.0	1∶0.2	1∶0.8	4.0	10	40	7.5	75.0	87.0
4	1.3	1∶0.2	1∶0.8	5.0	10	53	13.2	132.0	153.1

注：平砌阶梯式石谷坊一般不蓄水，坝后 2～3 年淤满

表 8-40 浆砌石谷坊坝体断面尺寸一览表

坝高/m	坝长/m	迎水坡比	背水坡比	底宽/m	坝长/m	底面面积/m^2	断面面积/m^2	填土/m^3	取土/m^3
1	1.0	1∶0.1	1∶0.5	2.2	2.8	28	4.04	40.4	43.63
2	1.5	1∶0.1	1∶0.5	3.3	3.9	39	8.37	83.7	90.40
3	2.0	1∶0.1	1∶0.5	4.4	5.2	52	14.88	148.8	160.70
4	3.0	1∶0.1	1∶0.5	6.0	6.8	68	25.22	252.2	272.40

注：浆砌石谷坊为重力式谷坊，在巩固沟床的同时，还可蓄水利用

4. 案例

【案例 13】 以修建水泥砂浆薄壁型水窖（混凝土窖底）为例，介绍谷坊、水窖、蓄水池工程定额的查询与使用。

首先确定该工程为谷坊、水窖、蓄水池工程，在定额中查阅相关工程，找到水泥砂浆薄壁型水窖（混凝土窖底）定额，如表 8-41 所示。

表 8-41 水泥砂浆薄壁型水窖（混凝土窖底）

工作内容：窖体开挖、墁壁、窖底浇筑、窖体防渗、制作窖口及窖盖等 （定额单位：1 眼）

项目	单位	水窖容积/m^3		
		30	40	50
人工	工时	330	356.9	413.8
砂浆	m^3	(1.6)	(1.9)	(2.2)
混凝土	m^3	(0.88)	(0.97)	(1.06)

续表

项目	单位	水窖容积/m^3		
		30	40	50
水泥	t	0.6	0.8	1
石子	m^3	0.73	0.8	0.87
砂	m^3	2	2.4	2.8
水	m^3	2	2.5	3
抗渗剂	kg	17	20	23
其他材料费	%	5	5	5
定额编号		10022	10023	10024

定额表显示了该工程的工作内容、工程量单位、需计算的项目内容及单位、水窖容积及对应的定额编号。水泥砂浆薄壁型水窖（混凝土窖底）可以根据工作内容和水窖容积选择定额．如水窖容积 30m^3，则人工工时为 330，砂浆 1.6m^3，混凝土 0.88m^3，水泥 0.6t，石子 0.73m^3．砂 2m^3，水 2m^3，抗渗剂 17kg，其他材料费费率 5%，对应的定额编号为［10022］。若水窖容积不是 30m^3、40m^3、50m^3，则需采用插值法确定。需要注意的是材料消耗定额中“()”内的数字为砂浆及混凝土半成品用量，在计算单价时与水泥、石子、砂子、水和抗渗剂不能同时计价。

（十二）施工机械台时费定额

1. 概述

本定额包括土石方机械、混凝土机械、运输机械、起重机械、砂石料加工机械、钻孔灌浆机械、动力机械及其他机械，共计 8 类机械、587 个子目。子目设置如表 8-42。

表 8-42　施工机械台时费定额子目设置

序号	机械类型	定额子目编号	定额子目数
1	土石方机械	1001～1126	126
2	混凝土机械	2001～2066	66
3	运输机械	3001～3133	133
4	起重机械	4001～4101	101
5	砂石料加工机械	5001～5049	49
6	钻孔灌浆机械	6001～6039	39
7	动力机械	7001～7039	39
8	其他机械	8001～8034	34
合计			587

2. 施工机械台时费定额内容组成

1）台时费定额费用组成

（1）一类费用：折旧费、修理及替换设备费（含大修理费、经常性修理费用）和安装拆卸费。

（2）二类费用：人工、动力、燃料及消耗材料。

2）各类费用的定义及其内容

（1）折旧费：指机械在经济寿命期内回收原值的台时折旧摊销费用。

（2）修理及替换设备费：指机械在使用过程中，为了使机械保持正常功能而进行修理所需费用、日常保养所需的润滑油料费、擦拭用品费、机械保管费，以及替换设备、随机使用的工具附件等所需的台时摊销费用。

（3）安装拆卸费：指机械进出工地的安装、拆卸、试运转和场内转移及辅助设施的摊销费用。

（4）不需要安装拆卸的施工机械，台时费中不计列此项费用。例如，轮式装载机、自卸汽车、混凝土罐、汽车起重机等。带※号的大型施工机械，其安装拆卸费在“其他临时工程”中解决，如索铲、混凝土搅拌站等。

（5）人工：指机械使用时机上操作人员的工时数量，包括机械运转时间、辅助时间、用餐、交接班及必要的机械正常中断时间。开发建设项目和生态建设项目台时费中的人工费均按工程措施人工预算单价计算。

（6）动力、燃料或消耗材料：指正常运转所需的风、水、电、油及煤等消耗量。

3. 施工机械台时费定额编制方法简介

（1）参照水利部颁发的《水利工程施工机械台时费定额》，结合水土保持工程特点编制。

（2）补充机械。根据机械设备预算价格，机械性能，生产率，功率，油、电、气消耗材料用量等资料，按照机械经济寿命台时及维修情况，计算各种机械的折旧费、修理及替换设备费、安装拆卸费，以及操作人员配置、动力、燃料消耗量等编制。如液压喷播植草机、单级离心清水泵等。

4. 施工机械台时费计算方法

（1）根据施工机械型号、性能等参数，查阅概算定额附录一可得第一类费用。

（2）根据定额中的人工工时、燃料、动力消耗量及各工程的人工工资单价、材料预算价格，计算出第二类费用。

（3）第一类费用与第二类费用之和，即为施工机械台时费定额。

5. 施工机械台时费的主要作用

（1）施工机械台时费是计算工程投资的主要依据。

（2）主要用于配合水土保持工程概算定额，编制工程概算、投资估算。

6. 案例

【案例 14】 以 74kW 推土机定额为例，介绍施工机械台时费定额的查询和使用（为便于第三节例题中的应用，这里假定人工单价为 6.75 元，材料单价为柴油 7.0 元/kg）。

首先确定推土机为土石方机械，在概算定额附录一施工机械台时费定额中查询土石方机械中的推土机，得到相应的定额表，见表 8-43。若已知人工单价和材料单价，则可计算出该施工机械的单价（元/台时）。

表 8-43 推土机（74kW）

定额编号：[1031]　　　　（定额单位：台时）

序号	名称及规格	单位	数量	单价/元	合价/元	备注
一	第一类费用	元			25.57	
1	折旧费	元		1.9	1.9	
2	修理及替换设备费	元		22.81	22.81	
3	安装拆卸费	元		0.86	0.86	

续表

序号	名称及规格	单位	数量	单价/元	合价/元	备注
二	第二类费用	元			90.4	
1	人工	工时	2.4	6.75	16.2	
2	汽油	kg				
3	柴油	kg	10.6	7.0	74.2	
4	电	kW·h				
5	风	m^3				
6	水	m^3				
7	煤	kg				

该施工机械单价＝第一类费用＋第二类费用＝25.57＋90.40＝115.97（元/台时）。

第三节　水土保持工程概（估）算编制

一、基本规定与要求

（一）基本规定

《水土保持工程概（估）算编制规定》（水总［2003］67号）是现行的水土保持工程投资编制依据，包括《开发建设项目水土保持工程概（估）算编制规定》和《水土保持生态建设工程概（估）算编制规定》两部分，这两套概（估）算编制规定与《水土保持工程概算定额》配合使用，就可以分别编制出不同设计阶段、不同设计要求、符合各自特点的水土保持工程概（估）算。

开发建设项目水土保持工程和水土保持生态建设工程有各自的特点，两者在投资政策、资金来源、项目划分、费用构成，尤其是在计算标准上存在较大差异，用一个标准来计算水土保持工程投资，会导致工程投资无法落实，不符合国家对开发建设项目和生态建设项目水土保持工程的投资政策，也不利于有效控制和管理水土保持工程投资。因此，采用两个标准能够满足各自编制投资概（估）算的需要。

（二）基本要求

1. 编制原则

（1）水土保持投资概（估）算的编制依据、编制定额、价格水平年与基础单价、主要工程单价中的相关费率等应与主体工程相一致；主体工程没有明确规定的，应采用水利部《开发建设项目水土保持工程概（估）算编制规定》、《水土保持工程概算定额》及相关行业、地方标准和当地现行价。水土保持投资费用构成按《开发建设项目水土保持工程概（估）算编制规定》执行。

（2）建设期的水土保持投资从基建费中计列，运行期的水土保持投资从生产费用中计列，在水土保持方案中一般只计列建设期投资。

（3）水土保持投资概算由工程措施、植物措施、监测措施、临时措施和独立费五部分，以及预备费和水土保持补偿费构成。跨省（直辖市、自治区）项目还应按省（直辖市、自治区）

分别计列投资。

(4) 建设期融资利息暂不考虑，按水土保持投资的静态投资计列。

2. 编制依据

(1) 国家和行业主管部门以及省（自治区、直辖市）颁发的有关法令、规定。

(2) 开发建设项目水土保持工程概（估）算编制规定。

(3) 水土保持工程概算定额和有关部门颁发的定额。

(4) 主体工程设计文件的概算资料。

(5) 开发建设项目水土保持工程设计文件及图纸。

(6) 有关合同、协议及资金筹措方案。

(7) 其他有关资料。

（三）概算编制方法及计算标准

1. 直接工程费

1) 人工预算单价　人工预算单价按工程措施、植物措施分类，并按人工预算单价计算式列表计算。工资组成主要包括基本工资、辅助工资、职工福利费、劳动保护费。

2) 材料预算价格　材料主要包括钢材、水泥、柴油、外购砂石料及块石等用量多、影响投资大的主要材料及苗木、草、种子等。主要材料直接计入工程单价，参与取费。

材料预算价格由材料原价、运杂费、运输保险费和采购及保管费组成。其中，主要材料的采购及保管费按材料运到工地仓库价格（不包括运输保险费）的2%计算；其他材料预算价格可参考工程所在地区或就近城市建设工程造价管理部门颁发的工业民用建筑安装工程材料预算价格。

为避免由于材料价格偏高而引起取费的不合理增加，采取限价计入工程单价的处理办法，工程措施和监测措施限价材料为砂石料、块石、料石，均为70元/m^3，植物措施限价材料为苗木、草、种子，分别为15元/株、10元/m^2、60元/kg。当计算的预算价格超过限价时，应按限价计入工程单价参加取费，超过部分以价差形式计算，列入单价表并计取税金。

3) 施工机械使用费　施工机械使用费包括基本折旧费、修理费、替换设备费、安装拆卸费、机上人工费和动力燃料费等。施工机械使用费采用《水土保持工程概算定额》附录中的施工机械台时费定额计算。对于定额缺项的施工机械，可参考有关行业的施工机械台时费定额。

2. 措施费

措施费包括冬（雨）季施工增加费、夜间施工增加费、临时设施费、安全和文明施工费等，按直接工程费的百分率计算，其百分率为各措施费率之和，各措施费率根据不同项目、不同地区选择。

3. 间接费

间接费包括规费和企业管理费，按不同工程类别选择费率计算。

4. 利润

利润按直接费和间接费之和的百分率计取，工程措施、植物措施、监测措施按直接费和间接费之和的7%计算。

5. 税金

税金按项目所在地区，如市区、城镇、市区或城镇以外，取不同费率计算。

6. 安装工程单价

安装工程单价包括直接费、间接费、利润、税金。由于水土保持工程机电设备及金属结构设备投资较小，安装费按设备费的百分率计算。排灌设备安装费按占排灌设备费的6%计算；监测设备安装费按占监测设备费的5%计算。注意，设备费及安装费列在工程措施的一级项目中。

7. 施工临时工程费

施工临时工程费包括临时防护工程费和其他临时工程费两部分。临时防护工程费指施工期为防止水土流失采取的临时防护措施，按设计工程量乘以单价编制。其他临时工程费按第一部分工程措施、第二部分植物措施和第三部分监测措施投资合计的1%～2%编制。

8. 独立费用

1）*建设管理费* 建设管理费按一至四部分合计的1%～2%计算。

2）*方案编制费* 以主体工程土建投资合计为计算基数，按一定标准取值，并根据不同项目类型、项目区情况按一定调整系数计算。

3）*科研勘测设计费* 科研勘测设计费由科学研究实验费、勘测费和设计费组成。其中，工程科学研究试验费，遇大型、特殊水土保持工程可列此项费用，按一至四部分投资合计的0.2%～0.5%计列，一般情况不列此项费用。勘测设计费按国家计委、建设部计价格［2002］10号文《工程勘察设计收费管理规定》计算。

4）*工程建设监理费* 按照国家发改委发改价格［2007］670号文颁发的《建设工程监理与相关服务收费管理规定》及其他相关规定执行。

5）*竣工验收技术评估费* 以主体工程土建投资合计为计算基数，按一定标准计算。

6）*经济技术咨询费* 以主体工程土建投资合计为计算基数，按一定标准计算。

9. 预备费

预备费是为了弥补由于不可预见因素所发生的设计变更、工程量变化、政策变化及价格变化等情况而预留的费用，由基本预备费和价差预备费组成。初步设计概算基本预备费，按一至五部分投资合计的15%计取。价差预备费根据施工年限不分设计阶段，以分年度的静态投资为基数，按国家规定的物价指数计算。

10. 水土保持补偿费

水土保持补偿费按照各省（直辖市、自治区）补偿标准合理计列，按顺序列在水土保持工程专项投资之后。

（四）投资估算

投资估算与概算在组成内容、项目划分和费用构成上基本相同，但设计深度有所不同，因此在编制投资估算时，在组成内容、项目划分和费用构成上可适当简化、合并或调整。投资估算的编制方法及计算标准如下。

（1）基础单价的编制与概算相同。

（2）工程单价的编制与概算相同，但考虑设计深度不同，应乘以10%的扩大系数。

（3）各部分投资编制方法及标准与概算一致。

（4）可行研究阶段投资估算基本预备费费率取10%；项目建议书阶段基本预备费费率取12%。

（5）价差预备费费率与概算相同。

（6）投资估算表格参照概算表格。

二、项目划分

开发建设项目水土保持工程涉及面广，类型各异，内容复杂。为适应水土保持工程管理工作的需要，满足水土保持工程设计和建设过程中各项工作要求，将开发建设项目水土保持工程项目划分为工程措施、植物措施、监测措施、施工临时工程和独立费5部分，各部分下设一、二、三级项目。三级项目是编制水土保持工程概算的基础，可根据工作深度和实际情况进行调整。

1. 工程措施

工程措施是为减轻或避免因开发建设造成植被破坏和水土流失而兴建的水土保持工程。划分为拦渣工程、斜坡护坡工程、防洪排导工程、土地整治工程、降水蓄渗工程、机械固沙工程、设备及安装工程等。以拦渣工程为例划分二、三级项目，见表8-44。

表8-44 拦渣工程项目划分表

一级项目	二级项目	三级项目	技术经济指标
拦渣工程			
	拦渣坝		
		土方开挖	元/m^3
		石方开挖	元/m^3
		土石方回填	元/m^3
		砌石	元/m^3
		混凝土	元/m^3
		钢筋	元/t
		固结灌浆孔	元/m
		帷幕灌浆孔	元/m
		固结灌浆	元/m
		帷幕灌浆	元/m
		排水孔	元/m
	挡渣墙		
		土方开挖	元/m^3
		石方开挖	元/m^3
		土石方回填	元/m^3
		砌石	元/m^3
		混凝土	元/m^3
		钢筋	元/t
	拦渣堤（堰）		
		土方开挖	元/m^3
		石方开挖	元/m^3
		土石方回填	元/m^3
		砌石	元/m^3
		混凝土	元/m^3
		钢筋	元/t

2. 植物措施

植物措施是为防治水土流失而采取的植物工程。划分为植物防护工程、植被恢复工程、绿化美化工程等。以植被恢复工程为例划分二、三级项目，见表 8-45。

表 8-45 植被恢复工程项目划分表

一级项目	二级项目	三级项目	技术经济指标
植被恢复工程			
	种草（籽）		
		整地	元/m^2
		种植	元/m^2
	植草		
		草（皮）	元/m^2
		栽植（籽）	元/m^2
	种树（籽）		
		整地	元/m^2
		种植	元/m^2
	植树		
		栽植	元/株
		换土	元/m^3
		支撑	元/株
		绑扎草绳	元/m
		铁丝网	元/m
		假植	元/株

3. 监测措施

监测措施是项目建设期间为观测水土流失的发生、发展、危害及水土保持效益而修建的土建设施、设备及安装，以及建设期观测运行费等。其项目划分见表 8-46。

表 8-46 监测措施项目划分

一级项目	二级项目	三级项目	技术经济指标
土建设施			
	观测场地		
		场地整治	元/m^2
		围栏	元/m
	观测设施		
		土石方开挖	元/m^3
		土石方填筑	元/m^3

续表

一级项目	二级项目	三级项目	技术经济指标
		砌砖	元/m^3
		砂浆抹面	元/m^2
		浆砌石	元/m^3
		混凝土浇筑	元/m^3
	附属设施		
		观测用房	元/m^2
		道路	元/m
设备及安装			
	监测设备、仪表		
	安装费		
建设期观测运行费			

4. 施工临时工程

施工临时工程包括临时防护工程和其他临时工程。

1）临时防护工程　为防止施工期水土流失而采取的各项临时防护措施，如临时排水沟、临时沉砂池、临时拦挡、苫盖防护等，三级项目与相应的工程措施或植物措施划分一致。

2）其他临时工程　施工期的临时仓库、生活用房、架设输电线路、施工道路等。

5. 独立费

独立费又称其他基本建设支出，指在生产准备和施工过程中与工程建设直接有关而又难于直接摊入某个单位工程的其他工程和费用。独立费由建设管理费、方案编制费、科研勘测设计费、工程建设监理费、竣工验收技术评估费、招标业务费、经济技术咨询费等7项组成。

建设管理费是指建设单位从工程项目筹建到竣工期间所发生的各种管理性费用。方案编制费指在可行性研究阶段按照有关规程、规范编制水土保持方案报告书所发生的费用。科研勘测设计费指为建设本工程所发生的科研、勘测设计等费用，包括工程科学研究试验费和勘测设计费。工程建设监理费指在项目建设过程中聘请监理单位，对工程的质量、进度、投资进行控制，实行项目的合同管理和信息管理，协调有关各方的关系所发生的全部费用。竣工验收技术评估费指建设单位根据有关规定，委托水行政主管部门认定的咨询评估单位编制《水土保持设施竣工验收技术评估报告》所发生的费用。招标业务费指建设单位组织招标业务所发生的费用。经济技术咨询费指建设单位根据有关规定，委托具备资质的机构或聘请专家对水土保持工程设计的技术、经济等专题进行咨询所发生的费用。

三、费用构成

生产建设项目水土保持工程建设费用由工程专项费和水土保持补偿费两部分构成。其中，工程专项费包括建筑及安装工程费（措施费）、独立费和预备费，详见图8-2。

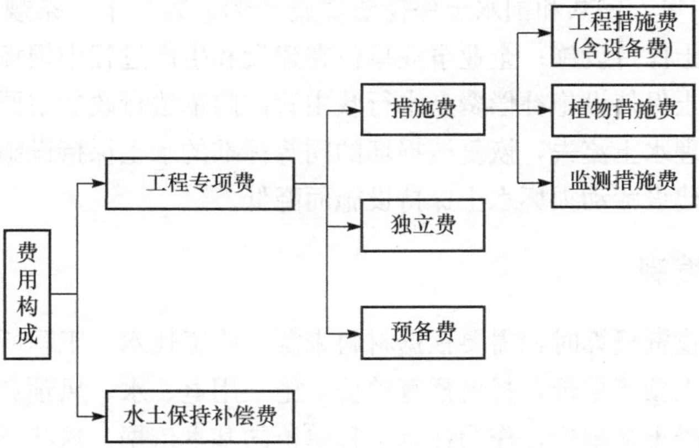

图 8-2 费用构成图

1. 建筑及安装工程费

建筑及安装工程费是指用于建筑施工及设备安装部分的工程费。工程措施费（含设备费）、植物措施费和监测措施费均包含建筑及安装工程费。建筑及安装工程费由直接费、间接费、利润和税金组成。

（1）直接费指工程施工过程中直接消耗在工程项目上的活劳动和物化劳动，由直接工程费和措施费组成。直接工程费包括人工费、材料费、机械使用费；措施费包括冬（雨）季施工增加费、夜间施工增加费、临时设施费、安全和文明施工费等。

（2）间接费指施工企业为工程施工而进行组织与经营管理所发生的各项费用。它构成产品成本，但又不便直接计量。由规费和企业管理费组成。

（3）利润指按规定应计入建筑安装工程费用中的利润。

（4）税金指国家对施工企业承担建筑、安装工程作业收入所征收的营业税、城乡维护建设税和教育费附加。

2. 设备费

设备费由设备原价、运杂费、运输保险费、采购及保管费组成。一般不单独编制，编制时计入建筑及安装费的直接费中。

3. 独立费

独立费由建设管理费、方案编制费、科研勘测设计费、工程建设监理费、竣工验收技术评估费、招标业务费、经济技术咨询费等 7 项组成。

4. 预备费

预备费是为了弥补设计阶段，由于设计深度不够或不可预见因素所发生的设计变化、工程量变化、地质条件变化、政策变化及价格变化等情况而预留的费用储备。一般包括基本预备费和价差预备费两部分。基本预备费指在批准的设计范围内设计变更以及为预防一般自然灾害和其他不确定因素可能造成的损失而预留的工程建设资金。价差预备费指工程建设期间内由于价格变化等引起工程投资增加而预留的费用。

5. 水土保持设施补偿费

水土保持设施是指具有防治水土流失功能的一切设施的总称。水土保持设施补偿费是指在工程建设过程中，由于损坏水土保持设施、地貌植被，造成原有水土保持功能不能恢复而依法缴纳的补偿费用。《中华人民共和国水土保持法实施条例》第二十一条规定，任何单位和个人不得破坏或者侵占水土保持设施；企业事业单位在建设和生产过程中损坏水土保持设施的，应当给予补偿。征收水土保持设施补偿费是水行政主管部门依法行政的主要内容之一。征收的补偿费专项用于异地治理水土流失，恢复被损坏的同等标准的水土保持设施，以维持水土保持功能在宏观上不因生产建设活动损坏水土保持设施而降低。

四、基础单价编制

在编制水土保持投资概算时，需要根据材料来源、施工技术、工程所在地区有关规定及工程具体特点等编制人工预算单价，材料预算单价，施工用电、水、风预算价格，施工机械使用费，砂石料单价及混凝土料单价，作为计算工程单价的基本依据。这些预算价格统称为基础单价，是水土保持投资概算编制的基础工作。

一般基础单价的编制主要有两种方法：一是参考主体工程，二是按《开发建设项目水土保持工程概（估）算编制规定》计算。参考主体工程基础单价的主要有人工预算单价，工程措施的主要材料价格，施工用水、电、风等价格。本节内容以《开发建设项目水土保持工程概（估）算编制规定》及《水土保持工程概算定额》（水总［2003］67号）为计算依据，并适当加以调整。

（一）人工预算单价

1. 单价组成

人工预算单价是指从事工程施工的生产工人开支的各项费用，包括基本工资、辅助工资、职工福利费和劳动保护费，是计算工程单价和施工机械台时费的基础单价。

（1）基本工资由岗位工资、年功工资以及年应工作天数内非作业天数的工资构成。岗位工资是指按照职工所在岗位各项劳动要素测定结果确定的工资；年功工资是指按照职工工作年限确定的工资，随工作年限增加而逐年累加；年应工作天数内非作业天数的工资是指生产工人在法定假期、婚丧假期间、依法参加社会活动期间，以及因气候影响期间停工的工资。

（2）辅助工资指在基本工资之外，支付给职工的工资性收入，包括根据国家有关规定属于工资性质的各种津贴，主要包括地区津贴、施工津贴、夜餐津贴、节日加班津贴等。

（3）职工福利费指职工的医药费，职工生活困难补助，职工及其供养直系亲属的死亡待遇，集体福利补贴，其他福利待遇等。

（4）劳动保护费指企业按照国家有关部门规定标准发放给职工的劳动保护用品的购置费、修理费、保健费、防暑降温费、高空作业及进洞津贴、技术安全措施，以及洗澡用水、饮用水的燃料费等。

2. 人工预算单价计算标准

1）基本工资　根据国家有关规定和各行业目前工资水平，并参考企业最低工资标准综合确定。基本工资标准平均（六类地区）为340元/月。

2）辅助工资标准

（1）艰苦边远地区津贴，见表8-47。

表 8-47　艰苦边远地区津贴表

名称	单位	标准
一类区	元/月	30
二类区	元/月	60
三类区	元/月	100
四类区	元/月	180
五类区	元/月	310
六类区	元/月	460

注：① 艰苦边远地区划分执行人事部、财政部《关于印发〈完善艰苦边远地区津贴制度实施方案〉的通知》（国人部发［2006］61 号）及各省（直辖市、自治区）关于艰苦边远地区津贴制度实施意见；② 西藏地区特殊津贴标准，其二类区执行表中五类区，三类区执行表中六类区，四类区按表中六类区标准扩大 15％执行

（2）施工津贴、夜（中）班津贴，见表 8-48。

表 8-48　施工津贴、夜（中）班津贴

序号	项目	标准
1	施工津贴	3.5 元/工日
2	夜（中）班津贴	4 元/夜（中）班

3）职工福利费及劳动保护费费率标准　工资附加费标准见表 8-49。

表 8-49　工资附加费标准

序号	项目	费率标准/％
1	职工福利费	12
2	生产工人劳动保护费	10

3. 人工预算单价计算方法

1）基本工资

基本工资（元/工日）＝基本工资标准（元/月）×12 月÷年有效工作日

2）辅助工资

辅助工资（元/工日）＝艰苦边远地区津贴＋施工津贴＋夜餐津贴＋节日加班津贴

艰苦边远地区津贴（元/工日）＝津贴标准（元/月）×12 月÷年有效工作日

施工津贴（元/工日）＝津贴标准（元/天）×365 天×95％÷年有效工作日

夜餐津贴（元/工日）＝（中班津贴标准＋夜班津贴标准）÷2×20％

节日加班津贴（元/工日）＝基本工资（元/工日）×3×11 天×年有效工作日×35％

3）职工福利费

职工福利费＝［基本工资（元/工日）＋辅助工资（元/工日）］×费率标准（％）

4）劳动保护费

劳动保护费（元/工日）＝基本工资（元/工日）×费率标准（％）

5）人工工日预算单价

人工工日预算单价（元/工日）＝基本工资＋辅助工资＋职工福利费＋劳动保护费

6）人工工时预算单价

人工工时预算单价（元/工时）＝人工工日预算单价（元/工日）÷日工作时间（工时/工日）

注：年有效工作日 240 天，日工作时间 8 小时。

7）人工预算单价计算举例

例如，工程在六类地区，已知月基本工资标准为340元。

基本工资＝340×12÷240＝17（元/工日）

辅助工资中，

艰苦边远地区津贴＝460×12÷240＝23.00（元/工日）

施工津贴＝3.5×365×95％÷240＝5.06（元/工日）

夜餐津贴＝（4＋4）÷2×20％＝0.80（元/工日）

节日加班津贴＝17×3×11÷240×35％＝0.82（元/工日）

辅助工资＝23.00＋5.06＋0.80＋0.82＝29.68（元/工日）

职工福利费＝（17＋29.68）×12％＝5.60（元/工日）

劳动保护费＝17×10％＝1.70（元/工日）

人工工日预算单价＝17＋29.68＋5.60＋1.70＝53.98（元/工日）

人工工时预算单价＝53.98÷8＝6.75（元/工时）

（二）材料预算价格

水土保持设施所使用的材料包括消耗性材料、构成实体的装置性材料和施工中可重复使用的周转性材料，是人工加工或施工的劳动对象。材料费是构成投资的主要组成部分，一般由原材料、辅助材料、构配件、零件、半成品等费用构成。在编制过程中，必须坚持适时适地的原则，进行深入细致的调查研究工作，按构成所在地的价格水平编制计算。

1. 主要材料预算价格

用量多、影响工程投资大的材料称为主要材料，如钢材、木材、水泥、块石、油料等，一般需编制材料预算价格。

主要材料预算价格一般包括材料原价、运杂费、采购及保管费、运输保险费4项。计算公式为

材料预算价格＝（材料原价＋运杂费）×（1＋采购及保管费率）＋运输保险费

（1）材料原价指材料指定交货地点的价格。按工程所在地区就近大的材料公司、材料交易中心的市场价或选定的生产厂家的出厂价计算。

（2）运杂费指材料从供货地至工地分仓库或材料堆放场所发生的全部费用，包括运输费、装卸费、调车费和其他杂费。铁路运输按铁道部现行《铁路货物运价规则》及有关规定计算其运杂费；公路及水路运输，按工程所在省（自治区、直辖市）交通部门现行规定计算。

（3）采购及保管费指材料在采购、供应和保管过程中发生的各项费用。主要包括材料的采购、供应和保管部门工作人员的基本工资、辅助工资、工资附加费、教育经费、办公费、差旅交通费及工具用具使用费；仓库、转运站等设施的检修费、固定资产折旧费、技术安全措施费和材料检验费；材料在运输、保管过程中发生的损耗等。采购及保管费按材料运到工地仓库价格（不包括运输保险费）的2％计算。

（4）运输保险费指材料在运输途中的保险费用。按工程所在省（自治区、直辖市）或中国人民保险公司有关规定计算。

2. 苗木、草、种子预算价格

植物措施类材料预算价格是指材料由供货地点到达工地分仓库或相当于施工分仓库的堆料场的价格。苗木、草、种子的预算价格以苗圃或当地市场价格加运杂费和采购及保管费计算。

苗木、草、种子的采购及保管费率，按运到工地价格的0.5%～1%计算。

3. 其他材料预算价格

其他材料预算价格可参考工程所在地区或就近城市建设工程造价管理部门颁发的工业民用建筑安装工程材料预算价格。

4. 材料限价

工程措施和监测措施限价材料为砂石料、块石、料石，均为70元/m³。植物措施限价材料为苗木、草、种子，分别为15元/株、10元/m²和60元/kg。当计算的预算价格超过限价时，应按限价计入工程单价参加取费，超过部分以价差形式计算，列入单价表并计取税金。

（三）水、电、风预算价格

1. 施工用电价格

施工用电价格由基本电价、电能损耗摊销费和供电设施维修摊销费组成，按国家或工程所在省（自治区、直辖市）规定的电网销售电价，以及有关规定计算，也可参考生产建设项目主体工程施工用电价格计算。

$$电网供电=基本电价\times1.06$$

$$柴油发电机供电价格=柴油发电机组台时总费用\div柴油发电机额定容量之和\times1.4$$

2. 施工用水价格

施工用水价格由基本水价、供水损耗和供水设施维修摊销费组成，根据施工组织设计所配置的供水系统设备组（台）时总费用和总有效供水量计算，也可参考生产建设项目主体工程施工用水价格计算。

$$施工用水价格=水泵组（台）时总费用\div水泵额定容量之和\times1.45$$

3. 施工用风价格

施工用风价格按0.18元/m³计算。

（四）施工机械使用费

施工机械使用费指消耗在工程项目上的机械折旧、维修和动力燃料费用等，包括基本折旧费、修理费及替换设备费安装拆卸费、机上人工费和动力燃料费等。具体指以下5方面。

（1）折旧费指施工机械在规定使用年限内回收原值的台时折旧摊销费用。

（2）修理费及替换设备费指机械使用过程中，为了使机械保持正常功能而进行修理所需费用、日常保养所需的润滑油料费、擦拭用品费、机械保管费，以及替换设备、随机使用的工具附具等所需的台时摊销费用。

（3）安装拆卸费指机械进出工地的安装、拆卸、试运转和场内转移及辅助设施的摊销费用。

（4）机上人工费指机械使用时所配备的人员的人工费用。

（5）动力燃料费指施工机械正常运转时所耗用的风、水、电、油、煤等费用。

1. 费用组成

施工机械台时费由两类费用组成：一类费用和二类费用。一类费用由金额表示，其大小主要取决于机械的价格和年工作制度，按特定年物价水平确定，由折旧费、修理及替换设备费、安装拆卸费组成。二类费用在施工机械台时费定额中以实物量形式表示，是指机械所需人工费和机械所消耗的燃料费、动力费，其数量定额一般不允许调整，但是因工程所在地的人工预算价格、材料市场价格各异，所以此项费用一般随工程地点不同而变化。

2. 费用计算

施工机械使用费采用《水土保持工程概算定额》附录中的施工机械台时费定额计算。对于定额缺项的施工机械，可参考有关行业的施工机械台时费定额。

机械台时费＝折旧费＋修理及替换设备费＋安拆费＋人工费＋汽油费＋柴油费＋电费＋风费＋水费

人工费＝人工工时×人工单价

汽油（柴油、电、风、水）费＝汽油（柴油、电、风、水）量×汽油（柴油、电、风、水）单价

（五）砂石料单价

砂石料是工程措施中混凝土、反滤层等结构物的主要建筑材料，是砂砾料、砂、碎石等的统称。

砂石料一般可分为天然砂石料和人工砂石料两种。天然砂石料有河砂、山砂、海砂，以及河卵石、山卵石等，由岩石风化和水流冲刷而形成；人工砂石料是用爆破等方式开采岩石后，经机械设备的破碎、筛洗、碾磨加工而成的碎石和人工砂（又称机制砂）。由于砂石料的用量较大，大、中型工程一般由施工单位自行采备，形成机械化砂石料加工工厂进行生产。小型工程一般就近在市场上采购。砂石单价的高低对工程投资有较大的影响，所以在编制其单价时，必须深入现场调查，认真收集地质勘探、试验、设计资料，掌握其生产条件、生产流程，正确选用定额进行计算，保证砂石单价的可靠性。

（1）自采砂石料单价应根据料源情况、开采条件和工艺流程计算。

（2）外购砂料石单价应参照大宗建材预算价格计算方法确定。

（六）混凝土材料单价

根据设计确定的不同工程部位的混凝土标号、级配和龄期，分别计算出每立方米混凝土材料单价（包括水泥、掺和料、砂石料、外加剂和水），计入相应的混凝土工程单价内。其混凝土配合比的各项材料用量，应根据工程试验提供的资料计算，若无试验资料时，可参照《水土保持工程概算定额》附录中的混凝土材料配合比表计算。M7.5 砂浆、C15 混凝土配合比如表 8-50 所示。将水泥、粗砂、卵石、水的用量与单价相乘，然后求和，即可得到 $1m^3$ M7.5 砂浆和 $1m^3$ C15 混凝土的单价。

表 8-50 砂浆、混凝土配合比

名称	级配	水泥/kg	粗砂/m^3	卵石/m^3	水/m^3
M7.5 砂浆	中	292	1.11	—	0.289
C15 混凝土	3	236	0.53	0.85	0.150

五、建筑及安装工程单价编制

在人工工时、材料单价、施工机械台时费均已确定的基础上，可计算建筑、安装工程及方案编制中明确的临时工程的单价。建筑及安装工程单价由直接费、间接费、企业利润、价差和税金 5 部分组成。

（一）建筑工程单价

建筑工程单价＝直接费＋间接费＋利润＋价差＋税金

1. 直接费

1）直接工程费　直接工程费指施工过程中耗费的构成工程实体和有助于工程形成的各项费用，包括人工费、材料费、机械使用费。

人工费＝定额劳动量（工时）×人工预算单价（元/工时）

材料费＝定额材料用量×材料预算单价

机械使用费＝定额机械使用量（台时）×施工机械台时费（元/台时）

2）措施费　措施费是指为完成工程项目施工，发生于该项目施工前和施工过程中非工程实体项目的费用，以直接费为基础，按费率计取，包括冬（雨）季施工增加费、夜间施工增加费、临时设施费、安全和文明施工费等。计算公式及各措施取费标准：

措施费＝直接工程费×措施费费率之和

（1）冬（雨）季施工增加费指在冬（雨）季施工期间为保证工程质量和安全所需增加的费用。包括增加施工工序，增加防雨、保温、排水等设施，增耗的动力、燃料、材料，以及人工、机械效率降低而增加的费用。

计算方法：根据不同地区，按直接工程费的百分率计算。

西南、中南、华东区：0.5％～0.8％。

华北区：0.8％～1.5％。

西北、东北区：1.5％～2.5％。

西藏自治区：2％～4％。

西南、中南、华东区中，按规定不计冬季施工增加费的地区取小值，计算冬（雨）季施工增加费的地区可取大值；华北地区的内蒙古等较严寒地区可取大值，其他地区取中值或小值；西北、东北区的陕西、甘肃等取小值，其他地区可取中值或大值。

植物措施、机械固沙、土地整治工程取下限。

（2）夜间施工增加费是指施工场地和公用施工道路的照明费用。

计算方法：除植物措施、机械固沙、土地整治工程不计此项费用。其他措施可按直接工程费的0.3％计算。

（3）临时施工增加费按直接工程费的百分率计算。工程措施和监测措施按直接工程费的2％计算。植物措施（含防风固沙及土地整治）按直接工程费的1％计算。

（4）安全和文明施工费按直接工程费的0.5％计算。

（5）其他费用按直接工程费的0.5％计算。

2. 间接费

间接费是指施工企业为工程施工而进行组织与经营管理所产生的各项费用。它构成产品成本，但又不便直接计量。由规费和企业管理费组成。

1）规费　规费是指政府和有关权力部门规定必须缴纳的费用。包括以下几方面。

（1）养老保险费，指企业按规定标准为职工缴纳的基本养老保险费。

（2）失业保险费，指企业按照国家规定标准为职工缴纳的失业保险费。

（3）医疗保险费，指企业按照规定标准为职工缴纳的基本医疗保险费。

（4）生育保险，指企业按照规定标准为职工缴纳的基本医疗保险费。

(5) 住房公积金，指企业按规定标准为职工缴纳的住房公积金。

(6) 危险作业意外伤害保险，指按照建筑法规定，企业为从事危险作业的建筑安装施工人员支付的意外伤害保险费。

2) 企业管理费　企业管理费是指施工企业为组织施工生产经营活动所发生的费用。包括以下几方面。

(1) 管理人员的基本工资、辅助工资、职工福利费和劳动保护费。

(2) 差旅交通费，指施工企业职工因公出差、工作调动的差旅费、住勤补助费、市内交通费及误餐补助费，职工探亲路费，劳动力招募费，离退休职工一次性路费及交通工具油料、燃料、牌照费等。

(3) 办公费，指企业办公用文具、纸张、账表、印刷、邮电、书报、会议、水电、燃煤(气) 等费用。

(4) 固定资产折旧、修理费，指属于企业固定资产的房屋、设备、仪器等折旧及维修等费用。

(5) 工具用具使用费，指企业管理使用不属于固定资产的工具、用具、家具、交通工具、检验、试验、消防等的摊销及维修费用。

(6) 工会经费，指企业按职工工资总额计提的工会经费。

(7) 职工教育经费，指企业为职工学习先进技术和提高文化水平按职工工资总额计提的费用。

(8) 劳动保险费，指由企业支付离退休职工的易地安家补助费、职工退职金、6 个月以上的病假人员工资、职工死亡丧葬补助费、抚恤费、按规定支付给离休干部的各项经费。

(9) 财务费用，指企业为筹集资金而发生的各项费用，包括企业经营期间发生的短期贷款利息净支出、企业筹集资金发生的其他财务费用，以及投标和承包工程发生的保函手续费等。

(10) 保险费，指企业财产保险、管理用车辆等保险费用。

(11) 税金，指企业按规定缴纳的房产税、车船使用税、印花税等。

(12) 其他，包括技术转让费、设计收费标准中未包括的应由施工企业承担的部分施工辅助工程设计费、投标报价费、工程图纸资料费及工程摄影费、技术开发费、业务招待费、绿化费、公证费、法律顾问费、审计费、咨询费等。

3) 间接费计算方法及取费标准　间接费是根据不同的工程，按直接费的百分率计算：

间接费＝直接费×间接费费率

间接费费率见表 8-51。

表 8-51　间接费费率表

序号	工程类别	计算基础	间接费费率/%
一	工程措施、监测措施		
1	土方工程	直接费	5
2	石方工程	直接费	8
3	混凝土工程	直接费	7
4	钢筋制安工程	直接费	5
5	基础处理工程	直接费	10
6	其他工程	直接费	7
二	植物措施	直接费	6

3. 利润

利润指按规定应计入建筑安装工程费用中的利润。

利润＝（直接费＋间接费）×利润率

工程措施、植物措施、监测措施按直接费和间接费之和的7%计算。

4. 价差

价差＝（材料预算价格－基价）×材料消耗量

5. 税金

税金指国家对施工企业承担建筑、安装工程作业收入所征收的营业税、城市维护建设税和教育费附加。

税金＝（直接费＋间接费＋价差＋利润）×税率

税率标准如下。

建设项目在市区：3.41%。

建设项目在城镇：3.35%。

建设项目在市区或城镇以外：3.22%。

（二）工程单价分析举例

【案例15】 工程措施单价分析——编制推土机平整场地、清理表层土的单价。

工程位于东北地区某城镇。从《定额》“土方工程”中查到“推土机平整场地、清理表层土”，此时需要根据表8-10，确定工程区土壤所属类别，如该工程土壤属于Ⅱ类土，对应找到定额编号［01146］。定额指标如下：人工0.7工时，零星材料费率17%，74kW推土机0.49台时。

根据措施费的取值标准，措施费率取5.3%，其中冬（雨）季施工增加费取2.0%、夜间施工增加费取0.3%、临时设施费取2.0%、安全和文明施工费取0.5%、其他费取0.5%。该工程属于工程措施，企业利润取7%。建设项目在城镇，税金取3.35%。人工单价取“工程措施人工单价计算举例”的成果6.75元、推土机74kW台时费取表8-43计算成果115.97元。经计算，推土机平整场地、清理表层土100m³自然方的单价为88.05元。具体单价计算见表8-52。

表8-52 推土机平整场地、清理表层土单价表

定额编号：［01146］ （单位：100m³自然方）

施工方法：推平					
编号	名称及规格	单位	数量	单价/元	合计/元
一	直接费				75.83
（一）	直接工程费				72.01
1	人工费				4.73
	人工	工时	0.7	6.75	4.73
2	材料费				10.46
	零星材料费	%	17	60.17	10.46
3	机械使用费				56.83
	推土机74kW	台时	0.49	115.97	56.83

续表

施工方法：推平					
编号	名称及规格	单位	数量	单价/元	合计/元
（二）	措施费	%	5.3		3.82
二	间接费	%	5		3.79
三	利润	%	7		5.57
四	税金	%	3.35		2.85
合计					88.05

【案例16】 植物措施单价分析——编制栽植带土球紫穗槐的单价。

位于东北地区某城镇工程，栽植带土球（土球直径20cm）紫穗槐，预算价格为4.5元。从《定额》“林草工程”中查到“栽植带土球灌木”，找到定额表。对应找到土球直径20cm的定额，编号为［08108］。定额指标如下：栽植土球直径20cm的灌木100株需要人工24工时、灌木（带土球）102株、水$2m^3$。

根据措施费的取值标准，措施费率取5.3%，其中冬（雨）季施工增加费取2%、夜间施工增加费取0.3%、临时设施费取2%、安全和文明施工费取0.5%、其他费取0.5%。该工程属于植物措施，企业利润取7%。建设项目在城镇，税金取3.35%，人工单价取6.75元，紫穗槐的预算价格4.5元，水的预算价格取1元/m^3。经计算，栽植带土球紫穗槐100株的单价为200.51元。具体单价计算见表8-53。

表8-53 栽植带土球紫穗槐

定额编号：［08108］ （单位：100株）

工作内容：挖坑、栽植、浇水、覆土保墒、整形、清理					
编号	名称及规格	单位	数量	单价/元	合计/元
一	直接费				172.69
（一）	直接工程费				164
1	人工费				162
	人工	工时	24	6.75	162
2	材料费				2.00
	灌木	株	102	4.50	—
	水	m^3	2	1	2.00
（二）	措施费	%	5.3		8.69
二	间接费	%	5		8.63
三	利润	%	7		12.69
四	税金	%	3.35		6.50
合计					200.51

（三）安装工程单价

安装工程单价包括直接费、间接费、利润、税金。

（1）排灌设备安装费按占排灌设备费的6%计算。

（2）监测设备安装费按占监测设备费的5%计算。

六、各部分投资编制

水土保持投资包括工程措施费、植物措施费、监测措施费、临时工程费、独立费、预备费、水土保持设施补偿费等7部分构成。其计算式如下：

水土保持总投资＝工程措施费＋植物措施费＋监测措施费
＋临时工程费＋独立费＋预备费＋水土保持设施补偿费

（一）工程措施

（1）按设计工程量或设备清单乘以工程（设备）单价进行编制。

（2）安装费按设备费的百分率计算。

（3）一级项目和二级项目按编制规定执行，三级项目可根据水土保持方案或初步设计二作深度要求和工程实际情况进行调整。

（二）植物措施

按设计工程量乘以工程单价进行编制。

（三）监测措施

（1）土建设施及设备按设计工程量或设备清单乘以工程（设备）单价进行编制。

（2）安装费按设备费的百分率计算。

（3）建设期观测运行费，包括系统运行材料费、维护检修费和常规观测费，可在具体监测范围、监测内容、方法及监测时段的基础上分项计算，或按主体土建投资合计为基数．按表8-54所列标准计列。

表8-54　建设期观测运行费标准

主体工程土建投资/亿元	≤0.1	0.5	1	2	3	4	5	6	7	8	9	10
建设期观测运行费/万元	12	20	30	35	42	48	55	63	68	73	79	85
主体工程土建投资/亿元	11	12	13	14	15	16	17	18	19	20	25	30
建设期观测运行费/万元	90	98	106	113	119	126	133	140	147	153	185	210

注：①监测期＞4年的项目，观测运行费在表列标准基础上乘1.1的系数；②主体工程土建投资介于两数之间时，观测运行费按照内插法计算

（四）临时工程

临时工程包括两部分，一部分是施工期为防止水土流失而在水土保持方案中设计的临时防护措施，按设计工程量乘以工程单价进行编制。另一部分为其他临时工程，按第一部分工程措施、第二部分植物措施和第三部分监测措施投资合计的1%～2%进行编制。

（五）独立费

独立费包括建设管理费、方案编制费、科研勘测设计费、工程建设监理费、竣工验收技术评估费、招标业务费、经济技术咨询费等7项费用。

1. 建设管理费

建设管理费按水土保持投资中的第一至第四部分（工程措施费、植物措施费、监测措施

费、临时工程费）之和的1%～2%计算。

2. 方案编制费

方案编制费以主体工程土建投资合计为计算基数，按表8-55所列标准计列。

3. 科研勘测设计费

科研勘测设计费包括工程科学研究试验费和勘测设计费。

（1）工程科学研究试验费，遇大型、特殊水土保持工程可列此项费用，按一至四部分投资合计的0.2%～0.5%计列，一般情况不列此项费用。

（2）勘测设计费，按国家计委、建设部计价格［2002］10号文《工程勘察设计收费管理规定》计算。

表8-55 方案编制费标准

主体工程土建投资/亿元	≤0.1	0.5	1	2	3	4	5	6	7	8	9	10
方案编制费/万元	15	21	35	40	45	48	50	57	65	75	82	90
主体工程土建投资/亿元	11	12	13	14	15	16	17	18	19	20	25	30
方案编制费/万元	97	105	110	115	120	126	132	137	141	145	165	205

注：① 地貌类型调整系数：平原地区0.9，丘陵风沙区1.0，山区1.2；② 线状工程调整系数：≤50km乘1.0，50～150km乘1.1，150～300km乘1.2，300km以上乘1.25；③ 主体工程土建投资介于两数之间的，方案编制费按照内插法计算

4. 工程建设监理费

按照国家发改委发改价格［2007］670号文颁发的《建设工程监理与相关服务收费管理规定》及其他相关规定执行。

5. 竣工验收技术评估费

以主体工程土建投资合计为计算基数，按表8-56所列标准计列。

表8-56 竣工验收技术评估费标准

主体工程土建投资/亿元	≤0.1	0.5	1	2	3	4	5	6	7	8	9	10
竣工验收技术评估费/万元	10	22	35	39	48	55	62	67	70	76	84	90
主体工程土建投资/亿元	11	12	13	14	15	16	17	18	19	20	25	30
竣工验收技术评估费/万元	98	105	112	119	126	133	140	147	155	160	195	225

注：主体工程土建投资介于两数之间的，竣工验收技术评估费按照内插法计算

6. 经济技术咨询费

以主体工程土建投资合计为计算基数，按表8-57所列标准计列。

表8-57 经济技术咨询费标准

主体工程土建投资/亿元	≤0.1	0.5	1	2	3	4	5	6	7	8	9	10
经济技术咨询费/万元	0.5	1	1.5	2	2.5	2.9	3.2	3.5	3.8	4	4.8	5.2
主体工程土建投资/亿元	11	12	13	14	15	16	17	18	19	20	25	30
经济技术咨询费/万元	5.6	6	6.5	7	7.5	7.8	8.3	8.5	9	9.5	12	14.5

注：主体工程土建投资介于两数之间的，经济技术咨询费按照内插法计算

（六）预备费

预备费包括基本预备费和价差预备费两部分。

（1）基本预备费按第一至第五部分（工程措施费、植物措施费、监测措施费、临时工程费、独立费）投资之和的5%计取。

（2）价差预备费根据施工年限不分设计阶段。以分年度的静态投资为基数，按国家规定的物价指数计算。

$$E = \sum_{n=1}^{N} F_n[(1+P)^n - 1] \tag{8-4}$$

式中，E 为价差预备费；N 为合理建设工期；n 为施工年度；F_n 为建设期间第 n 年的分年投资；P 为年物价指数。

（七）水土保持设施补偿费

水土保持设施补偿费属行政事业性收费项目，按照各省（直辖市、自治区）补偿标准合理计列，按顺序列在水土保持工程专项投资之后。

七、概算表格

概算表包括总概算表、概算表、分年度投资表、概算附表、概算附件表格5部分。

（一）总概算表

总概算表是水土保持各项投资的汇总，包括工程措施费、植物措施费、监测措施费、施工临时工程费、独立费5部分，以及预备费、水土保持补偿费共7项汇总计算而成。一般分行政区（原则上到县级）、分项目列出各项工程的投资。总概算表样式参考表8-58。

表8-58 总概算表 （单位：万元）

序号	工程或费用名称	建安工程费	设备费	植物措施费	监测费	独立费	合计
	第一部分 工程措施						
一	×××防治区域						
（一）	×××工程（一级项目）						
	…						
	第二部分 植物措施						
一	×××防治区域						
（一）	×××工程（一级项目）						
	…						
	第三部分 监测措施						
一	×××防治区域						
（一）	×××工程（一级项目）						
	…						
	第四部分 施工临时工程						

续表

序号	工程或费用名称	建安工程费	设备费	植物措施费	监测费	独立费	合计
一	×××防治区域						
(一)	×××工程（一级项目）						
	…						
	第五部分 独立费						
	…						
Ⅰ	第一至五部分合计						
Ⅱ	基本预备费						
Ⅲ	静态总投资						
Ⅳ	水土保持补偿费						
Ⅴ	工程投资总计						
	静态总投资（Ⅰ＋Ⅱ＋Ⅳ）						
	总投资（Ⅰ＋Ⅱ＋Ⅲ＋Ⅳ）						

（二）概算表

用于工程措施、植物措施、监测措施、施工临时工程和独立费概算，均按项目划分列至三级项目。见表8-59。

表8-59 概算表

序号	工程或费用名称	单位	数量	单价/元	合计/元
	第一部分 工程措施				
一	×××防治区域				
(一)	×××工程（一级项目）				
	…				
	第二部分 植物措施				
一	×××防治区域				
(一)	×××工程（一级项目）				
	…				

（三）分年度投资表

根据施工组织设计确定的施工进度安排，将工程措施、植物措施、监测措施、施工临时工程、独立费合理分摊到各施工年度并以此计算预备费即为分年度的投资。见表8-60。

表8-60 分年度投资表 （单位：万元）

项目	合计	建设工期/年		
		1	2	3
一、工程措施				
（一）×××防治区域				

续表

项目	合计	建设工期/年		
		1	2	3
×××工程（一级项目）				
二、植物措施				
（一）×××防治区域				
×××工程（一级项目）				
三、监测措施				
（一）×××防治区域				
×××工程（一级项目）				
四、施工临时工程				
（一）×××防治区域				
×××工程（一级项目）				
五、独立费				
×××费用（一级项目）				
一至五部分合计				
基本预备费				
价差预备费				
水土保持补偿费				
工程投资总计				
静态总投资				
总投资				

（四）概算附表

1. 工程单价汇总表（表 8-61）

表 8-61　工程单价汇总表

序号	工程名称	单位	单价	其中							
				人工费	材料费	机械使用费	措施费	间接费	利润	价差	税金

2. 主要材料价格预算表（表 8-62）

表 8-62　主要材料价格预算表

序号	名称及规格	单位	预算价格	其中			
				原价	运杂费	采购及保管费	运输保险费

3. 施工机械台时费汇总表（表 8-63）

表 8-63 施工机械台时费汇总表

序号	名称或规格	台时费	其中				
			折旧费	修理及替换设备费	安拆费	人工费	动力燃料费

4. 主体工程主要工程量汇总表（表 8-64）

表 8-64 主体工程主要工程量汇总表

序号	工程项目	土石方开挖/m^3	土石方填筑/m^3	混凝土/m^3	钢筋/t	帷幕灌浆/m	固结灌浆/m

注：表中统计的工程类别可根据工程实际情况调整

5. 主体工程主要材料量汇总表（表 8-65）

表 8-65 主体工程主要材料量汇总表

序号	工程项目	水泥/t	钢筋/t	木材/m^3	炸药/kg	柴油/kg	苗木/株	草（草皮）/m^2	籽（树、草）/kg

6. 主体工程工时汇总表（表 8-66）

表 8-66 主体工程工时汇总表

序号	工程项目	工时数量	备注

（五）概算附件表格

1. 人工预算单价计算表（表 8-67）

表 8-67 人工预算单价计算表

艰苦边远地区类别		基本工资	
序号	项目	计算式	单价/元
1	基本工资		
2	辅助工资		
（1）	艰苦边远地区津贴		
（2）	施工津贴		
（3）	夜餐津贴		
（4）	节日加班津贴		
3	职工福利费		
4	劳动保护费		
	人工工日预算单价		
	人工工时预算单价		

2. 主要材料运杂费用计算表（表 8-68）

表 8-68　主要材料运杂费用计算表

序号	运杂费用项目	运输起止地点	运输距离/km	计算公式	合计/元
	铁路运杂费				
	公路运杂费				
	水路运杂费				
	合计				

3. 主要材料预算价格计算表（表 8-69）

表 8-69　主要材料预算价格计算表

序号	名称及规格	单位	单位毛重/t（kg）	每吨（千克）运费/元	价格/元				
					原价	运杂费	采保费	运输保险费	预算价格

4. 混凝土材料单价计算表（表 8-70）

表 8-70　混凝土材料单价计算表

序号	名称及规格	单位	预算量	调整系数	单价/元	合价/元

注：①“名称及规格”要求标明混凝土标号及级配、水泥强度等级等；②“调整系数”为卵石换碎石、粗砂换中细砂及其他调整配合比材料用量系数

5. 工程单价计算表（表 8-71）

表 8-71　工程单价计算表

单价编号		项目名称			
定额编号				定额单位	
施工方法：					
序号	名称及规格	单位	数量	单价/元	合计/元
一	直接费				
（一）	直接工程费				
1	人工费				
	…				
2	材料费				
	…				
3	机械使用费				
	…				
（二）	措施费				
二	间接费				
三	利润				
四	价差				
五	税金				
合计					

第四节　水土保持工程投资估算编制

投资估算是设计文件的重要组成部分，是概算静态总投资的最高限额，不得任意突破。

水土保持投资估算与概算在组成内容、项目划分和费用构成上基本相同，但设计深度有所不同。因此在编制投资估算时，在组成内容、项目划分和费用构成上，可适当简化合并或调整。

投资估算的编制方法及计算标准如下。

（1）基础单价的编制与概算相同。

（2）工程单价的编制与概算相同，但考虑设计深度不同，应乘以10%的扩大系数。

（3）各部分投资编制方法及标准与概算相同。

（4）可行研究阶段投资估算基本预备费费率取10%；项目建议书阶段基本预备费费率取12%。

（5）价差预备费费率与概算相同。

（6）投资估算表格与概算表格相同。

第五节　效益分析

水土保持工程效益包括生态效益、社会效益、经济效益。

根据《水土保持综合治理效益计算方法》，结合项目水土流失特点及项目区环境状况，着重分析生态效益和社会效益，简要分析经济效益。

生态效益根据《开发建设项目水土流失防治标准》（GB 50434—2008）确定的水土流失防治目标中的6项指标（扰动土地治理率、水土流失总治理度、水土流失控制比、拦渣率、林草植被恢复系数、林草覆盖率）进行综合分析。

社会效益通过各项治理措施的实施，从保护和改善当地环境质量、提高居民生活水平和维护地方安定团结，以及建设和谐社会等方面，综合评价方案实施对当地居民生活和生产所产生的社会效益。

水土保持措施投入大，投资回收期长，单从收入和产出的角度分析，不能完全体现其经济效益价值，应主要从两方面分析。一是水土流失防治措施栽植的用材林、经济林、风景林等乔灌草都具有一定的经济效益，且经济效益在逐年增加；二是水土保持方案实施后，能有效控制水土流失，从而减少对环境的破坏，获得间接的经济利益。

思考题

1. 工程概预算的意义是什么？
2. 什么是投资估算、投资概算、施工预算、竣工结算和竣工决算？
3. 什么是定额和定额水平？
4. 简述定额的特性和作用。
5. 简单说明直接费定额和费用定额的基本内容。
6. 使用定额时应注意哪些问题？
7. 什么是独立费？如何计算？
8. 水土保持总投资包括哪些费用？
9. 实例分析

（1）编制编织袋装土填筑的单价。

位于华北地区某城镇以外的工程，利用废弃土料砌筑土围堰。从《定额》“砌石工程”中查到“编织袋土（石）填筑、拆除”，根据工程内容对应找到定额编号［03053］。定额指标如下：编织袋装土填筑 $100m^3$ 堰体方需要人工 1162 工时、袋装填料 $118m^3$、编织袋 3300 个、其他材料费费率为 1%。人工单价取 6.75 元。

（2）编制撒播早熟禾的单价。

位于西北地区某城镇以外的工程，工程设计覆土撒播早熟禾。从《定额》“林草工程”中查到“直播种草”，找到撒播定额表，对应找到覆土撒播的定额，编号为［08057］。定额指标如下：覆土撒播 $1hm^2$ 需要人工 60 工时、草籽 10～80kg、其他材料费 5%。根据工程需要确定撒播草籽 $35kg/hm^2$。早熟禾预算价格取 50 元，人工单价取 6.75 元。

参 考 文 献

曹步山，聂国辉，谢厚国 . 2000. 开发建设项目水土流失防治工程的美学观 . 中国水土保持，(6)：36-37

陈晨宇，盛永校，李健，等 . 2007. 开发建设项目水土保持方案阶段划分探讨 . 水土保持研究，14 (3)：265-268

丁玉 . 2011. 开发建设项目水土保持工程概（估）算编制问题探讨 . 山西水土保持科技，3 (1)：26-28

董强，李明强 . 2001. 开发建设项目水土保持工程《概算定额》及《概算编制规定》编制浅析 . 水利技术监督，(2)：26-29

高旭彪，黄成志，刘朝晖 . 2007. 开发建设项目水土流失防治模式 . 中国水土保持科学，5 (6)：93-97

《公路建设项目水土保持工作规定》（水利部、交通部水保 [2001] 12 号）

《关于贯彻执行〈水土保持法实施条例〉有关规定的通知》（地质矿产部、水利部 [1993] 227 号）

《关于划分国家级水土流失重点防治区的公告》（水利部，2006.4.29）

《关于加强大型开发建设项目水土保持监督检查工作的通知》（水利部办公厅水保 [2004] 97 号）

《关于加强大、中型开发建设项目水土保持监理工作的通知》（水保 [2003] 89 号）

《关于加强水利工程水土保持方案编审工作的通知》（水利部规划计划司、水土保持司 [1996] 153 号）

《关于加强水土保持方案审批后续工作的通知》（水利部办函 [2002] 154 号）

《关于加强土地开发利用管理搞好水土保持的通知》（国家土地局、水利部 [1989] 国土 [规] 字第 88 号）

《关于印发公路建设项目水土保持工作规定的通知》（水利部、交通部水保 [2001] 12 号）

《关于印发规范水土保持方案编报程序、编写格式和内容的补充规定》的通知（水利部司局函保监 [2001] 15 号）

《关于印发全国生态环境保护纲要的通知》（国发 [2000] 38 号）

《关于印发〈全国水土保持预防监督纲要〉的通知》（水利部水保 [2004] 332 号）

郭宏忠，于娅莉，黄建辉，等 . 2006. 开发建设项目水土保持监测评价指标体系研究 . 水土保持研究，13 (6)：247-249，252

郭建军，陈舜川 . 2004. 开发建设项目水土流失的特点及防治对策 . 山西水土保持科技，9 (3)：43-44

郭索彦，赵永军 . 2009. "十五"期间我国开发建设项目水土保持工程概况 . 中国水利，9：12-14

郭新波，邓岚 . 2004. 东深供水改造工程水土保持监测研究 . 广东水利水电，2：17-19

《国家发展和改革委员会关于燃煤电站项目规划和建设有关要求的通知》（发改委 [2004] 864 号）

《国务院关于加强水土保持工作的通知》（国发 [1993] 5 号）

《国务院关于投资体制改革的决定》（国发 [2004] 20 号）

胡明德 . 2008. 建筑工程定额原理与概预算 . 北京 . 中国建筑工业出版社

胡续礼，张旸，杨树江 . 2007. 我国开发建设项目水土流失监测技术进展 . 中国水土保持科学，5 (3)：122-126

黄兆希 . 1983. 基本建设概预算编制与管理 . 北京：中国财政经济出版社

基本建设工程与预算编写组 . 1986. 基本建设工程与预算 . 北京：中国财政经济出版社

贾天会，张东为，李菲 . 2010. 开发建设项目水土保持方案实施中存在的问题及对策 . 中国水土保持，4：40-41

《建设项目环境保护管理条例》（国务院 253 号令，1998.11.29）

姜德文 . 1998. 开发建设项目水土流失防治责任范围的界定 . 中国水土保持，(10)：26-27

姜德文 . 2008. 建设项目水土保持国家标准的编制及其意义 . 中国水利，12：41-44

姜德文 . 2008. 开发建设项目水土保持损益分析指标体系研究 . 中国水土保持，(1)：37-39

姜德文 . 2011. 生产建设项目水土流失防治十大新理念 . 中国水土保持，(3)：3-6

《晋陕蒙接壤地区水土保持规定》（国务院批准并授权国家计委和水利部联合发布，1988.9.1）

《开发建设项目水土保持方案编报审批管理规定》（水利部令第 5 号，1995.5.31，水利部令第 24 号，2005.7.8 修订）
《开发建设项目水土保持方案管理办法》（水利部、国家计委、国家环境保护局水保［1994］513 号）
《开发建设项目水土保持设施验收管理办法》（水利部令第 16 号，2002.12.1，水利部令第 24 号，2005.7.8 修订）
康玲玲，董飞飞，刘小强，等．2010．论开发建设项目水土流失防治责任范围的界定．中国水土保持，(7)：18-21
李宏扬．2000．建筑工程预算．北京：中国建材工业出版社
李国繁，王修贵，陈全会，等．1998．水利水电工程概预算．郑州：黄河水利出版社
梁红宁，梁绍华．2001．建筑工程预算电算化．广州：华南理工大学出版社
梁建林．2001．水利水电工程造价与招投标．郑州：黄河水利出版社
刘芳．2009．开发建设项目中水土流失预测研究综述．中国科技信息，(9)：64-65
刘佳丽．2002．开发建设项目水土保持方案编制存在问题及对策．中国水土保持，2：31-32
刘欣，宋风竹．2001．安装工程定额与预算．郑州：黄河水利出版社
刘玉辉，方林梅，张国华，等．1995．建筑装饰与安装工程预算．南京：东南大学出版社
秦成，严慕绥．2010．建设类与建设生产类开发建设项目水土保持方案的异同分析．水土保持通报，30 (3)：100-103
《全国水土保持监测公告》（水利部，2009 年公报）
《全国性及中央部门和单位行政事业性收费项目目录》（财政部、国家发展和改革委员会财综［2005］21 号或更新版本）
《生产建设项目水土保持方案编制资质管理办法》（中水会学［2013］第 008 号）
《生产建设项目水土保持监测资质管理办法》（水利部令第 45 号，2011.12.14）
《水利部办公厅关于规范水土保持方案技术评审工作的意见》（水利部办水保［2005］121 号，2005.6.22）
《水利部关于修改部分水利行政许可规章的决定》（水利部令第 24 号，2005.7.8）
《水利部、国家煤炭工业局关于加强煤炭生产建设项目水土保持工作的通知》（水保［1999］398 号）
水利部水利水电规划设计学院，2003．水土保持工程概（估）算编制规定．郑州：黄河水利出版社
水利部水利水电规划设计学院，水利部天津水利水电勘测设计研究院．2003．水土保持工程概算定额．郑州：黄河水利出版社
《水行政许可实施办法》（水利部令第 23 号，2005.7.8）
宋晓强，张长印，刘洁．2007．开发建设项目水土流失成因和特点分析．水土保持通报，27 (5)：108-113
孙厚才，高强，刘晓路．2008．开发建设项目水土保持方案历程回顾．长江科学院院报，25 (3)：93-96
孙厚才，袁普金．2010．开发建设项目水土保持监测现状及发展方向．中国水土保持，(1)：36-38
孙厚才，赵永军．2007．我国开发建设项目水土保持现状及发展趋势．中国水土保持，(1)：50-52
唐学文，孔德树，唐继斗，等．2006．开发建设项目水土保持监测指标与方法体系探讨．中国水土保持，(6)：46-48
《土壤侵蚀分类分级标准》（SL190—2007）．2008．北京：中国水利水电出版社
王维如．1995．建筑工程概预算编制技巧．上海：同济大学出版社
王治国，李文银，蔡继清．1998．开发建设项目水土保持与传统水土保持比较．中国水土保持 (10)：16-17,42
薛俊娜．2012．水土保持方案编制的意义作用方法及建议．河南水利与南水北调，(8)：36-37
杨健，高照良，李永红．2010．国外开展开发建设项目研究进展的初步分析．中企企业家，7：6-11
苑军．2006．论开发建设项目水土保持方案审批程序．水土保持应用技术，1：35-36
曾大林．2003．对水土保持方案实施与管理有关问题的思考．中国水土保持，6：14-15
曾大林．2004．论开发建设项目水土保持理念．水土保持科技情报，(4)：1-3
曾大林．2006．建立和创新开发建设项目水土保持理念．中国水利，12：19-21

曾红娟，李智广，杨胜天 . 2009. 开发建设项目水土保持监测点布局 . 中国水土保持科学，7（3）：42-45
张国亮 . 2006. 开发建设项目水土保持临时防护措施应用 . 中国水土保持，（8）：10-11
赵永军 . 2005a. 水土流失防治责任范围的界定 . 中国水土保持，（1）：21-23
赵永军 . 2005b. 水土流失防治责任范围的界定（续）. 中国水土保持，（2）：19-20
赵永军 . 2007. 生产建设项目水土流失防治技术综述 . 中国水土保持，（4）：47-50
赵永军 . 2007. 水土保持方案编制技术 . 北京：中国大地出版社
赵永军，张峰，陈吉虎 . 2009. 开发建设项目水土流失科学考察方法 . 中国水土保持，（1）：44-47
赵永军，张峰，王云璋，等 . 2009. 开发建设项目水土保持工作现状及发展思路 . 中国水土保持，（1）：48-51
《中华人民共和国河道管理条例》（国务院 3 号令，1988. 6. 10）
《中华人民共和国基本农田保护条例》（国务院 257 号令，1998. 12. 27）
中华人民共和国水利部 . 2003. 开发建设项目水土保持工程概（估）算编制规定 . 郑州：黄河水利出版社
中华人民共和国水利部 . 2003. 水土保持工程概算定额 . 郑州：黄河水利出版社
中华人民共和国水利部 . 2007. 水利部关于严格开发建设项目水土保持方案审查审批工作的通知
中华人民共和国水利部 . 2008. 开发建设项目水土保持方案技术规范（GB 50433—2008）. 北京：中国计划出版社
《中华人民共和国水土保持法》（第十一届全国人民代表大会常务委员会第十八次会议修订，2010 年 12 月 25 日通过）
《中华人民共和国水土保持法实施条例》（国务院 120 号令，1993. 8. 1）
钟汉华 . 2004. 水利水电工程造价 . 北京：科学出版社
周国富 . 2012. 开发建设项目主体工程水土保持分析与评价探讨 . 中国水土保持，（8）：18-20
周月鲁 . 2001. 黄河水土保持生态工程概算定额 . 郑州：黄河水利出版社
朱党生，董强 . 2003. 水土保持造价编制指南 . 郑州：黄河水利出版社

后　记

每次上这门课的时候，都会有许多同学问我："老师，我们上完这门课，能出去做方案吗?"我说："不能。"

"开发建设项目水土保持"这门课，是一门综合性非常强的专业课，除了本专业所必须掌握的，如土壤侵蚀学、水土保持规划、水土保持林学、水土保持工程学、荒漠化防治工程学等课程，还涉及水力学、水文学、土力学、水工建筑物、建筑材料学、造林学、草业科学、园林工程学、美学等若干课程，好像是一个大杂烩，什么都要知道，不仅要知道，还要会用。

除了这些，对于初学者编制方案时如何阅读《开发建设项目主体工程可研报告》也是一个难点。编者第一次编制的水土保持方案报告书，是针对一个矾矿的。刚开始看主体可研报告书的时候，真的是云里雾里，不知道看什么，而且对于一个外行，施工流程、施工工艺都看不懂，甚至连行业术语，如平硐、选冶、尾矿等都没听过，不知道如何和水土保持方案相结合。经过几年的实践，才真正体会到什么是开发建设项目水土保持、如何看主体可研报告书、如何编制水土保持方案报告书。

所以，对于初学者，学习本教材，是让学生了解什么是开发建设项目水土保持、开发建设项目水土保持方案报告书的编写格式、如何正确评价主体工程的水土保持工作、必须掌握哪些规范、规程、规定等，而不能期望学完这本书就能进行开发建设项目水土保持方案的编制工作，这是不现实的，必须经过2～3年以上的实践，才能进入工作状态。

编　者

2013年3月

于西北农林科技大学